“十四五”普通高等教育系列教材
山东省普通高等教育一流教材

人体工程学与室内设计

（第三版）

刘昱初　程正渭　编著
陈淑飞　主审

中国电力出版社
CHINA ELECTRIC POWER PRESS

内 容 提 要

本书为“十四五”普通高等教育系列教材。本书对人体工程学的起源、内容、方法，以及人体活动、人的作业区域、人的感官与空间环境设计的关系等，都做了较深入的介绍与阐述；对环境设计中人体尺度、活动的空间与各类环境设计的联系做了一定的探讨与研究。特别是考虑到以前的相关教材很少涉及室外环境设计方面内容，书中对人体工程学与室外景观设计的关系作了一些有益的补充。全书内容全面而丰富，较深刻全面地反映了人体工程学与环境艺术设计的关系。

本书主要作为普通高等院校环境设计、建筑学等专业教材，也可供从事建筑设计、环境艺术设计等领域相关工作的工程设计人员参考使用。

图书在版编目（CIP）数据

人体工程学与室内设计/刘昱初编著. —3版. —北京：中国电力出版社，2023.8（2025.3重印）
“十四五”普通高等教育系列教材
ISBN 978-7-5198-7349-3

Ⅰ. ①人… Ⅱ. ①刘… Ⅲ. ①室内装饰设计－工效学－高等学校－教材 Ⅳ. ①TU238.2

中国国家版本馆CIP数据核字（2023）第092921号

出版发行：中国电力出版社
地　　址：北京市东城区北京站西街19号（邮政编码100005）
网　　址：http://www.cepp.sgcc.com.cn
责任编辑：熊荣华（010-63412543）
责任校对：黄　蓓　朱丽芳
装帧设计：王红柳
责任印制：吴　迪

印　　刷：北京雁林吉兆印刷有限公司
版　　次：2008年9月第一版　2013年3月第二版　2023年8月第三版
印　　次：2025年3月北京第二十八次印刷
开　　本：880毫米×1230毫米　16开本
印　　张：10.75
字　　数：294千字
定　　价：42.00元

前言

Preface

设计服务于人。人类的生活离不开物质设施，这些物质设施可以为人们的生活和工作服务，它们有些成为生活和工作的工具，有的构成了人类生活的空间环境，人们生活的质量和工作的效能在很大程度上取决于这些设施是否适合人类的行为习惯和身体方面的各种特征。所以以人为本的设计应围绕人类的行为习惯。要使设计真正达到以人为本的目的，认真研究人体工程学这门课程是必不可少的。

人体工程学又称人类工学或人类工程学，是第二次世界大战后发展起来的一门新学科，它是根据人体解剖学、生理学和心理学等特征，了解并掌握人的作业能力的极限和行为习惯，使器具、工作、环境、起居条件和人体相适应的学科。它以人一机关系为研究的对象，以实测、统计、分析为基本的研究方法。从环境设计的角度来说，人体工程学的主要作用在于通过对于生理和心理的正确认识，为确定空间场所范围提供依据，为设计家具、设施等提供依据，为确定感觉器官的适应能力提供依据。

本书对人体工程学的起源、内容、方法，以及人体活动、人的作业区域、人的感官与空间环境设计的关系等，都做了较深入的介绍与阐述；对环境艺术设计中人体尺度、活动的空间与各类环境设计的联系做了一定的探讨与研究，特别是考虑到以前的相关教材很少涉及室外环境设计方面的内容，本书对人体工程学与室外景观设计的关系做了一些有益的补充，内容全面而丰富，较深刻地反映了人体工程学与环境艺术设计的关系。

本书自出版以来得到了广大师生的认可，也得到了出版社的大力支持与推荐。为跟上社会发展的步伐，密切和环境设计专业的关系，弥补前两版遗漏与缺失，特此进行了修订。社会在发展，科技在进步，本书也将不断进行更新、完善。限于编者水平，书中不足之处还望广大师生提出批评指正，为本书的再版，为环境设计专业的发展贡献力量！

编　者

2023 年 3 月

目录

Contents

目录

Contents

第一章

绪　论

本章提要

人体工程学是以人们在生产劳动中不断积累起来的经验为基础，在生活创造中逐渐产生的。人体工程学是生产生活中不断实践的总结，并伴随着人类技术水平和文明程度的提高不断完善。工业革命的兴起促使人体工程学成为一门独立的学科，它主要是提供适应机器大生产的管理方法与理论，研究以怎样省时、省力、高效为目的的制作方法。

随着社会的发展和专业门类的细化，人体工程学也有了很多分支，如研究人与机械的称人机工学，服装设计专业的称服装人体工程学等，他们有相同点，又有各自的专业研究属性。

本章主要讲述和室内设计相关的人体工程学的内容与研究方法，如观察法、实测法、实验法和分析法的实施和测量要点，以及测量的目的、内容和测量数据的分类，之后通过测量的数据确定家具、空间、感官与环境的尺度关系。

教学目标

通过本章学习，读者可以了解人体工程学的发展历史和形成原因，以及人体工程学的主要研究内容、研究方法和人体尺寸的数据分类。需要重点学习人体工程学与环境设计的关系，深刻体会人体工程学是环境设计的重要基础，只有充分掌握人体尺寸数据，才能在以后的专业课学习中少犯错误，设计出适合人类生活的室内外空间环境。

课程思政

引导学生树立爱国主义情怀，坚持以人为本，坚信设计服务于人民的指导思想。

引导学生增长知识、见识，将爱国情怀和时代特征与世界眼光统一起来，客观看待目前我国人体工程学的研究和发达国家研究的差距，让学生知晓个人知识、见识的增长对国家和社会的重要作用，增强提升知识、见识的自觉性与自主性。

第一节　人体工程学的起源与发展

提到人体工程学，人们就会不由自主地把它和工业化、现代化联系起来，但它的产生并不是突然的。回溯历史，在人类发展的每个阶段都影印着人体工程学的潜在意识，只是人们还不知道对它进行归纳总结，形成文字性的理论。即使是在遥远的上古时代，从那些尘封已久的文物中，依然能感受到它的存在。正是这些在历史发展中不断积累起来的经验，对日后产生的人体工程学奠定了非常重要的基础。自从有了人类，有了人类文明，人们就一直在不断改进自己的生活，正是在人们的创造与劳动中，人体工程学的潜在意识开始产生，这些可以从现有出土的大量文物中得到论证。例如：旧石器时代制造的石器多为粗糙的打制石器，造型也多为自然形，经常对人的肢体造成伤害，棱角分明，不太适于人的使用；而新石器时代的石器多为磨制石器，表面柔和光滑，造型也更适于人的使用。因此可以说，人体工程学的知识和总结是在人们的劳动和实践中产生，并伴随着人类技术水平和文明程度的提高而不断发展完善的。

人体工程学作为一门兴起的学科，其发展与工业革命是分不开的。自工业革命以来，安全、健康、舒适已成为人们关注的问题，在欧美等西方国家尤其受到学者们的重视。早在 20 世纪初，学者 F. W. 泰罗就在传统管理方法的基础上，首创了新的管理方法和理论，研究怎样操作才能省时、省力、高效，并制定了一整套以提高工作效率为目的的制作方法，被称作“泰罗制”，这也是人们从理论上对人体工程学进行归纳研究的开始。

人体工程学的发展大致经历了以下三个阶段。

第一阶段：人适应机器。

在第一次世界大战期间，英国成立了工业疲劳研究所，但人体工程学的研究还不是很普遍。这个阶段主要的研究者大多数是心理学家，研究也主要集中在从心理学的角度，选择和培训操作者，使人能更好地适应机器。

第二阶段：机器适应人。

人体工程学正式建立的时间是在第二次世界大战期间，当时的美国军方为早日获得战争的胜利，研制了大量的高性能武器，期望以技术的优势来决定战争的胜败。然而由于过分地注重武器的性能和威力，忽略了使用者的能力与极限，出现了飞机驾驶员误读高度表意外失事、座舱位置安排不当导致战斗中操纵不灵活、命中率降低等意外事故。经过研究人员多次调查，才查明这些事故主要是控制设备配置不当导致操作失误所致。

调查发现飞机高度表的设计存在很大问题，高度表对于飞机非常重要，但当时的高度表将三个指针放在同一刻度盘上，这样要迅速读出准确值非常困难，因为人脑并不具备在瞬间同时读三个数值并判断每个数值含义的能力，说不定这关键的几分之一秒，将造成很严重的后果，所以很难说这种仪表在关键时刻能起作用。后来把它改成了一个指针，消除了因高度表发生事故的隐患。这个简单的故事告诉人们，设计任何机构都不能仅着眼于机械和设施本身，同时要充分了解人使用时的方便与否，以便使人能安全、自由、正确地使用。

第二次世界大战结束后，专家们将人体工程的体制及各项研究成果广泛地应用到产业界，以追求人与机械间的合理化。自从英国工业革命以来，由于手工业的工业化，促使生产线作业普遍发展。这与手工业时代使用个人惯用的工具、技术的个人性、工作个人性的生产方式有很大的不同，生产线的作业为单调、反复性的工作。二战以后，工业生产向机械化和自动化发展，一连串流水线生产系统的发展、新式生产机械和新的生产技术的使用，使工业生产工作量增加。但是由于高度的机械化和自动化，人与机械间产生了高度的生理与心理摩擦，直接或间接地影响了工作效率与正确性，从而产生了许多严重的后果。因此在设计机械时，有必要对人的因素进行深入的研究，并使这种研究渗透到机械设计本身，使机械具备人的特性，适应人的行为，这才是适合人使用的现代化的机械。机械为人服务，应该是机械适应人的要求，过去是先设计机械，然后训练人来操纵；现在是先了解人，然后根据对人的了解来设计机械。因此过去的基点是“机械”，现在的基点是“人”。如果不能遵循这样的原则，那么机械文明的飞快发展对人并不意味着是好事。

第三阶段：人—机—环境互相协调。

20 世纪 60 年代以后，随着人体工程学涉及的领域不断扩大，其研究的内容也和现代社会紧密相连，仅停留在“人—机器”之间的研究已远远不能满足社会的需要。环境、能源问题已是人们不容回避的现实，于是人体工程学也进入了一个新的发展阶段。“人—机—环境”成为这个阶段主要的研究内容，它涉及的知识领域相当广泛，目的是使“人—机—环境”能更好地协调发展。各国把人体工程学的实践和研究成果，迅速有效地运用到空间技术、工业生产、建筑及室内设计中，1961 年创建了国际人类工效学学会（FIEA），从而有力地推动了该学科不断向更深的方向发展。时至今日，社会发展已进入后工业社会、信息社会，人体工程学提倡“以人为本”，为人服务的思想，强调从人自身出发，在以人为主体的前提下研究人们的衣、食、住、行以及一切与生活、生产相关的各种因素及其如何健康、和谐地发展。这也将成为人体工程学研究的主要内容。

第二节 人体工程学研究的主要内容与方法

一、人体工程学研究的主要内容

人体工程学研究的主要内容大致分为三方面。

1．工作系统中的人

研究内容包括：人体尺寸、信息的感受和处理能力、运动的能力、学习的能力、生理及心理需求、对物理环境的感受性、对社会环境的感受性、知觉与感觉的能力、个人之差、环境对人体能的影响、人的长期、短期能力的限度及舒适点、人的反射及反应形态、人的习惯与差异（民族、性别等）、错误形成的研究。

2．工作系统中直接由人使用的机械部分如何适应人的使用

这些部分分为三大类：

（1）显示器：仪表、信号、显示屏。

（2）操纵器：各种机具的操纵部分，杆、钮、盘、轮、踏板等。

（3）机具：家具、设备等。

3．环境与人的使用

（1）普通环境：建筑与室内空间环境的照明、温度、湿度控制等。

（2）特殊环境：例如冶金、化工、采矿、航空、宇航和极地探险等行业，有时会遇到极特殊的环境，如高温、高压、振动、噪声、辐射和污染等。

从人体工程学研究的问题来看，涵盖了技术科学和人体科学的许多交叉的问题。它涉及很多不同的学科，包括：医学、生理学、心理学、工程技术、劳动保护、环境控制、仿生学、人工智能、控制论、信息论和生物技术等。

在进行人体工程学研究时要遵循以下的原则。

（1）物理的原则。如杠杆原理、惯性定律、重心原理，在人体工程学中也适用。但在处理问题时应以人为主来进行，而在机械效率上又要遵从物理原则，两者之间的调和法则是要保持人道而又不违反自然规律。

（2）生理、心理兼顾原则。人体工程学必须了解人的结构，除了生理，还要了解心理因素。人是具有心理活动的，人的心理在时间和空间上是自由和开放的，它会受到人的经历和社会传统、文化的影响。人的活动无论在何时何地都可受到这些因素的影响，因此，人体工程学也必须对这些影响心理的因素进行研究。

（3）考虑环境的原则。人—机关系并不是单独存在的，它存在于具体的环境中，单独地研究人、机械、环境，再把它们综合起来研究。因为它们是存在于“人—机—环境”的相互依存关系中，绝不可分开讨论。

二、人体工程学的研究方法

人体工程学是一门边缘学科，相关学科的研究方法都可以应用于本学科的研究，这里介绍一般常

用的研究方法。

（1）自然观察法。自然观察法是研究者通过观察和记录自然情况下发生的现象来认识研究对象的一种方法。观察法是有目的、有计划地科学观察，是在不影响事件的情况下进行的。观察者不参与研究对象的活动，这样可以避免对研究对象的影响，可以保证研究的自然性与真实性。自然观察法也可以借助特殊的仪器进行观察和记录，如摄像头、照相机等，这样能更准确、更深刻地获得感性知识。

（2）实测法。这是一种借助实验仪器进行的测量方法，也是一种普遍使用的方法。我们必须对使用者群体进行测量，对所得数据进行统计处理，这样就能使设计的产品符合更多的使用者需求。

（3）实验法。实验法是当实测法受到限制时所选择的实验方法。实验可以在作业现场进行，也可以在实验室进行，在作业现场进行实际操作试验，可获得第一手资料。

（4）分析法。分析法是对人机系统已取得的资料和数据进行系统分析的一种方法。因分析的性质不同可分为下面几种形式：瞬间操作分析、知觉和运动信息分析、连续操作的负荷分析、全工作负荷分析、频率分析、设备互相关联分析、计算机辅助分析。

（一）人体测量数据的来源

人类对人体的关注早在公元 1300 年左右就已经开始了。1492 年达·芬奇整理出著名的人体比例图，它显示了一种理想的人体比例关系，即一个人臂展距离和身体的高度相等。对人体比例的研究成为后来人体测量的基础。

人体测量学创立于 1940 年，当时人们积累了大量的数据，但经过几十年的发展，很多数据需要修订，可是要有一个全国范围内的人体各部位尺寸的平均测定值是一项繁重而细致的工作，因此，在设计中要具体到某个人或某个群体（国家、民族、职业）的准确数据是非常困难的。目前我们在设计中依据的数据来源主要有以下几个国家标准：1962 年建筑科学研究院发表的《人体尺度的研究》中有关我国人体的测量值，1988 年我国颁布的 GB 10000—1988《中国成年人人体尺寸》，1991 年颁布的 GB/T 12985—1991《在产品设计中应用人体尺寸百分位数的通则》，1992 年颁布的 GB/T 13547—1992《工作空间人体尺寸》，以及 2010 年颁布的 GB/T 26158—2010《中国未成年人人体尺寸》等。

1．人体测量的目的

在进行人体工程学研究时，为了便于进行科学的定性定量分析，首先遇到的问题就是获得有关人体的心理特征和生理特征的数据。所有这些数据都要在人体上测量而得，我们生活和工作使用的各种设施及器具，大到整个生活环境，小到一个开关，都与我们身体的基本特征有着密切的联系。它们如何适应于人的使用，舒适程度如何，是否有利于提高效率，是否有利于健康，都涉及人体的测量数据。人体测量的目的就是为研究者和设计者提供依据。

2．人体测量的内容

人体测量包括很多内容，它以人体测量学和与它密切相关的生物力学、实验心理学为主，综合了多学科的研究成果，它主要包括以下几方面。

（1）形态测量。以检查人体形态的方式进行测量，主要内容有长度尺寸、体形（胖瘦）、体积、体表面积等。人体形态测量数据分为两大类：一是人体构造上的静态尺寸；二是人体功能上的动态尺寸，它包括人在各种工作状态和运动状态下测量的尺寸。

（2）运动测量。在人体静态形体测量的基础上，测定人体关节的活动范围和肢体的活动空间，如动作范围、动作过程、形体变化、皮肤变化等。

（3）生理测量。测定人体主要生理指标，如疲劳测定、触觉测定、出力范围大小测定等。人体测量的数据被广泛用于许多领域，如建筑业、制造业、航空、宇航等，用以改进设备适用性，提高人为环境质量。

不同的学科涉及的人体特征不同，例如：服装涉及人体尺寸、人体表面积；乘载机具涉及人体重量；机具操纵涉及人的出力、肢体活动范围、反应速度和准确度等。在建筑与室内设计中相关的人体测量数据主要包括人体尺寸、人体活动空间、出力范围、重心等。

（二）人体测量数据的分类

人体尺寸的测量可分为两类，即构造尺寸和功能尺寸。

（1）构造尺寸：也称静态的人体尺寸，它是被测者处于静止的站姿或坐姿的状态下测量得到的数据。可以测量许多不同的标准状态和不同部位，如身高、手臂长度、腿长度等。它与人体直接接触的物体有较大关系，主要为人们的生活和工作所使用的各种设施和工具、工作空间的大小提供数据参考。

（2）功能尺寸：也称动态的人体尺寸，是指被测者在进行某种功能活动时肢体所能达到的空间范围，它是在动态的人体状态下测得的数据。对于大多数的设计问题，功能尺寸可能更有广泛的用途，因为人总是在运动着的，人体结构是活动可变的，不是保持一定状态僵死不动的结构，任何一种身体活动，并不是由身体的独立部位来完成的，而是协调一致，具有连贯性和活动性的。

三、人体工程学与环境艺术设计的关系

人与环境的关系就如同鱼和水的关系一样，彼此相互依存。人是环境的主体，处于理想的环境中，不仅能提高人的工作效率，也能给人的身心健康带来积极的影响。因此我们研究人体工程学的主要任务就是要使人的一切活动与环境协调，使人与环境系统达到理想状态。

从环境艺术的角度看，人体工程学的主要功能和作用在于通过对人的生理和心理的正确认识，使一切环境更适合人类的生活需要，进而使人与环境达到完美统一。人体工程学的重心完全放在人上面，而后根据人体结构、心理形态和活动需要等综合因素，充分运用科学的方法，通过合理的空间组织和设施的设计，使人的活动场所更具人性化。

人体的结构非常复杂，从人类活动的角度来看，人体的运动器官和感觉器官与活动的关系最密切。运动器官方面，人的身体有一定的尺度，活动能力有一定的限度，无论是采取何种姿态进行活动，皆有一定的距离和方式，因而与活动有关的空间和家具设施的设计必须考虑人的体形特征、动作特性和体能极限等人体因素。感觉器官方面，人的知觉与感觉和室内环境之间存在着极为密切的关系，诸如周围的温度、湿度、光线、声音、色彩、比例等环境因素皆直接和强烈地影响着人的知觉和感觉，并进而影响人的活动效果。因而了解人的知觉和感觉特性，可以成为建立环境设计的标准。人体工程学在环境设计中的作用主要体现在以下几个方面。

1．为确定空间场所范围提供依据

影响场所空间大小、形状的因素相当多，但是，最主要的因素还是人的活动范围以及设施的数量和尺寸。因此，在确定场所空间范围时，必须搞清楚使用这个场所空间的人数，每个人需要多大的活动面积，空间内有哪些设施以及这些设施和设备需要占用多少面积等，如图 1-1 和图 1-2 所示。

作为研究问题的基础，要准确测定出不同性别的成年人与儿童在立、坐、卧时的平均尺寸，还要测定出人们在使用各种家具、设备和从事各种活动时所需空间的体积与高度，这样一旦确定了空间内的总人数，就能定出空间的合理面积与高度。

2．为设计家具、设施等提供依据

家具、设施的主要功能是使用，因此，无论是人体家具还是储存家具都要满足使用要求。属于人体家具的椅、床等，要让人坐着舒适，书写方便，睡得香甜，安全可靠，减少疲劳感。属于储藏家具的柜、橱、架等，要有适合储存各种衣物的空间，并且便于人们存取。属于健身休闲公共设施的，要有合适的空间满足人们的活动要求，使人感觉到既安全又卫生。为满足上述要求，设计家具、设施时

必须以人体工程学作为指导，使家具、设施符合人体的基本尺寸和从事各种活动需要的尺寸，如图 1-3～图 1-6 所示。

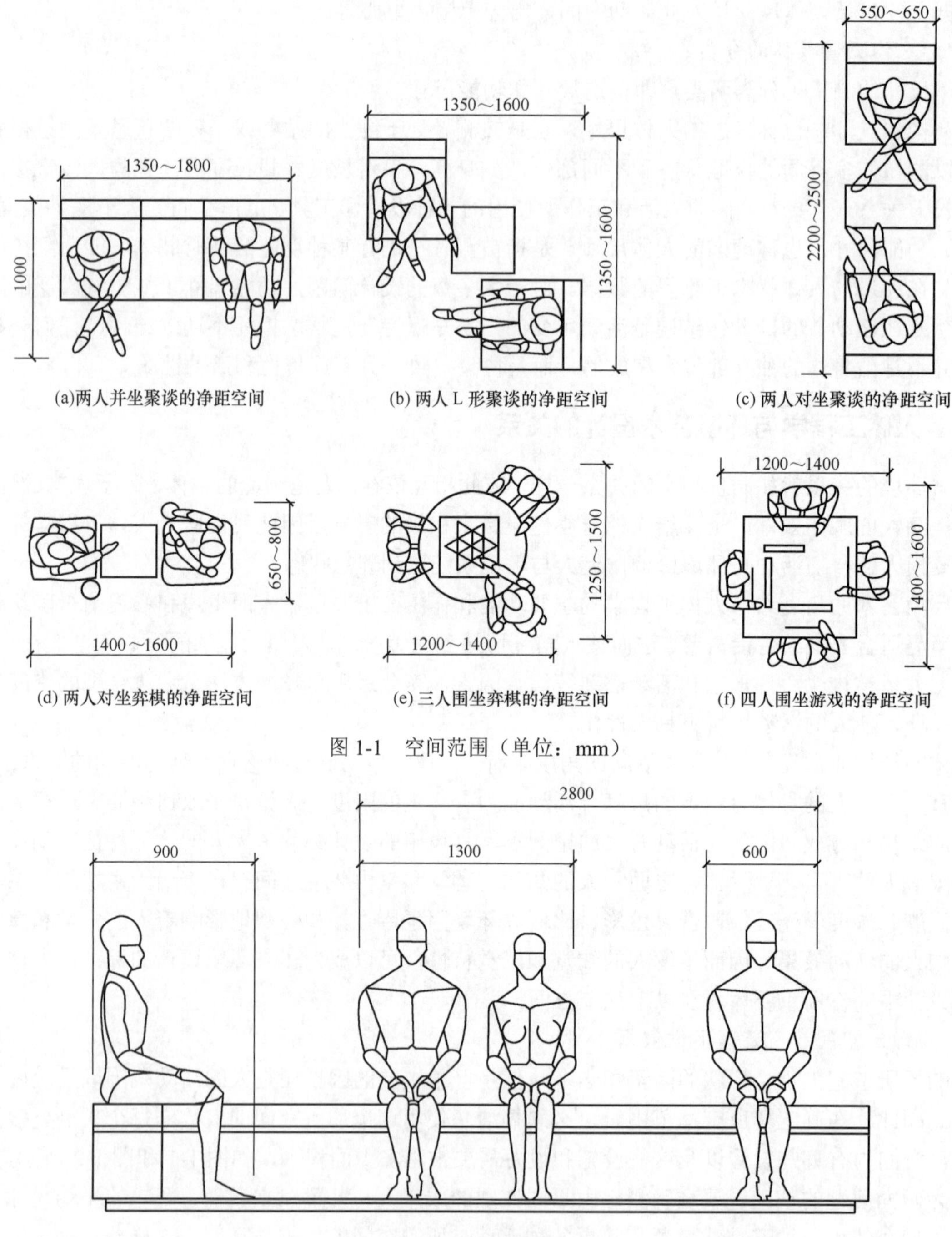

图 1-1　空间范围（单位：mm）

图 1-2　人际距离（单位：mm）

3．为确定感觉器官的适应能力提供依据

人的感觉器官在什么情况下能够感觉到刺激物，什么样的刺激物是可以接受的，什么样的刺激物是不能接受的，这是人体工程学需要研究的另一个课题。人的感觉能力是有差别的，从这一事实出发，人体工程学既要研究一般的规律，又要研究不同年龄、不同性别的人感觉能力的差异。以视觉为例，人体工程学要研究人的视野范围（包括静视野和动视野）、视觉适应及视错觉等生理现象。

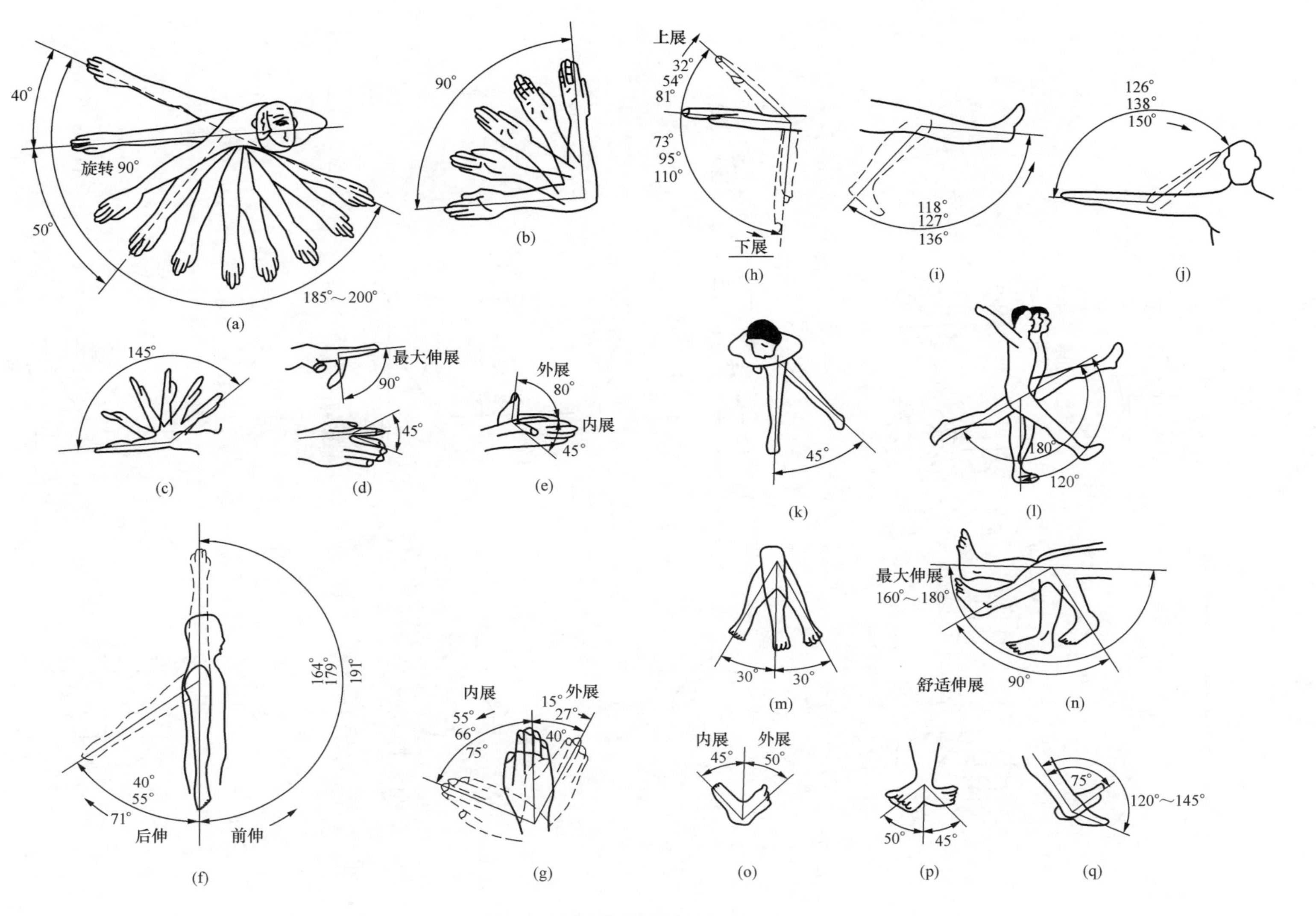

图 1-3 人体关节活动角度（一）

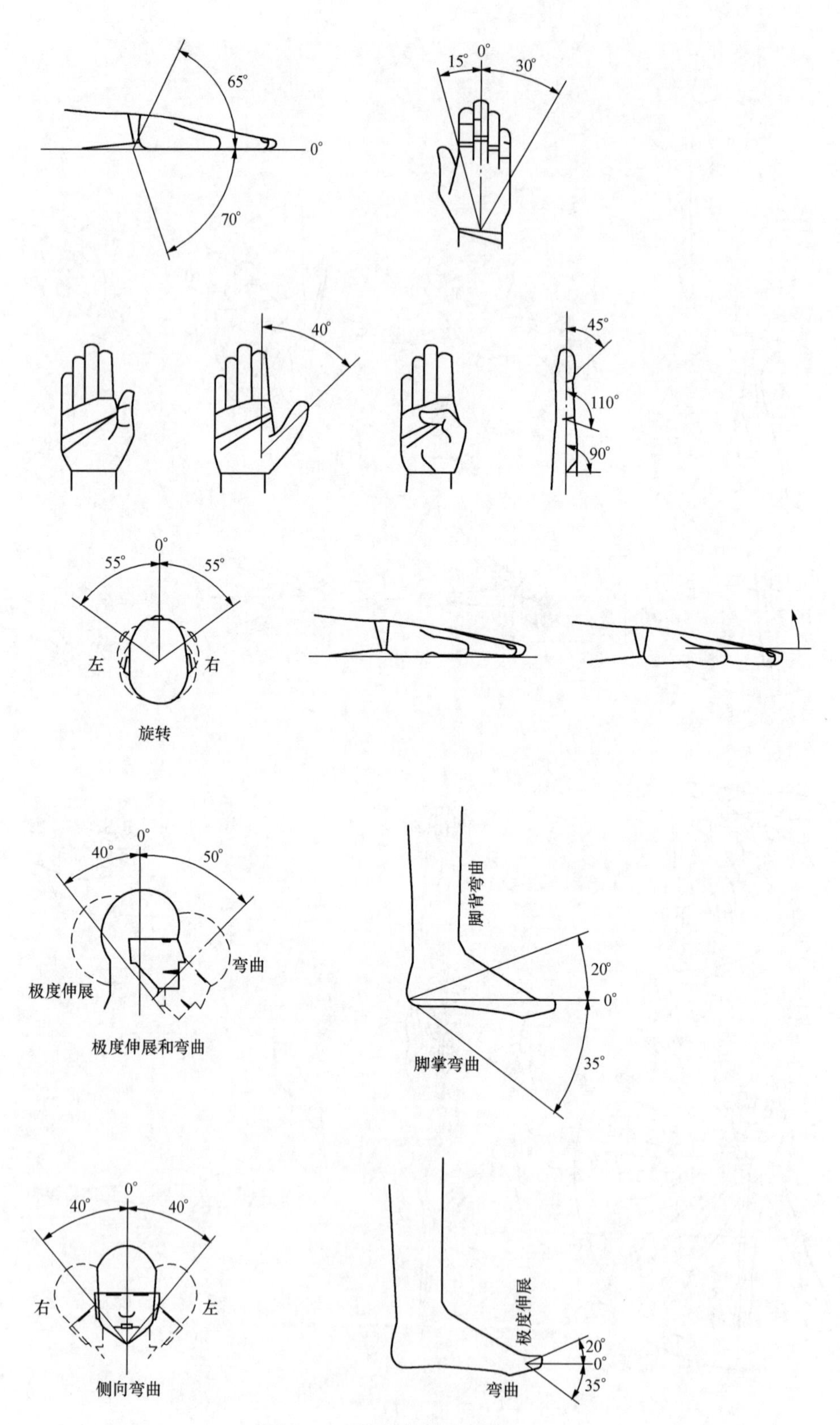

图 1-4　人体关节活动角度（二）

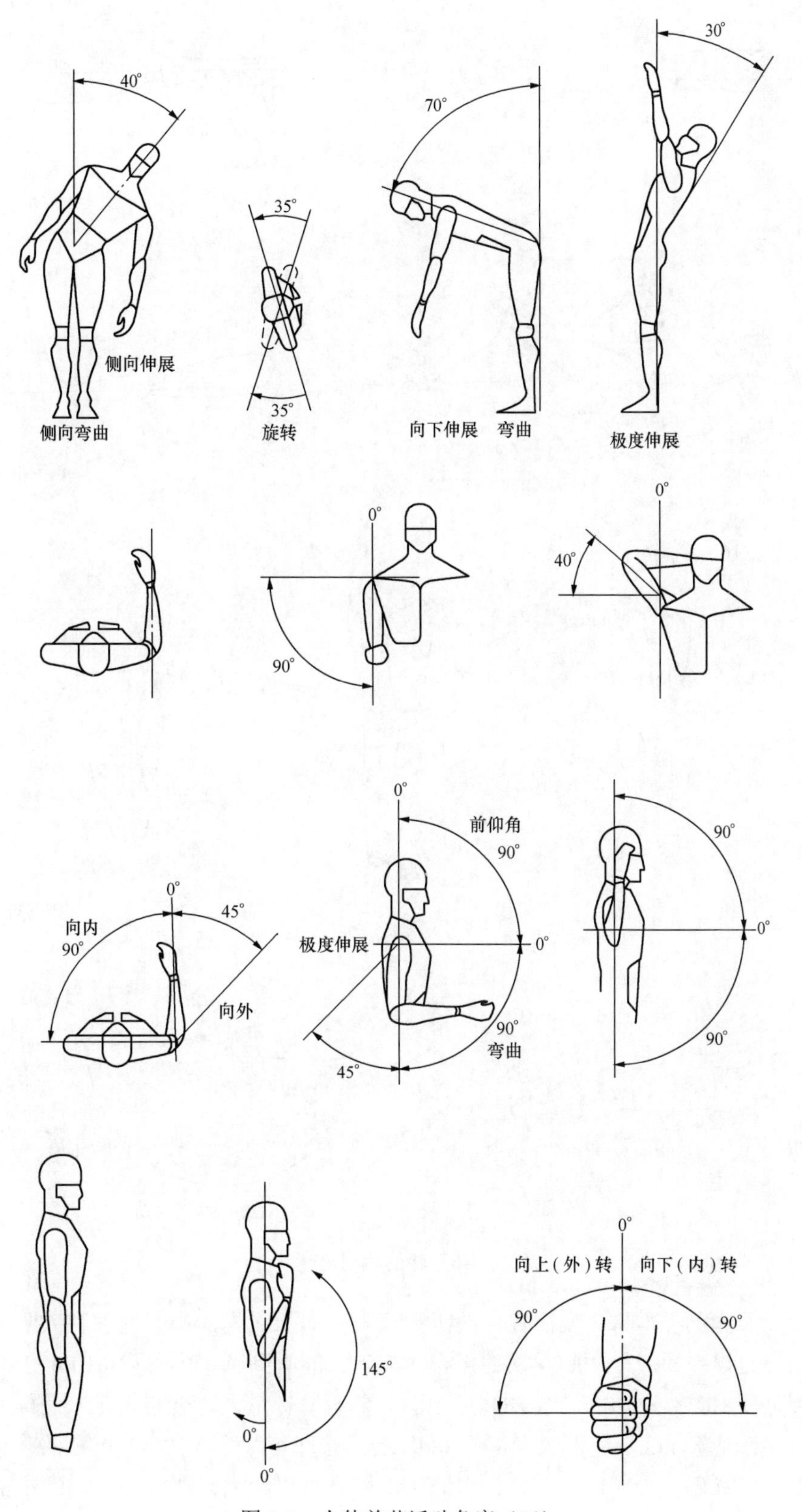

图 1-5 人体关节活动角度（三）

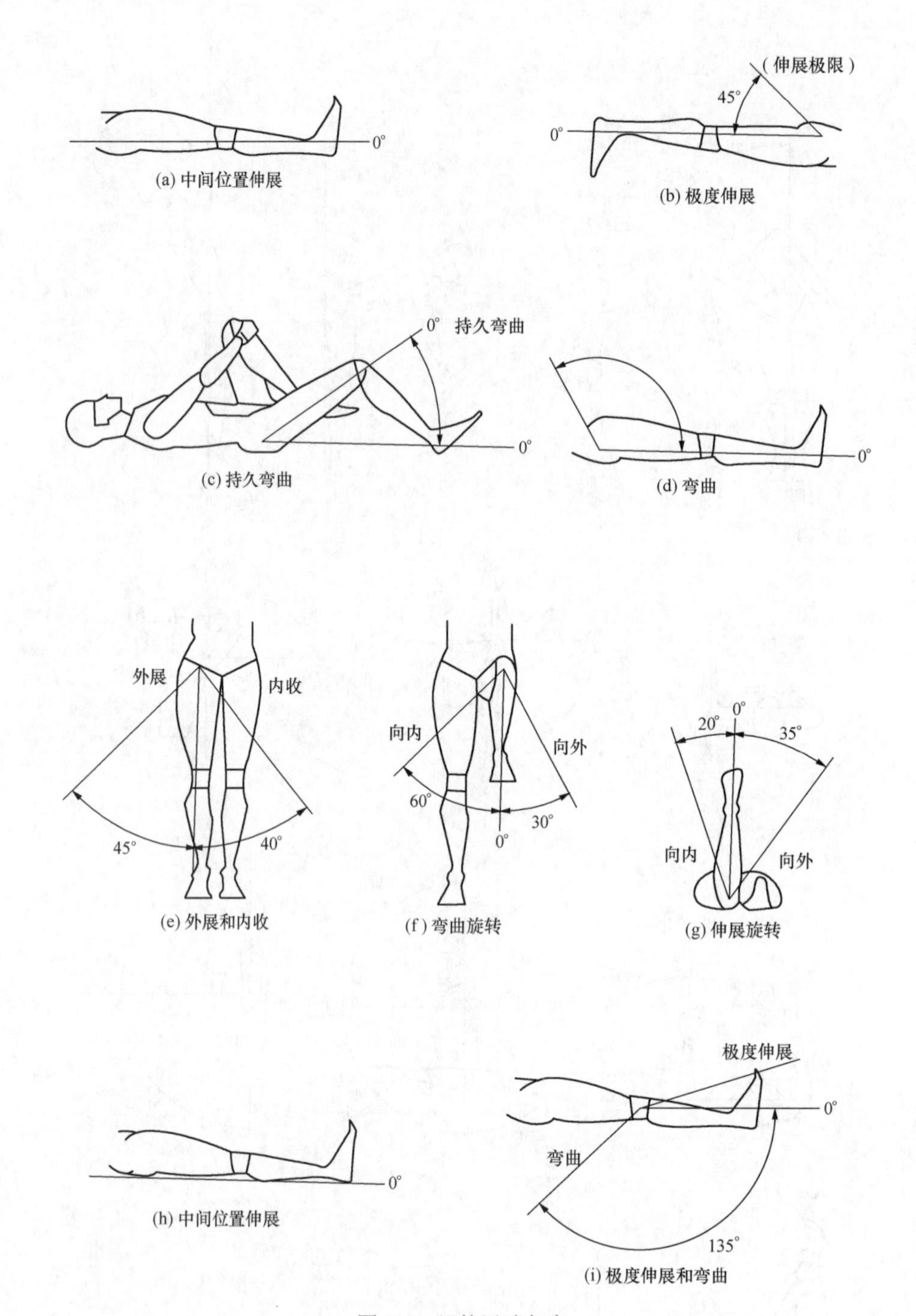

图 1-6　腿的活动角度

在听觉方面，人体工程学首先要研究人的听觉极限，即什么样的声音能够被人听到。实验表明，一般的婴儿可以听到频率为每秒 20000 次的声音，成年人能听到频率为每秒 6100～18000 次的声音，老年人只能听到每秒 10100～12000 次的声音。其次，要研究音量大小会给人带来怎样的心理反应以及声音的反射、回音等现象。以音量为例，高于 48dB 的声音即可称为噪声，110dB 的声音即可使人产生不快感，130dB 的声音可以给人以刺痒感，140dB 的声音可以给人以压痛感，150dB 的声音则有破坏听觉的可能性。

听觉具有较大的工作范围。在 7m 以内，耳朵是非常灵敏的，在这一距离进行交谈没有什么困难。大约在 35m 的距离，仍可以听清楚演讲，比如建立起一种问答式关系，但已不可能进行实际的交谈。

超过 35m，倾听别人的能力就大大降低了，有可能听见人的大声叫喊，但很难听清喊的内容。如果距离达 1km 或者更远，就只可能听见大炮声或者高空的喷气式飞机这样极强的噪声。

当背景噪声超过 60dB 时，就几乎不可能进行正常的交谈了，而在交通拥挤的街道上，噪声的水平通常正是这个数值。因此，在繁忙的街道上实际极少看见有人在交谈，即使要交谈几句，也会有很大的困难。为了在这种条件下交谈，人们必须靠得很近，在小到 5～15cm 的距离内讲话。如果成人要与儿童交谈，就必须躬身俯近儿童。这实际上意味着当噪声水平太高时，成人与儿童之间的交流会完全消失，儿童无法询问他们所看到的东西，也不可能得到回答。

只有在背景噪声小于 60dB 时，才可能进行交谈。如果人们要听清别人的轻声细语、脚步声、歌声等完整的社会场景要素，噪声水平就必须降至 45～50dB 以下。

嗅觉只能在非常有限的范围内感知不同的气味。只有在小于 1m 的距离以内，才能闻到从别人头发、皮肤和衣服上散发出来的较弱的气味。香水或者别的较浓的气味可以在 2～3m 远处感觉到。超过这一距离，人就只能嗅出很浓烈的气味。

视觉具有更大的工作范围，可以看见天上的星星，也可以清楚地看见已听不到声音的飞机。但是，就感受他人来说，视觉与别的知觉一样，也有明确的局限。

在 0.5～1km 的距离之内，人们根据背景、光照可以看见和辨别出人群。在大约 100m 远处，就可以分辨出具体的人。在 70～100m 远处，就可以比较有把握地确认一个人的性别、大概的年龄以及这个人在干什么。30m 远处面部特征、发型和年纪都能看到。在 20～25m 处，能看清人的面部表情和心绪。

触觉等方面的问题也很多。不难想象，研究这些问题，找出其中的规律，对于确定室内外环境的各种条件（如色彩配置、景物布局、温度、湿度、声学要求等）都是必需的。

第二章

人体工程学基础

本章提要

室内设计是以人体尺寸为依据，根据空间使用性质进行的设计。种族、地区、年龄和性别等是影响人体尺寸差异的主要因素，在进行人体尺寸测量前必须充分了解。

每个专业都有它的常用尺寸，本章第二节主要介绍人体常用尺寸的定义、测量方法及适用范围，为以后的专业设计打下坚实基础。

我们的知识、信息主要是通过视觉系统获得的，眼睛位于视觉系统的最末端，也是我们了解世界的主要器官。通过对眼睛的结构分析，让读者了解一些视觉现象如残像、暗适应等产生的原因。通过对视域、视锥、视觉角度的分析介绍，让读者掌握这些要素对空间设计的影响。听觉是人类除视觉系统以外的第二大系统，对空间私密度和空间尺度影响较大，特别是一些视听空间，如影视厅、歌剧院等，是影响空间设计的主要因素。触觉系统主要体现在社会关怀上，是社会文明程度的体现，对康养空间的设计影响较大。

教学目标

通过本章学习，读者可以了解影响人体尺寸的主要因素，再通过对人体的静态、运动及生理测量，掌握各种人体尺寸范围及其对环境设计的影响。环境信息是人通过感知器官感知的，因人的感知器官及环境的不同，测量结果偏差较大，这也是本章难点。

课程思政

培养学生的奋斗精神。对于枯燥无味的人体尺寸测量课程，在专业老师的精心设计、组织下，把专业知识传授与自强不息精神培养结合起来，重在引导学生不怕苦、不怕难，勇于挑战并攻克科技难题，立志成为科学研究的生力军；穿插讲解科学大师、理论专家不懈奋斗的成长故事，用榜样人物的成长经历激励学生成长，引导学生努力做到刚健有为、自强不息。

第一节　人　体　测　量

一、人体尺寸的差异

人体尺寸测量仅仅着眼于积累资料是不够的，还要进行大量的细致分析工作。很多复杂的因素都在影响着人体尺寸，所以个人之间，群体之间，在人体尺寸上存在很多差异，不了解这些就不可能合理地使用人体尺寸的数据，也就达不到预期的目的。差异的存在主要表现在以下几方面。

1．种族差异和地区差异

不同的国家和地区、不同的种族，因地理环境、生活习惯、遗传特质的不同，人体尺寸的差异是十分明显的，从越南人的 160.5cm 到比利时人的 179.9cm，高度差达 19.4cm。随着国际交流的不断地增加，不同国家、不同地区的人使用同一产品、同一设施的情况越来越多，因此在设计中考虑多民族的通用性也将成为一个值得注意的问题。表 2-1 列出了一些国家人体尺寸的对比。

表 2-1　　不同国家人体尺寸对比表（2020 年）

序号	国家	性别	身高（cm）	序号	国家	性别	身高（cm）
1	美国	男	175	7	意大利	男	176.1
		女	169.2			女	166.1
2	俄罗斯	男	175	8	加拿大	男	177
		女	167.1			女	167
3	日本	男	171.7	9	巴西	男	171
		女	162			女	161
4	英国	男	178.1	10	土耳其	男	172
		女	170			女	162
5	法国	男	176.1	11	韩国	男	173.3
		女	166.2			女	163.2
6	德国	男	180.2	12	中国	男	169.7
		女	170.1			女	160.1

更多不同国家以及我国各地区人体身高对比表

2．世代差异

随着人类社会的不断发展，卫生、医疗、生活水平的提高以及体育运动的大力发展，人类的成长和发育也发生了很大的变化。我们在过去 100 年中观察到的生长加快（加速度）是一个特别的问题，子女们一般比父母长得高，这个问题在人们的身高平均值上也可以得到证实。欧洲的居民预计每 10 年身高增加 10～14mm。因此，若使用三四十年前的数据会导致相应的错误。美国的军事部门每 10 年测量一次入伍新兵的身体尺寸，以观察身体的变化，二战入伍的人的身体尺寸超过了一战。美国卫生福利和教育部门在 1971～1974 年所做的研究表明：大多数女性和男性的身高比 1960～1962 年国家健康调查的结果要高。最近的调查表明 51%的男性不低于 175.3cm，而 1960～1962 年只有 38%的男性达到这个高度。认识这种缓慢变化与各种设备的设计、生产和发展周期之间的关系的重要性，并做出预测是极为重要的。

3．年龄的差异

年龄造成的差异也应引起注意，体形随着年龄变化最为明显的时期是青少年时期。人体尺寸的增长过程，通常男性 15 岁、女性 13 岁双手的尺寸就达到一定值。男性 17 岁、女性 15 岁脚的大小也基本定型。女性 18 岁结束，男性 20 岁结束。此后，人体尺寸随年龄的增加而缩减，而体重、宽度及围长的尺寸却随年龄的增长而增加。一般来说，青年人比老年人身高高一些，老年人比青年人体重重一些；男人比女人高一些，女人比男人娇小一些。在进行具体设计时必须判断与年龄的关系，是否适用于不同的年龄。对工作空间的设计应尽量使其适应于 20～65 岁的人。美国人的研究发现，45～65 岁的人与 20 岁的人相比，身高减少 4cm，体重增加 6（男）～10kg（女），见表 2-2。

关于儿童的人体尺寸很少见，而这些资料对于设计儿童用具、幼儿园、学校是非常重要的。考虑到安全和舒适的因素则更是如此，儿童意外伤亡与设计不当有很大的关系。例如，只要头部能钻过的间隔，身体就可以过去，猫、狗是如此，儿童的头部比较大，所以也是如此。按此考虑，栏杆的间距应必须阻止儿童头部钻过，以 5 岁幼儿头部的最小尺寸为例，它约为 14cm，如果以它为平均值，为了使大部分儿童的头部不能钻过，多少要窄一些，最多不超过 11cm。随着人们寿命的增加，进入人口老龄化的国家越来越多，如美国 65 岁以上的人有 2000 万，接近总人口的 1/10，而且每年都在增加。我国 2030 年或更早也将进入老龄社会，所以设计中涉及老年人的各种问题不能不引起我们的重视，应有老年人的人体尺寸。在没有具体尺寸的情况下，至少有两个问题应引起我们的注意。

表 2-2　　年龄差异与人体变化

测量项目(mm) \ 年龄分组 / 百分位数	18～60 岁（男）							18～55 岁（女）						
	1	5	10	50	90	95	99	1	5	10	50	90	95	99
胸宽	242	253	259	280	307	315	331	219	233	239	260	289	299	319
胸厚	176	186	191	212	237	245	261	159	170	176	199	230	239	260
肩宽	330	344	351	375	397	403	415	304	320	328	351	371	377	387
最大肩宽	383	398	405	431	460	469	486	347	363	371	397	428	438	458
臀宽	273	282	288	306	327	334	346	275	290	296	317	340	346	360
坐姿臀宽	284	295	300	321	347	355	369	295	310	318	344	374	382	400
坐姿两肘间宽	353	371	381	422	473	489	518	326	348	360	404	460	478	509
胸围	762	791	806	867	944	970	1018	717	745	760	825	919	949	1005
腰围	620	650	665	735	859	895	960	622	659	680	772	904	950	1025
臀围	780	805	820	875	948	970	1009	795	824	840	900	975	1000	1044

（1）无论男女，上年纪后身高均比年轻时矮。

（2）老年人伸手够东西的能力不如年轻人。

设计人员在考虑老年人的使用功能时，务必应对上述人体特征给予充分的考虑。家庭用具的设计，首先应当考虑老年人的要求。因为家庭用具一般不必讲究工作效率，而首先需要考虑的是使用安全、方便，在使用方便方面年轻人可以迁就老年人。所以家庭用具，设施设置，尤其是厨房用具、柜橱和卫生设备的设计，相对高差较大地形的坡道设计，更应照顾老年人的使用需求。

4．性别差异

在男性和女性之间，人体尺寸、重量和比例关系都有明显差别。3～10 岁这一年龄阶段男女的差别极小，同一数值对两性均适用，两性身体尺寸的明显差别从 10 岁开始。一般妇女的身高比男子低 10cm 左右。但有四处尺寸女性比男性大些，即胸厚、臀宽、臂部和大腿周长，在设计中应注意这种差别。

此外还有许多其他的差异，如地域性的差异，北方人的平均身高高于热带地区人的身高；再如职业差异，篮球运动员普遍高于普通人，体操运动员普遍低于普通人。社会的发达程度也是一种重要的差别，发达程度高，营养好，平均身高就高，现在的日本人就是一个很好的例证。了解了这些差异，在设计中就应充分注意它对设计中的各种问题的影响及影响程度，并且要注意数据的特点，并在设计中加以修正，不可盲目地采用未经细致分析的数据。

5．残疾人

在每个国家，残疾人都占一定比例，全世界的残疾人约有 4 亿，但残疾人的残疾等级不同，对设计的要求也各异。在这里我们根据活动的方式，简要地概括成两类。

（1）乘轮椅患者。没有大范围乘轮椅患者的人体测量数据，进行这方面的研究工作是很困难的，因为患者的类型不同，病因不同，有四肢瘫痪和部分肢体瘫痪，残疾级别也不同，肌肉机能障碍程度和由于乘轮椅对四肢的活动带来的影响等种种因素，使得调研工作很难进行。但在设计中要使设计更人性化，首先假定坐轮椅对四肢的活动没有影响，活动的程度接近正常人，而后，重要的是决定适当的手臂能够得到的距离、各种间距及其他一些尺寸，这要将人和轮椅一并考虑，因此对轮椅本身应有一些解剖知识。Henman L.Kam 博士从几何学的角度测定，在假想姿势中，脚髁保持 90°，腿就随椅子坡度抬起，与垂直线夹角 15°，膝腘处为 105°，靠背大约向后倾斜 10°，腿与背部形成 100°角。如果身体保持这种相对关系，整个椅子向后倾斜 50°，因此椅子面与水平线呈 5°角，腿与垂直面之间形成 20°夹角，背部与垂直面成 15°夹角。如果使用者可以挺直坐着，尽管椅子靠背倾斜，标准的手臂够得到的距离数据完全可以满足要求。如果背部处于一种倾斜状态，与垂直线夹角为 15°，则手臂够得着的距离尺寸必须依此修改，因为这个尺寸的标准数据是在背部挺直和椅子面保持水平的情况下得出来的。

（2）能走动的残疾人。对于能走动的残疾人，必须考虑他们是使用辅助工具，如拐杖、助步车、支架等。所以为了做好设计，除应知道一些人体测量数据之外，还应把这些工具当作一个整体来考虑。

二、百分位的概念

由于人体尺寸有很大的差异和变化，没有一个确定的数值，而是分布于一定的人群范围内。如亚洲人的身高是 151～188cm，而我们设计时只能用一个确定的数值，而且并不能像我们一般理解的那样采用平均值，如何确定使用哪一数值呢？这就是百分位的方法要解决的问题。百分位的定义是这样的：百分位表示具有某一人体尺寸和小于该尺寸的人占统计对象总人数的百分比。

大部分人体测量数据是按百分位表达的，把研究对象分成 100 份，按从最小到最大顺序排列、分段，每一段的截至点即为一个百分点。例如，以身高为例，第 5 百分点的尺寸表示有 5%的人身高等于或小于这个尺寸。换句话说就是有 95%的人身高高于这个尺寸。第 95 百分点则表示有 95%的人等于或小于这个尺寸，5%的人具有更高的身高。第 50 百分点为中点，表示把一组数平分成两组，较大的 50%和较小的 50%。第 50 百分点的数值可以说接近平均值。

统计学表明，任意一组特定对象的人体尺寸，大部分属于中间值，只有一小部分属于过大和过小的值，它们分布在范围的两端。图 2-1 中设了第 5 百分点和第 95 百分点，第 5 百分点表示身材较小的，有 5%的人低于此尺寸；第 95 百分点表示有 5%的人高于此值。在设计上满足所有人的要求是不可能的，但必须满足大多数人，所以必须从中间部分取用能够满足大多数人的尺寸数据作为依据，一般都是舍去两头，排除少数人。

三、平均值的谬误

选择数据时，把 50 百分点数据代表“平均人”的尺寸，那就错了，这里不存在“平均人”，只有平均值，在某种意义上这是一种易于产生错觉的、含糊不清的概念。第 50 百分点只说明你所选择的某一项人体尺寸有 50%的人适用，不能说明别的什么。事实上几乎没有任何人真正够得上“平均人”，美国的 Hertz-bexy 博士在讨论关于“平均人”的时候指出：没有平均的男人和女人存在，或许只是个别一两项上（如身高、体重或坐高）是平均值。因此这里有两点要特别注意：一是人体测量的每一个百分位数值、指标是某项人体尺寸，如身高 50 百分点只表示身高，并不表示身体的其他部分；二是绝对没有一个各项人体尺寸同时处于同一百分位的人。

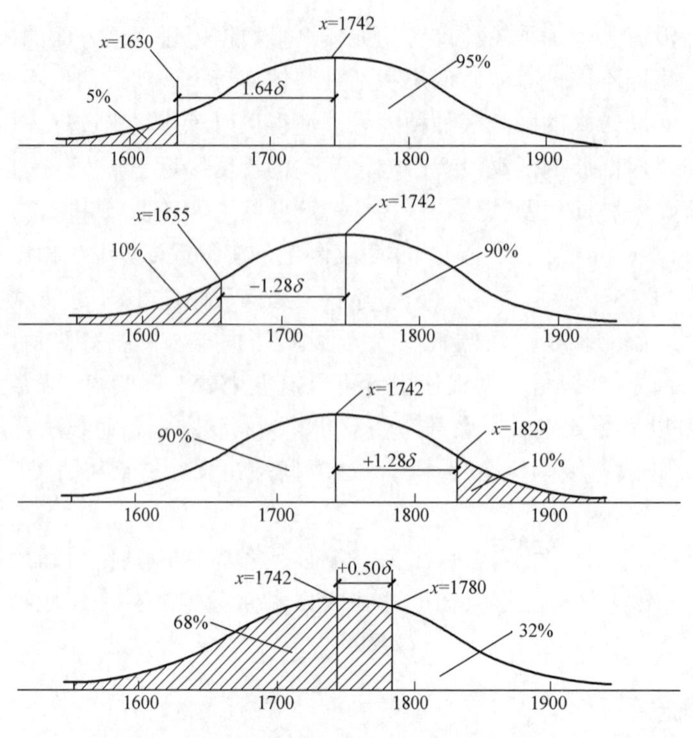

图 2-1　美国男性高度分布曲线（单位：mm）

第二节　常用人体尺寸及应用范围

一、身高

1．定义

身高是指人身体垂直站立、眼睛向前平视时从脚底到头顶的垂直距离（见图 2-2）。

2．应用

这些数据用于确定通道、门、行道树的分枝点最小高度和床、担架等的长度。然而，一般建筑规范规定的和成批生产预制的门和门框高度都适用于 99%以上的人，所以这些数据可能对于确定人头顶上的障碍物高度更为重要。

3．注意

身高是在不穿鞋袜时测量的，故在使用时应给予适当补偿。

4．百分点选择

由于主要的功用是确定净空高，所以应该选用高百分点数据。因为顶棚高度一般不是关键尺寸，设计者应考虑尽可能地适应 100%的人。

二、眼睛高度

1．定义

眼睛高度是指人身体垂直站立、眼睛向前平视时从脚底到内眼角的垂直距离，如图 2-3 所示。

2．应用

这些数据可用于确定在剧院、礼堂、会议室、室外墙体或充当墙体阻挡视线的绿篱等高度，也可用于布置广告和其他展品位置和高度，还可用于确定屏风和开敞式办公室内隔断的高度。

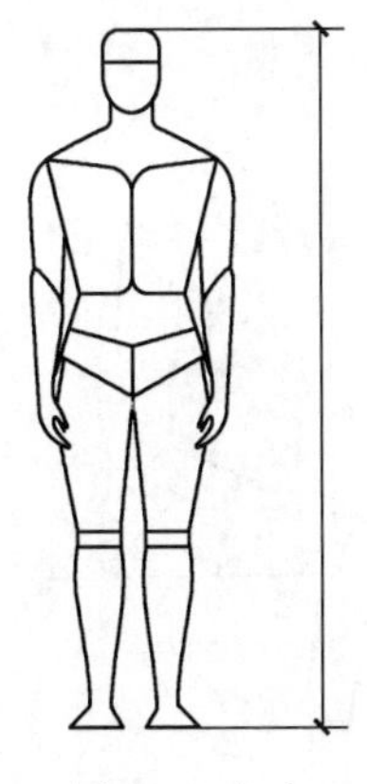

图 2-2　身高

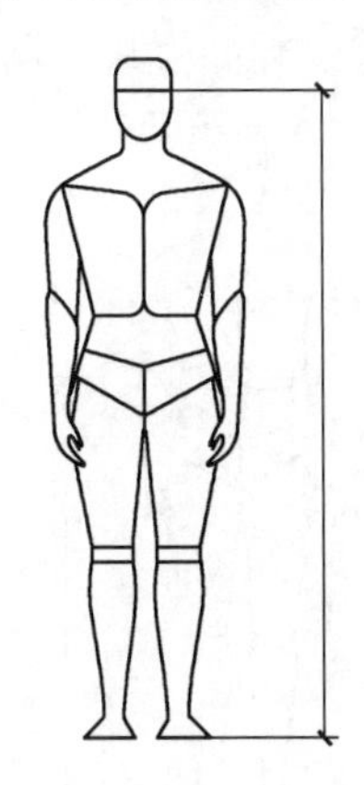

图 2-3　眼睛高度

3．注意

由于这个尺寸是光脚测量的，所以还要加上鞋跟的高度，男子大约需 2.5cm，女子会更高。

4．百分点选择

百分点选择将取决于空间或场所的性质。例如空间或场所对私密性要求较高，那么所设计隔离高度就与较高人的眼睛高度密切相关（第 95 百分点或更高），假如高个子人的视线不能越过隔断看过去，那么矮个子人也一定不能。反之，假如设计问题是允许人看到隔断里面，则逻辑是相反的，隔断高度应考虑较矮人的眼睛高度（第 5 百分点或更低）。

三、肘部高度

1．定义

肘部高度是指从脚底到人的前臂与上臂接合处可弯曲部分的垂直距离，如图 2-4 所示。

2．应用

确定站着使用的工作台面的舒适高度，肘部高度数据是必不可少的，主要用于确定柜台、梳妆台、厨房案台的高度。通常，这些台面最舒适的高度是低于人的肘部高度 7.6cm。另外，休息平面的高度大约应该低于肘部高度 2.5～3.8cm。

3．注意

确定上述高度时必须考虑活动的性质，这一点很重要。

4．百分点选择

假定工作面高度确定为低于肘部高度约 7.6cm，那么从 96.5cm（第 5 百分点数据）到 111.8cm（第 95 百分点数据）这样一个范围都将适合中间的 90%的男性使用者。考虑到第 5 百分点的女性肘部高度较低，这个范围应为 88.9～111.8cm 才能对男女使用者都适应。由于其中包含许多其他因素，如存在特别的功能要求和每个人对舒适高度见解不同等，所以这些数值是可以稍微变化的。

四、挺直坐高

1．定义

挺直坐高是指人挺直坐着时，座椅座面到头顶的垂直距离，如图 2-5 所示。

2．应用

用于确定座椅上方障碍物的允许高度。在布置双层床时，或进行创新的节约空间设计时，例如火车卧铺空间的高度设计都要由这个关键的尺寸来确定其高度。确定办公室或其他场所的低隔断要用到这个尺寸，确定餐厅和酒吧里隔断也要用到这个尺寸。

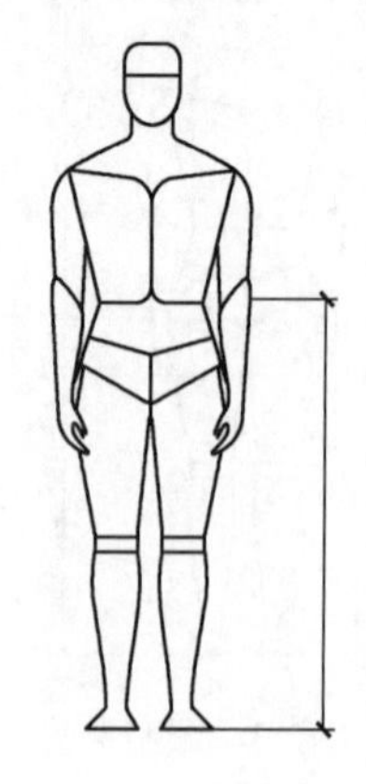

图 2-4　肘部高度

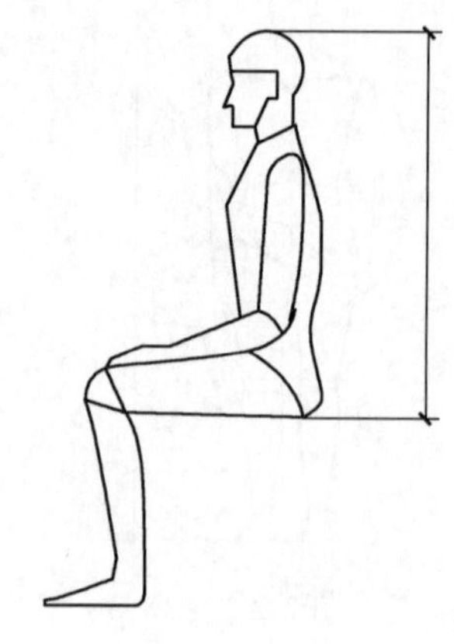

图 2-5　挺直坐高

3．注意

座椅的倾斜、座椅软垫的弹性、帽子的厚度以及人坐下和站起来时的活动都是要考虑的重要因素。

4．百分点选择

由于涉及间距问题，采用第 95 百分点的数据是比较合适的。

五、正常坐高

1．定义

正常坐高是指人放松坐着时，从座椅表面到头顶的垂直距离（见图 2-6）。

2．应用

可用于确定座椅上方障碍物的最小高度。布置上下铺时，进行创新的节约空间设计时，在吊柜下工作时，都要根据这个关键尺寸来确定其高度。

3．注意

座椅的倾斜、座垫的弹性、帽子的厚度以及人坐下、站起来时的活动都是要考虑的重要因素。

4．百分点选择

由于涉及间距问题，采用第 95 百分点的数据比较合适。

六、坐时眼睛高度

1．定义

眼睛高度是指人的内眼角到座椅座面的垂直距离。当视线是设计问题的中心时，确定视线和最佳视区就要用到这个尺寸，这类设计对象包括剧院、礼堂、教室和其他需要有良好视听条件的室内空间，如图 2-7 所示。

2．注意

应该考虑头部与眼睛的转动角度、范围，座椅软垫的弹性，座椅面距地面的高度和可调座椅的调节角度范围。

3．百分点选择

假如有适当的可调节性，就能适应从第 5 百分点到第 95 百分点或者更大的范围。

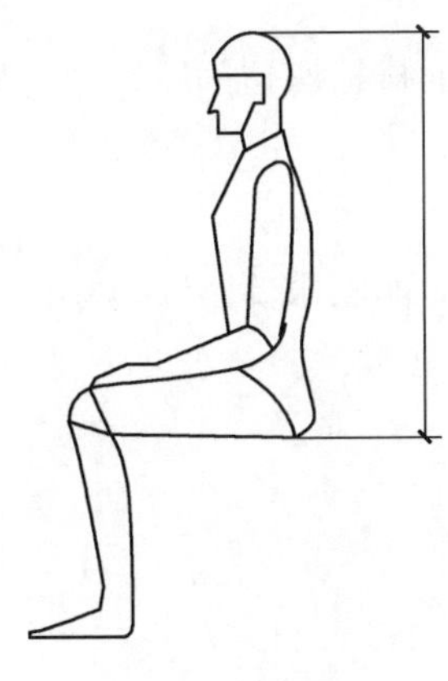
图 2-6　正常坐高

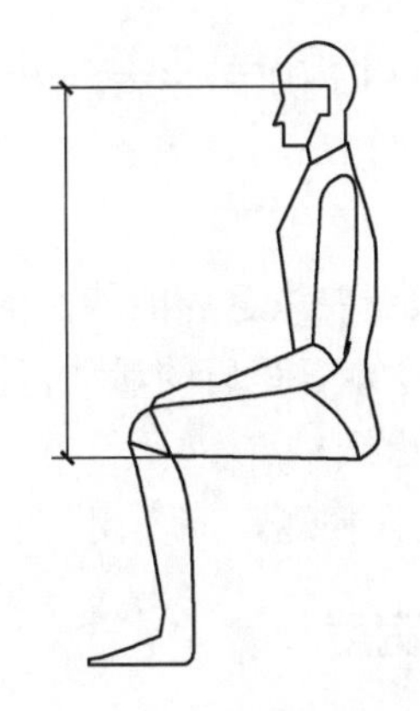
图 2-7　坐时眼睛高度

七、肩高

1．定义

肩高是指从座椅座面到脖子与肩峰之间的肩中部位置的垂直距离，如图 2-8 所示。

2．应用

这些数据大多数用于机动车辆中比较紧张的工作空间的设计，很少被建筑师和室内设计师所使用。但是，在设计那些对视觉听觉有要求的空间时，这个尺寸有助于确定出妨碍视线的障碍物，也许在确定火车座的高度以及类似的设计中有用。

3．注意

要考虑座椅软垫的弹性。

4．百分点选择

由于涉及间距问题，一般使用第 95 百分点的数据。

八、肩宽

1．定义

肩宽是指人肩两侧三角肌外侧的最大水平距离（见图 2-9）。

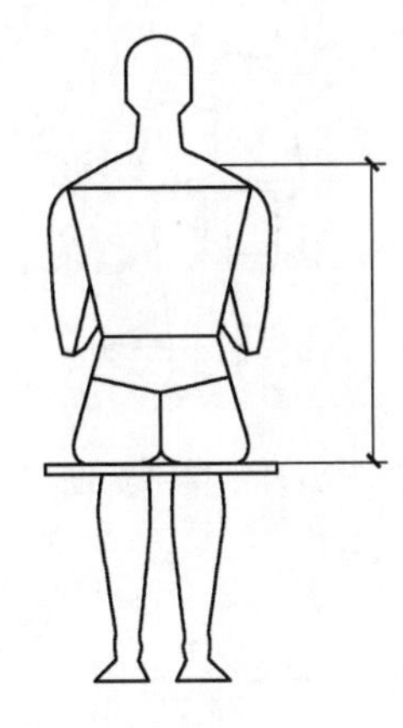
图 2-8　肩高

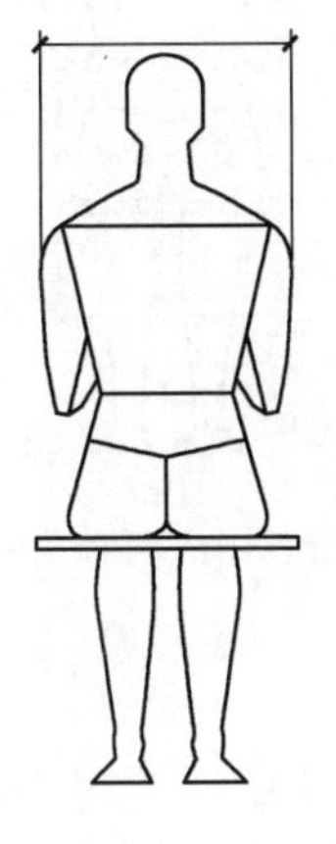
图 2-9　肩宽

2．应用

肩宽数据可用于确定环绕桌子的座椅间距和影剧院、礼堂中的排椅座位间距，也可确定室内和室外空间的道路宽度。

3．注意

使用这些数据要注意可能涉及的变化。要考虑衣服的厚度，对薄衣服要附加 7‰，对厚衣服附加 7.6cm。还要注意躯干和肩的活动范围，两肩之间所需的空间还会加大。

4．百分点选择

由于涉及间距问题，应使用第 95 百分点的数据。

九、两肘宽度

1．定义

两肘之间宽度是指两肋弯曲、自然靠近身体、前臂平伸时两肋外侧面之间的水平距离，如图 2-10 所示。

2．应用

这些数据可用于确定会议桌、报告桌、柜台和牌桌周围座椅的位置。

3．注意

应该与肩宽尺寸结合使用。

4．百分点选择

由于涉及间距问题，应使用第 95 百分点的数据。

十、臀部宽度

1．定义

臀部宽度是指臀部最宽部分的水平尺寸。一般是坐着测量这个尺寸的，也可以站着测量。坐着测量的尺寸要比站着测量的尺寸大一些，如图 2-11 所示。

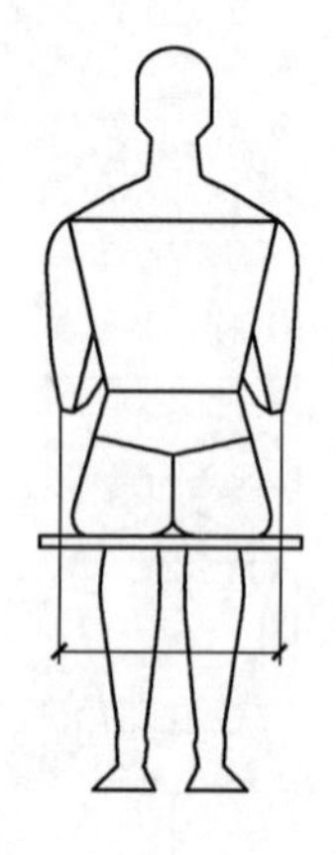

图 2-10　两肘宽度

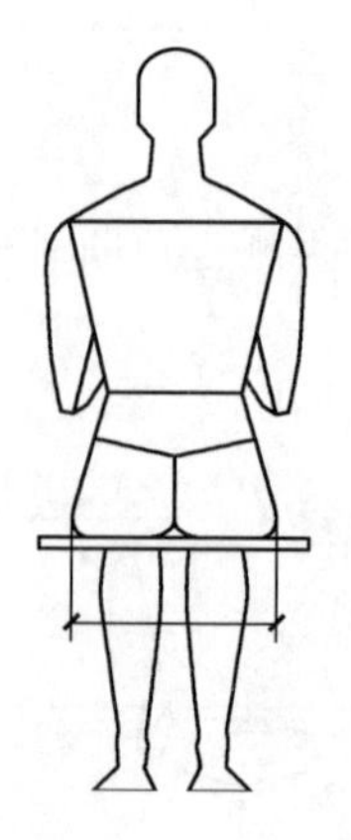

图 2-11　臀部宽度

2．应用

这些数据对扶手的座椅内侧尺寸特别重要，对酒吧、前台和办公座椅极为有用。

3．注意

根据具体条件，与两肋之间宽度和肩宽结合使用。

4. 百分点选择

由于涉及间距问题，应使用第 95 百分点的数据。

十一、肘部平放高度

1. 定义

肘部平放高度是指从座椅座面到肘部尖端的垂直距离，如图 2-12 所示。

2. 应用

与其他一些数据和考虑因素联系在一起，用于确定椅子扶手、工作台、书桌、餐桌和其他特殊设备、设施的高度。

3. 注意

座椅软垫的弹性、座椅表面的倾斜以及身体姿势都应予以注意。

4. 百分点选择

肘部平放高度既不涉及间距问题，也不涉及伸手够物的问题，其目的是使手臂得到舒适的休息。选择第 50 百分点左右的数据是很合理的。在许多情况下，这个高度在 14～27.9cm 之间，这样一个范围可以适合大部分使用者。

十二、大腿厚度

1. 定义

大腿厚度是指从座椅座面到大腿与腹部交接处的大腿端部之间的垂直距离，如图 2-13 所示。

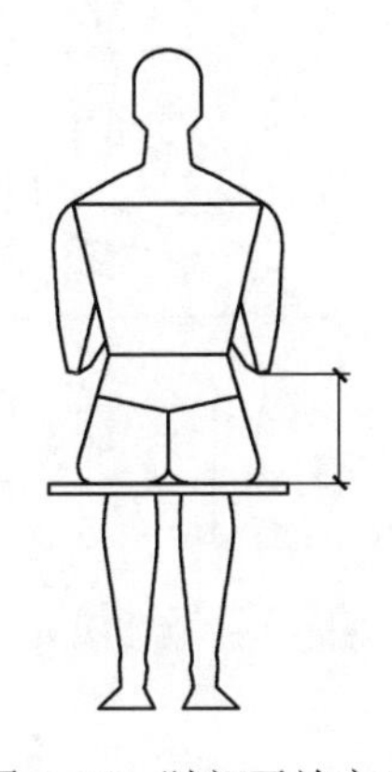

图 2-12　肘部平放高度

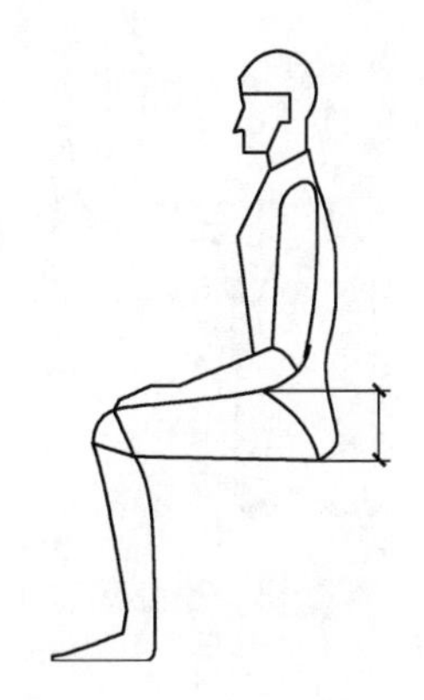

图 2-13　大腿厚度

2. 应用

这些数据是设计柜台、书桌、会议桌、家具及其他一些室内设备的关键尺寸，而这些设备都需要把腿放在工作面下面。特别是有直拉式抽屉的工作面，要使大腿与大腿上方的障碍物之间有适当的活动间隙，这些数据是必不可少的。

3. 注意

在确定上述设备的尺寸时，其他一些因素也应该同时予以考虑，例如膝腘高度和座椅软垫的弹性。

4. 百分点选择

由于涉及间距问题，应选用第 95 百分点的数据。

十三、膝盖高度

1．定义

膝盖高度是指从脚底到膝盖骨中点的垂直距离，如图 2-14 所示。

2．应用

这些数据是确定从地面到书桌、餐桌、柜台底面距离的关键尺寸，尤其适用于使用者需要把大腿部分放在家具下面的场合。坐着的人与家具底面之间的靠近程度，决定了膝盖高度和大腿厚度是否是关键尺寸。

3．注意

要同时考虑座椅高度、鞋跟的高度、座垫的弹性和衣服的厚度。

4．百分点选择

要保证适当的活动间距，故应选用第 95 百分点的数据。

十四、膝腘高度

1．定义

膝腘高度是指人挺直身体坐着时，从脚底到膝盖背后（腿弯）的垂直距离。测量时膝盖与髁骨垂直方向对正，赤裸的大腿底面与膝盖背面（腿弯）接触座椅座面，如图 2-15 所示。

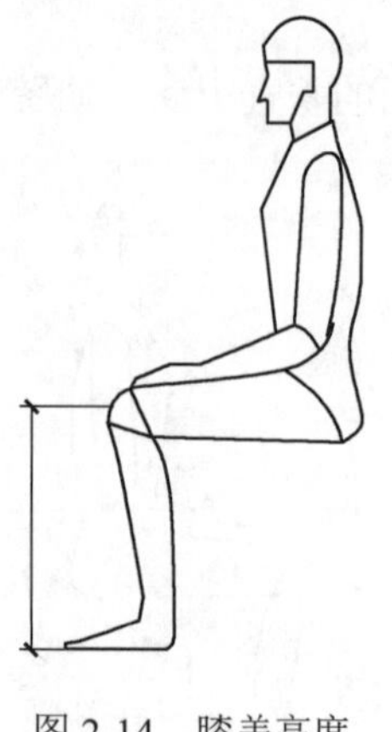

图 2-14　膝盖高度

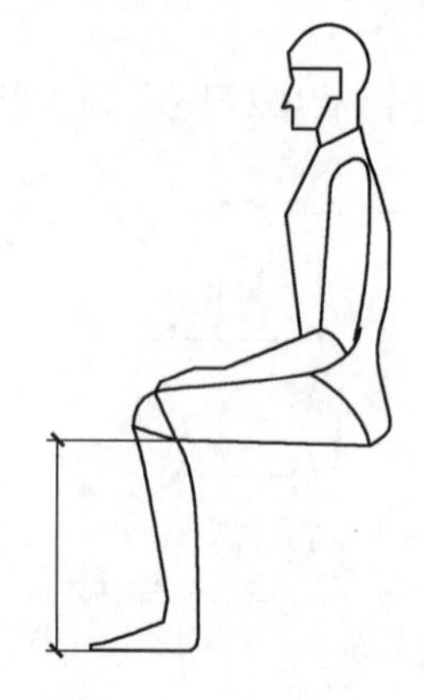

图 2-15　膝腘高度

2．应用

这些数据是确定座椅座面高度的关键尺寸，尤其对于确定座椅前缘的最大高度更为重要。

3．注意

选用这些数据时必须注意座垫的厚度和弹性。

4．百分点选择

确定座椅高度，应选用第 5 百分点的数据，因为如果座椅太高，大腿受到压力会使人感到不舒服。假如一个座椅高度能适应小个子人，也就能适应大个子人。

十五、臀部—膝腿部长度

1．定义

臀部—膝腿部长度是由臀部最后面到小腿最后面的水平距离，如图 2-16 所示。

2．应用

这个长度尺寸应用于坐具的设计中，尤其适用于确定腿的位置、确定长凳和靠背椅等前面的垂直面以及确定椅面的长度。

3．注意

要考虑椅子座面的倾斜度。

4．百分点选择

应该选用第 5 百分点的数据，这样能适应最多的使用者。臀部—膝腿部长度较长和较短的人，如果选用第 95 百分点的数据，则只能适合这个长度较长的人，而不适合这个长度较短的人，但在景观设计中应较灵活考虑。

十六、臀部—膝盖长度

1．定义

臀部—膝盖长度是从臀部最后面到膝盖骨最前面的水平距离，如图 2-17 所示。

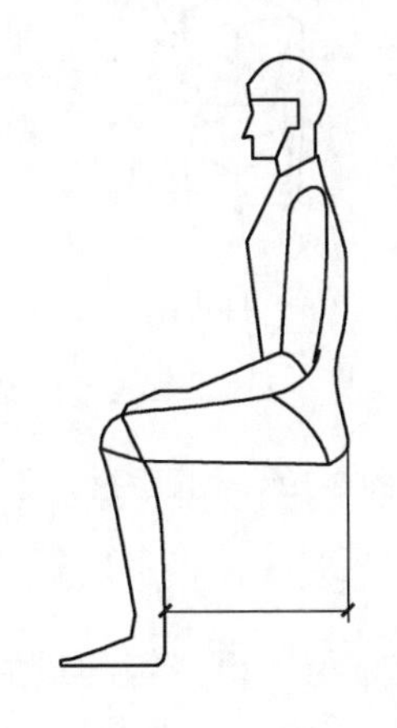

图 2-16　臀部—膝腿部长度

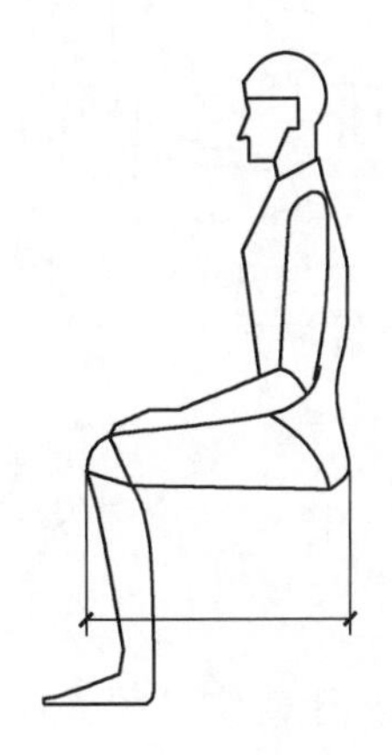

图 2-17　臀部—膝盖长度

2．应用

这些数据用于确定椅背到膝盖前方的障碍物之间的适当距离，例如影剧院、礼堂和公共汽车中的固定排椅设计中是必须考虑这一因素的。

3．注意

这个长度比臀部—足尖长度要短，如果座椅前面的家具或其他室内设施没有放置足尖的空间，就应用臀部—足尖长度。

4．百分点选择

由于涉及间距问题，应选用第 95 百分点的数据。

十七、臀部—足尖长度

1．定义

臀部—足尖长度是从臀部最后面到最前脚趾尖端的水平距离，如图 2-18 所示。

2．应用

这些数据用于确定椅背到足尖前方的障碍物之间的适当距离。例如，用于影剧院、礼堂和公共汽车中的固定排椅设计中。

3．注意

如果座椅前方的家具或其他室内设施有放脚的空间，而且间隔要求比较重要，就可以使用臀部—膝盖长度来确定合适的间距。

4．百分点选择

由于涉及间距问题，应选用第 95 百分点的数据。

十八、垂直手握高度

1．定义

垂直手握高度是指人站立、手握横杆，然后使横杆上升到人感到不舒服或拉得过紧的限度为止，此时从脚底到横杆顶部的垂直距离，如图 2-19 所示。

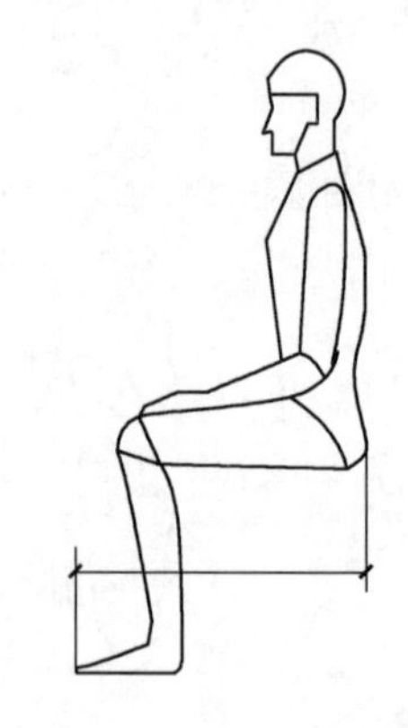

图 2-18　臀部—足尖长度

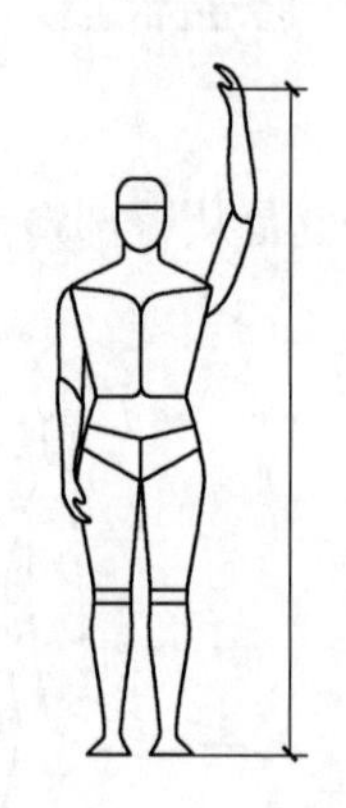

图 2-19　垂直手握高度

2．应用

这些数据可用于确定开关、控制器、拉杆、把手、书架以及衣帽架、柜橱等的最大高度。

3．注意

尺寸是不穿鞋袜测量的，使用时要给予适当补偿。

4．百分点选择

由于涉及伸手够东西的问题，如果采用高百分点的数据就不能适应小个子人，所以设计出发点应该基于适应小个子人，这样也同样能适应大个子人。

十九、侧向手握距离

1．定义

侧向手握距离是指人直立，右手侧向平伸握住横杆，一直伸展到没有感到不舒服或拉得过紧的位置，这时从人体中线到横杆外侧面的水平距离，如图 2-20 所示。

2．应用

这些数据有助于设备设计人员确定控制开关等装置的位置，它们还可以为建筑师和室内设计师用于某些特定的场所，如各种实验室等的设计中。如果使用者是坐着的，这个尺寸可能会稍有变化，但仍能用于确定人侧面的书架位置。

3．注意

如果涉及的活动需要使用专门的手动装置、手套或其他某种特殊设备，这些都会延长使用者的一般手握距离，对于这个延长量应予以考虑。

4．百分点选择

由于主要是确定手握距离，这个距离应能适应大多数人，因此，选用第 5 百分点的数据是合理的。

二十、向前手握距离

1．定义

这个距离是指人肩膀靠墙垂直站立，手臂向前水平伸直，食指与拇指尖接触，这时从墙到拇指梢的水平距离，如图 2-21 所示。

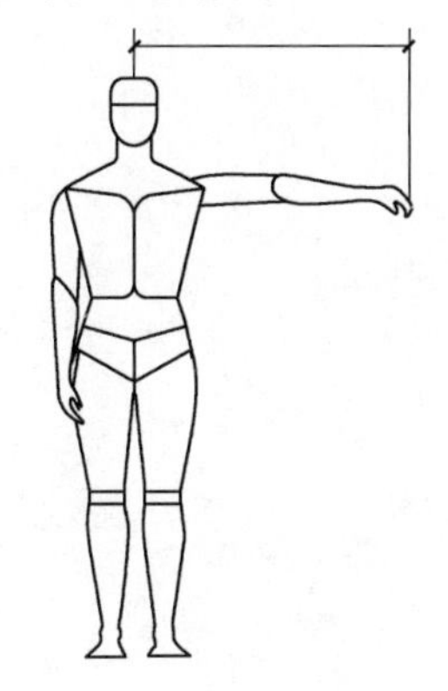

图 2-20　侧向手握距离

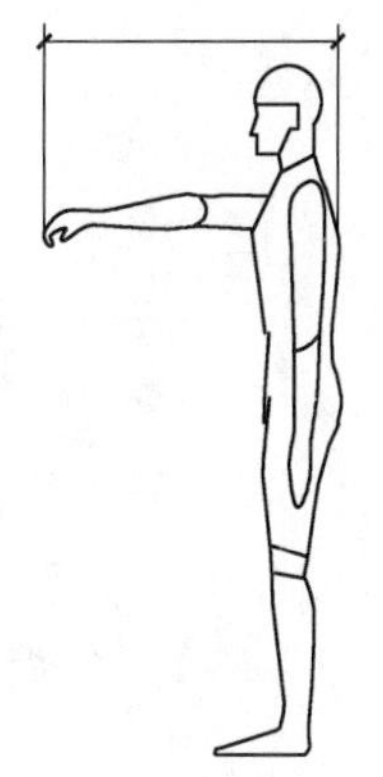

图 2-21　向前手握距离

2．应用

有时人们需要越过某种障碍物去够一个物体或者操纵设备，这些数据可用来确定障碍物的最大尺寸。

3．注意

要考虑操作或工作的特点。

4．百分点选择

同侧向手握距离相同，选用第 5 百分点的数据，这样能适应大多数人。

第三节　感官与环境艺术设计的关系

在我们的生活环境中，用知觉与感觉器官来收取外界的信息，将之传到神经中枢，再由中枢判断并下达命令给运动器官以调整人的各种复杂行为，这就是人的知觉和感觉过程。

人类的感觉器官依作用可分为五类，即视觉、听觉、触觉、嗅觉、味觉。只因视觉、听觉、触觉和环境艺术设计的关系比较大，所以下面我们将详细讲解这三种感觉器官及其与环境艺术设计的关系。

一、视觉与环境艺术设计

（一）视觉特征

这里我们不准备细述人眼复杂的生理构造，尽管它与视觉的特征有密切的关系，因为我们只对特征本身与环境的关系感兴趣。视觉是光进入人眼睛才产生的，由于有了视觉，我们才能知道各种物体的形状、色彩、明度，一般来说，人类所获得的信息有 80%～85%来自视觉，如图 2-22 所示。

（二）视觉要素

1．视野

视野是指眼睛固定于一点时所能看到的范围，若眼睛平视，主观感觉大约向上能看到眉毛，向下能看到鼻尖及上唇，向上约 55°，向下约 70°，左右各约 94°，如图 2-23～图 2-25 所示。

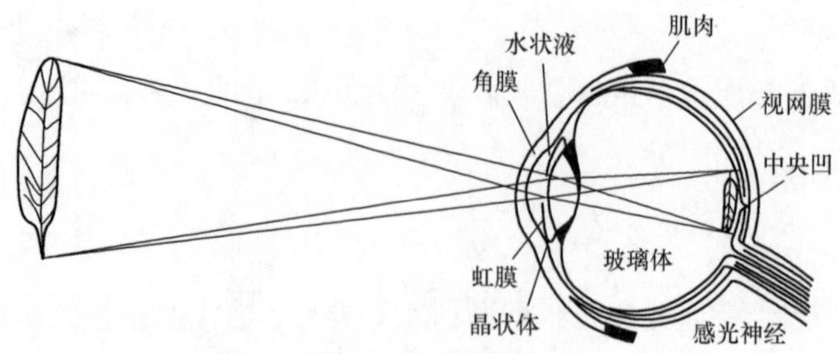

图 2-22　视觉图

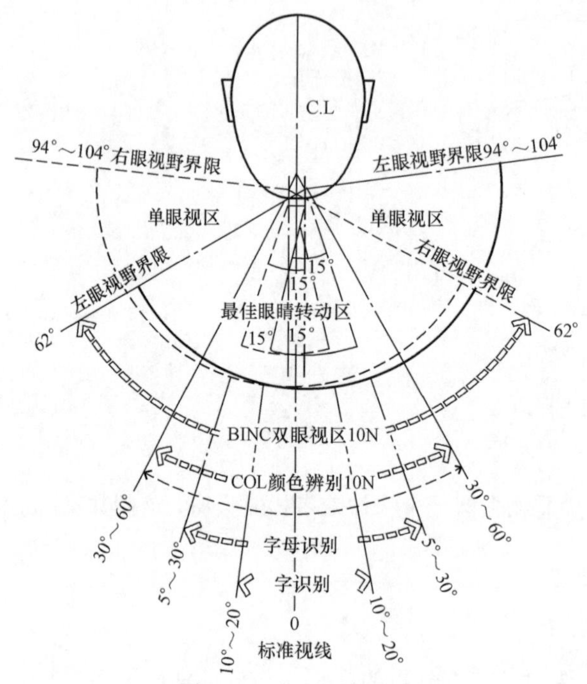

图 2-23　水平面内视野

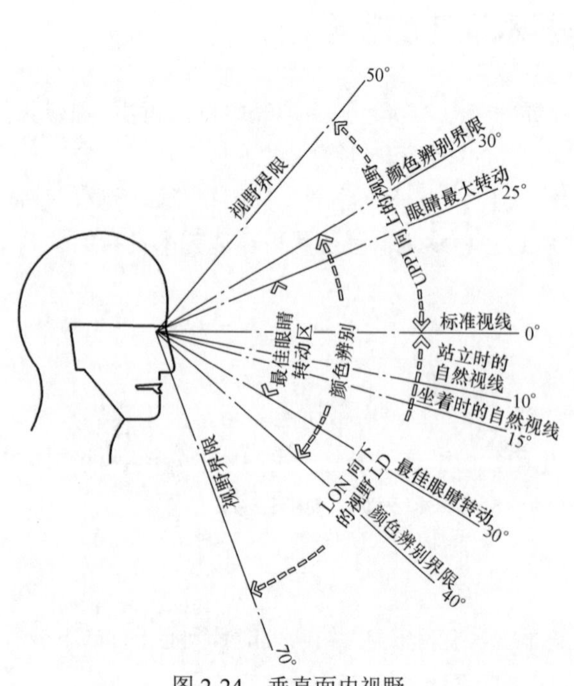

图 2-24　垂直面内视野

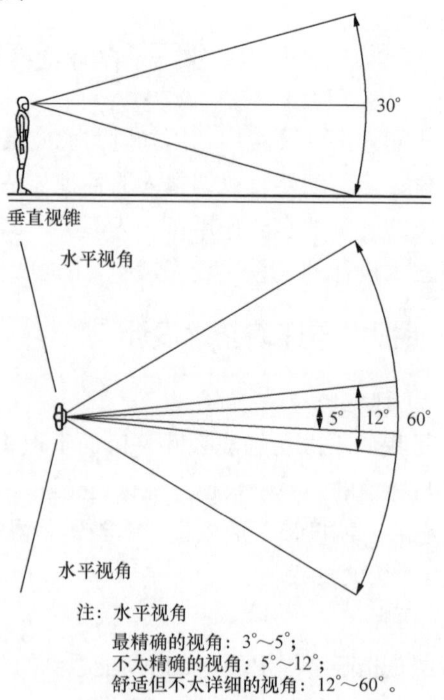

注：水平视角
最精确的视角：3°～5°；
不太精确的视角：5°～12°；
舒适但不太详细的视角：12°～60°。

图 2-25　水平视角

（1）主视野、余视野。主视野位于视野的中心，分辨率较高，余视野位于视野的边缘，分辨率较低。

（2）不同色彩的视野。不同色彩的视野是不同的，人眼中绿、红、黄色的视野较小，而白、青色的视野较大。

视野的研究对于操作控制及视觉空间的设计非常重要，如飞机座舱、汽车驾驶室、各种控制室等。人们往往需要注视某一方向，又要兼顾控制仪表，这时显示器的位置就要在不影响观察的情况下尽量安排在视野内，并且将使用频率高、需要辨认的放在主视野内，不常用的或提示与警告性的放在余视野内。一般有这样的规则：

重要的安置在3°以内，一般的安置在20°～40°以内，次要的放在40°～60°。一般不在80°视野之外设置仪表，因其视觉效率太低。对于视觉观察不利的因素应尽量安排在视野之外，如强烈的眩光等。

2．光感

（1）绝对亮度。眼睛能感觉到光的光强度。人眼是非常敏感的，其绝对值是0.3烛光/平方英尺的十亿分之一。完全暗适应的人能看见50英里远的火光。

（2）相对亮度。对于一般的使用来说绝对亮度意义不大，而相对亮度则更有意义。相对亮度是指光强度与背景的对比关系，称为相对值。在一个暗背景中，亮度很低的光线也可以看得很清楚，然而在一个亮背景中，同样的光线就可能看不出来。这种现象可以用白天看不见星星、影剧院的光线如此黑暗的例子来加以说明。

（3）光亮范围。光感不仅与光的强度有关，还与光的范围大小有关，并与其成正比。

（4）辨别值。光的辨别难易与光和背景之间的差别有关，即明度差。

根据光感的特性，在视觉设计中，如果我们希望光或由光构成的某种信息容易为人们感觉到，就应提高它与背景的差别，增大光的面积；反之，如果不希望如此则应做相反处理。问题的关键不在于光的绝对亮度，而是它与背景的差别和面积的大小。

3．视力

视力是眼睛测小物体和分辨细节的能力，它随着被观察物体的大小、光谱、相对亮度和观察时间的不同而变化。视力在眼球的分布是不均匀的，中心部分视力最佳，只有1°的视角内看得最清楚。超过这个范围则只能看到运动和对比明显的物体，这与人的主观感觉不同，其原因是眼球运动。影响视力最明显的因素是光的亮度，视力与亮度呈正比，正常人良好的情况下可以看清半英里远的一根电线，因此需要细致观察的场所应提高亮度。

4．色彩

（1）色彩的知觉范围。视野内的色彩感觉并不完全相同，视野的边缘部分虽然能够察觉物体，但感觉不到色彩。在离开视觉中心点90°的地方，除非是在光线很亮的情况下，任何的物体都是灰色的。人眼对波长555μm的光最敏感，介于黄和绿之间。

（2）色彩与亮度。人的眼睛能分辨出10万种不同的颜色，但当光线很暗时则一切都成为灰色。

5．眼的调节

眼的调节主要有三方面，即眼球的运动、远近调节、双眼的聚焦。眼球的运动是水平比垂直快，所以显示应以水平方向为好。

（三）视觉现象

1．残像

眼睛在经过强光刺激之后，会有影像残留于视网膜上，这是由于视网膜的化学作用残留引起的。残像的害处主要是影响观察，因此应尽量避免强光和眩光的出现。

2．暗适应

人的眼睛似乎是很巧妙的，人从明亮的环境进入暗处时，在最初的阶段将什么都看不见，逐渐适应了黑暗后，才能区分周围物体的轮廓，这种从亮处到暗处，人们视觉阈限下降的过程就称为暗适应。人们一般在暗处逗留 30～40min 后，视觉阈限才能稳定在一定水平上。例如刚刚走进黑暗的电影院，一开始总会觉得漆黑一片，什么都看不见，过一段时间才可以看清周围的座椅。

进入黑暗环境时不能立即看清物体，是由人眼中有两种感觉细胞——锥体和杆体造成的。锥体在明亮时起作用，而杆体对弱光敏感，人在突然进入黑暗环境时，锥体失去了感觉功能，而杆体还不能立即工作，因而需要一定的适应时间。

3．视错觉

知觉和外界的事实不一致时，就会发生知觉的错误，大部分的错觉发生在视觉方面。错觉发生的因素有多种：一是外界刺激的前后影响；二是脑组织的作用；三是环境的迷人现象；四是习惯；五是态度。

（四）视觉环境

视觉环境主要指人们生活工作中带有视觉因素的环境问题，视觉环境的问题又主要分为两个问题，一是视觉陈示问题；二是光环境设计问题。

1．视觉陈示

陈示是指各种视觉信息通过一定的形式陈列显示出来。陈示有多种多样，视觉陈示顾名思义即是以视觉为感觉方式的形式来传递各种信息。视觉是人们与周围环境接触的主要方式，生活中大量的信息都是通过眼睛传递给大脑的，然而这大量的信息并不都是对人有用的，如何根据眼睛的特征，使需要的信息更容易被视觉接收，接收得更准确，这就是视觉陈示研究的问题。

（1）视觉陈示的原理。良好的视觉陈示需要选择和设计，首先，良好的陈示要表现出易于使人了解和解释的形式，良好的视觉陈示应注意以下几个因素。

1）视距。陈示的视距对细节的设计、位置、色彩和照明等的处理都非常重要，如一般的书和地图都是设计成不超过 400mm 的观看距离，而像控制台等通常设计为不超过臂长，即 700mm，还有些标志则设计成更远，如道路边上的广告牌。

专家对观察行为的研究表明，博物馆成年观众的视区仅仅是其水平视线 300～910mm 的范围，平均视距为 7300～8500mm（据在博物馆中所做的现场观察，观众的视距与陈列物品的尺寸有关，美术馆观众的视距远小于上述数字。当画幅在 600mm×600mm 左右时，观众的平均视距为 800～1200mm，当画幅在 1200mm×1200mm 左右时，观众的平均视距则为 2500～3000mm）。陈列室空间形状和放置展品的位置都要考虑这个有效范围，否则会造成眼睛的疲劳，甚至造成错觉。减少可能加速眼睛疲劳的一个有效方法是改变放置展品的水平面，使眼睛在观看时可以不断调节焦距，而不是固定在某一点上。有关观察行为的另一些研究还表明，眼睛喜欢在视区内进行跳跃和静止两种形式的运动，即“游览”和“凝视”。大部分接受试验的人首先凝视所看材料的上方某一点，然后移向视区中心的左边，了解这一点对布置展览很重要。

2）视角。

一般来说，当视觉陈示在水平方向上最好看，但因条件限制，此时应注意因视角造成的视差和模糊不清。

3）照明。

有些陈示本身是光亮的，有些则要靠其他光源的照明，有些要求较暗的环境，有些则要求较好的照明。有时需要强烈的色彩，有时则要接近自然光。

4）环境状况。

视觉陈示总是在一定的气氛中表现出来，如坐在汽车或火车中。良好的设计应避免不利的情况，使视觉陈示在其环境中设计适当。

5）整体效果。

有时视觉陈示不是孤立的，这时应能保证表现方式因内容而异，人们应能迅速地找到所需的陈示内容。

（2）良好视觉陈示检查表。陈示的方式是否可理解，判断得更快、更准确，陈示在需要时是否能读得正确，有否模糊不清易出错，变化是否易于发现，是否以最有意义的形式表现内容，陈示与实际情况的对应关系，陈示是否与其他陈示有分别，照明是否满足，是否有视差及歪曲。

（3）视觉陈示的方式及设计要点。视觉陈示的方式多种多样，如光线、显像管、仪表、图形、印刷等。通常大致可分为两种：动态和静态。随时间变化的为动态的；固定不变的为静态的。动态的多数是仪表和显像管等，静态的大多数是各种标识，如标志、图片、图形等。

1）视听空间中的电视、幻灯陈示。这主要考虑三个方面：

①周围照明。周围照明是指屏幕外的照明，长期以来人们总以为周围的照度最好是黑暗的，其实并非如此。实验表明：屏幕黑暗部分与周围明度相一致时观察效果最优，过暗易造成视觉疲劳。

②暗适应。在显示器前的工作场所应注意的问题是：一是人眼要适应显示器的亮度；二是周围环境不宜过暗，以免造成需要观察周围时的暗适应问题。

③屏面的大小和位置。因为人的视野是一定的，在较少移动目光的情况下，人观察的范围是有一定大小的，它与屏幕的大小有一定的关系，过大则人只能观察到中心的信息，而过小则会造成视觉疲劳且只注意边缘的信息。因此屏幕的面积与视距是呈正比的。屏幕的位置最好与人的视线垂直，视点在屏幕的中心。

2）灯光陈示。主要有广告灯箱、交通信号灯和由灯组成的图形等。灯光陈示最主要的是亮度因素，灯光若要引起人们的注意，则其亮度至少要两倍于背景的亮度，亮度的大小取决于环境背景的要求，而不是越大越好，还应避免分散注意力和眩光。因此，与环境相适应时还要控制光强的变化。同样的亮度，闪光更易引起人的注意。是否采用灯光应根据环境而定，如果照明很好，则无必要。

①灯光陈示的色彩。应尽量避免同时使用含糊不清的色彩，色彩也不应太多，为了使人能分辨，不应超过 22 色，最好是 10 种以内。

②安全色。各国均有规定，红色代表警告，黄色代表危险，绿色代表正常。与周围环境的关系，就个别信号的清晰度而言，蓝绿色最好（同样的亮度），受背景影响也小，但不易混淆的程度不如黄紫色。同一色彩来说，色彩饱和度高的受背景的影响也小。红光的波长长，射程远，可保证大视距。但从功率耗损而言，越纯的红光功率损失越大。而蓝绿光的功率消耗小，而且人的主观感觉亮度高，所以实际上在同等的功率下，蓝绿光的射程较远。

③整体效果。强光、弱光最好不要太近，以免相互影响。单个光的陈示往往最明显，光陈示过多会冲淡对重要信号的注意力，应当有主有次。

3）字母数字的陈示。

4）标志图形的陈示。

2．光环境设计

我们生活和工作中的大量活动，都需要良好的光线，而光线的来源有两种：自然采光和人工照明。自然采光与人工照明不同，且主要是建筑上的问题，照明设计的好坏对工作和生活的影响很大，因现代建筑的内部空间越来越复杂，因此完全采用自然采光已不可能，因此光环境的设计更显重要。

照明设计的一般要素有：适当的亮度、工作位置的照明、工位与背景的亮度差、眩光和阴影的避免、暗适应问题、光色。

（1）适当的亮度。视力是随着照度的变化而变化的，要保持足够的观察能力，必须提供照度，不同的活动、不同的人，对照度有不同的要求。照度与视觉观察之间的对应关系是细微的工作照度高、粗放的工作照度低。观察运动物体照度高、观察静止物体照度低。用视觉工作照度要求高、不用视觉工作照度要求低，儿童要求照度低，老人要求照度高。

照度低会看不清，那么是不是越高越好呢？不是，当超过一定的临界时视力并不随照度的提高而提高，而且会造成眩光，影响视力。还有，过亮的环境会使眼睛感到不适，增大视觉的疲劳（因虹膜的高度紧张），所以电焊工人都要带上专业的防护镜或防护帽。因此，照度应保持在一个舒适的范围之内，大体在 50～200lx 之间。

（2）工位与背景的亮度对比。局部的照明与环境背景的亮度差别不宜过大，太大容易造成视觉疲劳，因光线变化太大眼睛需不断地调节。

（3）眩光和阴影。眩光是视野范围内亮度差异悬殊时产生的，如夜间行车时对面的灯光，夏季在太阳下眺望水面等。产生眩光的因素主要有直接的发光体和间接的反射面两种。浅色的眼睛比黑眼睛更易受到眩光的干扰。眩光的主要危害在于产生残像，破坏视力，破坏暗适应，降低视力，分散注意力，降低工作效率，产生视觉疲劳。消除眩光的方法主要有两种：一是将光源移出视野，人的活动尽管是复杂多样的，但视线的活动还是有一定的规律的，大部分集中于视平线以下，因而将灯光安装在正常视野以上，水平线上 25°、45°以上更好；二是间接照明，反射光和漫射光都是良好的间接照明，可消除眩光，阴影也会影响视线的观察，间接照明可消除阴影如图 2-26～图 2-28 所示。

（4）暗适应问题。

1）照度平衡。由前面所述的照明与视力的关系中我们可知，不同的活动内容要求不同的照度，因此在室内环境中，不同空间的照度可能相差很多，但如果相差超过一定的限度变化就会产生明暗问题，如从很亮的房间进入相对较暗的房间，眼睛什么都看不清，为了避免发生这种情况，在照明设计时就应考虑各个空间之间的亮度差别不应太大，进行整体的照度平衡。

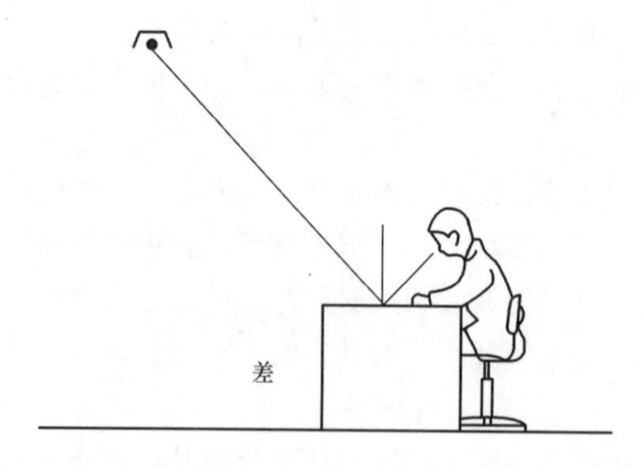

图 2-26　照明与角度（一）

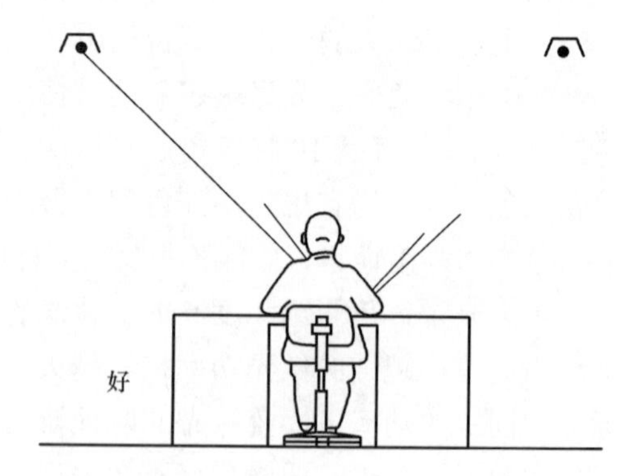

图 2-27　照明与角度（二）

2）黑暗环境的照明。

某些活动往往要在比较黑暗的环境中进行，如电影院、舞厅、机场塔台、声光控制室等，在这里，既要有一定亮度的局部照明，以便能看清需要的东西，又要保持较好的对黑暗环境的暗适应，以便观察其他的较暗的环境，因此只能采用少量的光源进行照明。在上述环境下，我们采用弱光照明，然而，采用普通的灯光其暗适应性较差，红色光是对暗适应影响最小的。因此，在暗环境下多用较暗的红光照明，如摄像师的暗房就采用红光照明。

（5）光色。光是有不同颜色的，对照明而言，光和色是不可分的，在光色的协调和处理上必须注意的问题是：

1）色彩的设计必须注意光色的影响。

其一是光色会对整个的环境色调产生影响，可以利用它去营造气氛色调；其二是光亮对色彩的影响，眼睛的色彩分辨能力是与光亮度有关的，与亮度呈正比。因对黑暗敏感的杆体是色盲，在黑暗环境下眼睛几乎是色盲，色彩失去意义。因此，在一般环境下色彩可正常处理，在黑暗环境中应提高色彩的纯度或不采用色彩处理，而代之以明暗对比的手法。

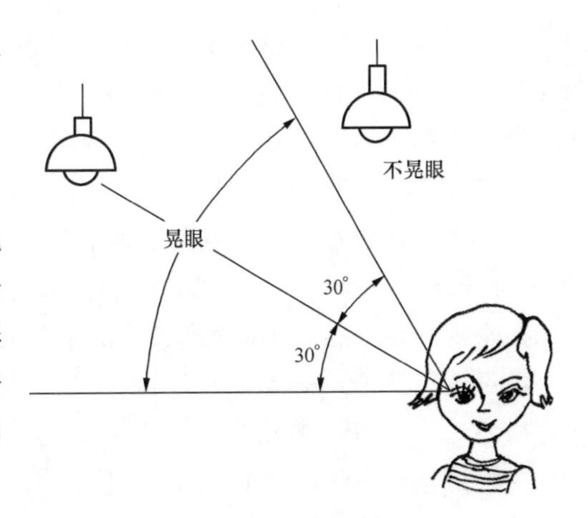

图 2-28　照射角与眩光

2）色彩的还原。

光色会影响人对物体本来色彩的观察，造成失真，影响人对物体的印象。日光色是色彩还原的最佳光源，食物用暖色光，蔬菜用黄色光比较好。

二、听觉与环境艺术设计

（一）听觉

听觉是除视觉以外人类第二大感觉系统，它由耳和有关神经系统组成（见图 2-29）。听觉要素主要包括音调（频率）、响度、声强；人类可听到的声音频率范围是 20～20000Hz，但随着响度、强度会有变化，这三者会互相影响。

（二）听觉环境

室内听觉环境主要包括两大类，第一类是使人悦耳的声音，如何使人听得更清晰、效果更好，这主要是音响、声学设计的问题，在一些影剧院里涉及较多；第二类是人不爱听的声音，如何去消除，即噪声控制。

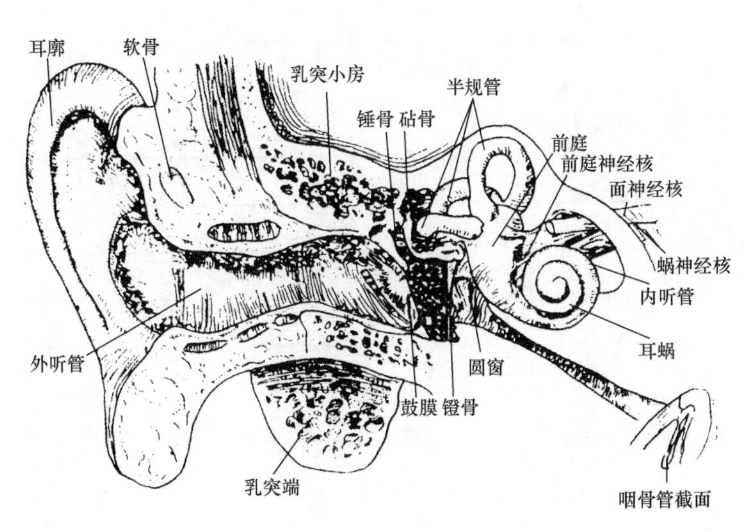

图 2-29　耳朵结构图

（三）噪声的定义

最简单的定义是：噪声是人不愿听到的干扰声音。凡是干扰人的活动（包括心理活动）的声音都被称为噪声，这是从噪声的作用来对噪声下定义的；噪声还能引起人强烈的心理反应，如果一个声音引起了人的烦恼，即使是音乐的声音，也会被人称为噪声，例如某人在专心读书，任何音乐对他而言都可能是噪声。因此，也可以从人对声音的反应这个角度来定义噪声，噪声可以说是引起人烦恼的声音。

（四）噪声的心理和生理作用

噪声可以引起的三大干扰，分别是警觉干扰、睡眠干扰、心理应激。

同时，噪声通过网状激活系统刺激脑的自律神经中枢，可以引起内脏器官的自律反应，如心率加快。此外，噪声还可干扰人们相互之间的语言交流。

语言交流，当噪声增大时，我们感知某种特定声音的能力便会逐渐下降，例如在嘈杂的候车大厅内，想听懂别人说的话就很困难。从许多声音中听出一种声音，决定于对该声音的听觉阈限。当噪声在 80dB 以下时，此听觉阈限与噪声强度呈线性关系，作业区的语言交流质量取决于说话的声音强度和背景噪声的强度。即说话声强高于噪声 10dB 时，音节的听懂率达到 40%～56%，这就是说可以听懂 93%～97%的句子含义。实验证明，这种语言交流质量能够满足大部分工厂和办公室的要求，所以，只要背景噪声比说话声音小就可认为语言交流能够正常进行。如果对所交换的语言信息的内容不熟悉（如上外语课），新词多且长时，则听懂音节的水平必须达到 80%，这就要求说话声强比噪声高 20dB。

在室内相距说话者 1m 距离进行测量，其说话声强如下：

轻声说话　60～65dB

口述　65～70dB

会议讲话　65～75dB

讲课　70～80dB

叫喊　80～85dB

若某职业需要频繁的语言交流，则在 1m 距离测量，讲话声不得超过 65～70dB。由此可见，为了保证语言交流的质量，背景噪声不得超过 55～60dB。如果所交流的语言比较难懂，则背景噪声不得超过 45～50dB。街道两旁的建筑内，尤其在夏季当窗子打开后，受交通噪声的影响，室内噪声可达 70～75dB，故对语言交流有极大干扰，见表 2-3 和表 2-4。

表 2-3　　办公空间与噪声

办公室环境	Leg・dB(A)
安静的小办公室和绘图室	40～45
安静的大办公室	46～52
嘈杂的大办公室	53～60

注　Leg・dB（A）为环境噪声标准等效声级单位。

表 2-4　　不同空间的噪声限值

不 同 地 方	dB（A）
电台播音室、音乐厅	28
歌剧院（500 个座位，不用扩音设备）	33
音乐室、教室、安静的办公室、大会议室	35
公寓、旅馆	38
家庭、电影院、医院、教堂、图书馆	40
接待室、小会议室	43
有扩音设备的会议室	45
零售商店	47
工矿业的办公室	48
秘书室	50
餐馆	55
打字室	63
人声嘈杂的办公室	65

（五）噪声与作业效能

噪声对体力作业的影响很小，但对人的思维活动和需要集中精力的活动干扰极大。体育教练都知道噪声能降低运动员做高难度动作的成绩。事实上人们从日常生活的经验中都会想到噪声会降低人的作业效能和生产量，有趣的是这个不言而喻的结论却没有得到实验和现场调查的证实。对脑力作业和手眼协调的研究得出的结论互相矛盾，噪声有害于也有利于作业效能，所以不能把噪声直接作为作业效能下降或者有许多分散注意力的刺激因素，相反适当的噪声对作业却是有利的。在单调作业时，噪声刺激可提高人的觉醒程度，从而提高作业效能。噪声还能遮掩其他声音刺激，防止人们分散注意力，因而也有利于脑力作业。

噪声的主要害处是损害人的作业效能。

（1）噪声对于一些技能要求高和处理许多信息等复杂的脑力活动都起着干扰作用；

（2）噪声妨碍人做精细灵巧的活动；

（3）间断性或无法预料的强噪声（90dB 以上）可使脑力活动迟钝。

对一些工厂进行的研究还发现：

（1）加工车间的噪声降低 25dB，废品率下降 50%；

（2）装配车间的噪声降低 20dB，生产率提高 30%；

（3）打字室的噪声降低 25dB，打字错误率下降 50%。

这些研究说明了控制噪声的重要意义。当然，在这些研究里，作用效能的提高，除了噪声降低这个原因以外，也许还有其他原因。噪声对脑力活动的影响可归纳如下：

（1）间断的，尤其是无法预料的噪声比连续噪声干扰大；

（2）高频噪声比低频噪声的干扰大；

（3）要求长时间保持警觉的工作受噪声干扰大。

所有这些现象都与觉醒程度是否进入了警觉状态有密切的关系。在动物世界里，听觉是基本的报警系统，人的听觉系统的两个机能之一，仍是引起警觉。这些生理反应的生物意义是噪声的心理作用，噪声对人的情绪影响很大，这种情绪能引起强烈的心理作用。自然界的声音，如树叶的沙沙声、流水淙淙声听起来使人心旷神怡，而噪声和噪声环境使人感到厌烦，这种厌烦的情绪取决于主观和客观的各种因素，现归纳如下：

（1）噪声强度越高，高频成分越多，引起的厌烦情绪就越强；

（2）不熟悉和间断的噪声引起的厌烦情绪较强；

（3）个体对某噪声的经验也是一个重要因素，经常干扰其睡眠和工作的噪声特别引人生厌；

（4）个体对噪声的态度或者看法也特别重要；

（5）噪声干扰作用的大小还取决于受影响的人的状态和时间。

噪声引起的厌烦情绪是在噪声的有害性中最严重的一个。设计中必须仔细研究，避免噪声对人的心理伤害，确保作业者的身心健康。

（六）噪声适应

人能否逐渐适应噪声仍无明确结论，实验的结果也互相矛盾，有的说人有一定的噪声适应能力，有的说没有，甚至认为噪声影响的时间越长就越敏感。可以说，从噪声问题日趋严重和噪声引起的厌烦心理来看，只能说人是无法适应噪声的，即使存在一定的适应能力，也远远小于噪声的有害作用。

体力恢复是身体健康的基本保证，夜间睡眠、工间休息和午休都有利于体力恢复。如果噪声对自律神经系统的刺激作用不限于工作时间，而且延续到休息和睡眠时间，则人在应激和恢复之间的平衡就被破坏，噪声就成了造成慢性劳损、作业效能下降以及各种慢性疾病的原因之一。

根据世界卫生组织（WHO）的定义，健康是指生理和心理的健康。由此可见，噪声不仅造成人的耳聋，而且诸如睡眠受干扰、体力恢复不足、每日怀着对噪声厌烦的心理都属健康状况不正常的表现。

（七）噪声防护设计手段

实行噪声防护，可以从以下几个方面入手，噪声防护设计、噪声源隔声、房间消声。

1．噪声防护设计

设计噪声防护的重要技术性步骤是选用吸声的建筑材料和在建筑内合理地布局房间。所以，噪声防护工作在绘图板上就已开始了，离噪声源越远，噪声强度衰减就越大。所以，办公室、绘图室和任何进行脑力作业的房间应尽量远离交通噪声。在进行设计时，应使噪声大的房间尽量远离要求集中精力和技能的房间，中间用其他房间隔开，作为噪声的缓冲区。

设计两个房间的隔层时，应考虑墙、门、窗以及天窗等对噪声的隔声作用。

对于产生噪声的振动体可以通过加固、加重、弯曲变形，或者改用不共振材料等措施来使振动体降低噪声。运转着的机械和交通工具，不仅会产生噪声，而且能引起周围物体的振动，甚至引起整个建筑物的振动。因此，重型机械必须牢固地固定在水泥和铸铁地基上，也可安装在带消声隔层的地基上，根据机器的类型，可使用弹簧、橡胶、毛毡等消声材料。

2．噪声源隔声

封闭噪声源是一个有效的降低噪声的方法。选用合适的材料建造的噪声源隔声罩或隔声间可使噪声降低 20～30dB。一般隔声墙内壁应安装吸声材料，如吸引棉等。墙的自重要大，以保证隔声效果。为了便于电源引线安装和维修，可在隔声墙上开口，但一般而言，开口的面积不得超过整个隔声间面积的 10%左右，见表 2-5。

表 2-5　　建筑面与隔声效果

类　型	隔声作用（dB）	说　明
普通单门	21～29	听懂说话
普通双门	30～39	听懂大声说话
重型门	40～46	听到大声说话
单层玻璃窗	20～24	
双层玻璃窗	24～28	
双层玻璃，毛毡密封	30～34	
隔墙，6～12cm 砖	37～42	
隔墙，25～38cm 砖	50～55	
隔墙，2×12cm 砖	60～65	

3．房间消声

在采取了诸如声源消声、各种建筑面的隔声处理声源隔声等措施以后，还可在房间的墙和顶棚上安装吸声材料，进一步消除噪声。吸音板的作用是吸收部分声能，可以减少声音反射和回声影响。在以下情况下，应考虑安装吸音板：

（1）安装吸音板后可使厂房内回声时间下降 1/4，办公室回声时间下降 1/3；

（2）房间高度低于 3m；

（3）房间高于 3m，但体积小于 5000m^3。

目前，吸音板主要用于 50m^3 以上的办公室、财务室、银行和出纳室等。目前在作业间和厂房内装吸音板的效果尚不清楚，测量也较困难。在操作机器时，作业者离噪声源较近，主要受直接噪声传播的影响，噪声反射的作用较小，因此，吸音板的作用不明显。只有当作业者离噪声源有一定距离时，安装吸音板才会有一定效果，见表 2-6。

表 2-6 不同材料表面的吸声系数

材 料	频率（Hz）			
	125	500	1000	4000
上釉的砖	0.01	0.01	0.01	0.02
不上釉的砖	0.08	0.03	0.01	0.07
粗糙表面的混凝土块	0.36	0.31	0.29	0.25
表面油漆过的混凝土块	0.10	0.06	0.07	0.08
铺地毯的室内地板	0.02	0.14	0.37	0.65
混凝土上面铺有毡，或橡皮，或软木	0.02	0.03	0.03	0.02
木地板	0.15	0.10	0.07	0.07
装在硬表面上的 25mm 厚的玻璃纤维表面	0.14	0.67	0.97	0.85
装在硬表面上的 76mm 厚的玻璃纤维表面	0.43	0.99	0.98	0.93
玻璃窗	0.35	0.18	0.12	0.04
抹在砖或瓦上的灰泥	0.01	0.02	0.03	0.05
抹在板条上的灰泥	0.14	0.06	0.04	0.03
胶合板	0.28	0.17	0.09	0.11
钢	0.02	0.02	0.02	0.02

（八）听力与噪声

次强噪声只引起短时的听力丧失，但经常发生短时的听力丧失，就会导致永久性的听觉丧失，称为噪声聋。内耳的感声细胞受噪声影响逐步退化是出现永久听力丧失的原因。

人随着年龄的增加听力会有所下降，听力下降是从高频部分开始的。以 3000hz 纯音的听觉阈限为例，不同年龄的人，其听力丧失情况不同，50 岁丧失 10dB，60 岁丧失 25dB。

听力丧失预测对于噪声负荷和听力丧失规律的研究，使我们能够预测噪声对听力的损害性，国际上也有相关标准可查。预测的听力丧失称为可能听力丧失，它与噪声强度、受噪声影响的时间有密切关系。

（九）音乐与工作

从物理学的角度来看，音乐只是一种声音。然而多少年来，音乐一直在帮助人们减轻劳累，例如，劳动号子、战士进行曲、伏尔加河船夫曲，音调悦耳，节奏感强，能让人们更加努力地工作。

我们已经讨论过，听觉刺激经过内耳转变为神经冲动，沿听觉神经进入中脑，也传入网状激活系统，使整个大脑皮层进入准备反应的兴奋状态。所以，声音也有兴奋大脑的作用，尤其是在工作单调的情况下。音乐有鲜明的节奏，有规律的声强变化，其效果更加显著。音乐使整个人体处于兴奋状态，而刺激性和节奏性很强的音乐，也能分散人的注意力，影响脑力作业和持续警觉的作业。所以音乐只适合于重复单调的工作，音乐分散注意力和干扰作业的情况，决定于音乐的选择，适当的音乐可以大大减轻其分散注意力的作用。工业界近几十年来为了改善工作条件，多次实验在单调的工作环境中运用音乐。英国的一项研究曾发现，音乐可以提高服装厂女工的生产速度。他们还发现，从上午 10 时～11 时 15 分放音乐的效果最好。对美国人的一项调查发现，绝大多数人希望在每天工作时间内放 10～

16 次音乐。上午 10 时左右和下午 3 时左右，是最欢迎的放音乐的时间。青年人和女工对音乐的要求则更为强烈。例如，在某装配车间放轻音乐后，日班产量提高了 7%，夜班产量提高了 17%，放古典音乐似乎不如放轻音乐的效果好。

上述劳动音乐有明快的节奏和曲调。近代起源于美国的所谓背景音乐，是一种在政府机关、商店、候车室、饭馆甚至宿舍内播放的音乐，这种音乐是持续不断的，声音极轻，不引人注意，几乎不容易意识到。它的作用是把人包围在一个愉快和谐的气氛里，而不分散人的注意力，因此也适合于脑力作业。音乐可为工作创造一个愉快的气氛，唤起人的热情，对于单调重复的工作尤为有效。

三、触觉与环境艺术设计

皮肤的感觉即为触觉，皮肤能反应机械刺激、化学刺激、电击、温度和压力等。

（一）触觉

痛觉、压力感、温感、冷感，它们是由皮肤上遍布的感觉点来感受的。感觉点的分布是不均匀的，压点约 50 万个，广泛分布于全身，疏密不同，舌尖、指尖、口唇处最密，头部、背部最少；痛点约有 200 万～400 万个，其中角膜最多；冷点 12～15 个/cm^2，温点 2～3 个/cm^2，在面部较多。由于感觉点的分布疏密不同，人体触觉的敏感程度在身体的各个部分是不同的，舌尖和指尖最敏感，背部和后脚跟最迟钝。指尖的敏感是由于细小的指纹，细小的纹理对细小的物体敏感，汗毛也是同样的道理。

痛觉是最普遍分布全身的感觉，各种刺激都可以造成痛觉。

温度感觉：一般 10～30℃刺激冷点，10℃以下刺激冷点和痛点，35～45℃刺激温点，46～50℃刺激冷温点，50℃以上刺激冷点、温点和痛点而产生痛感。

（二）触觉环境

触觉的问题主要是痛觉、压力觉和温度感觉等问题的处理。痛觉实际上是各种刺激的极限，压力太大、太冷和太热时都可能产生痛觉，因此触觉问题也就主要表现为解决压力和温度不适的问题。

人的动作用力与受力面大小的关系，这个问题常发生在各种拉手上。食指受力 16kg，中指 21kg，小指 10kg。

人的身体与承托面、接触面的大小是家具设计中经常会遇到的问题。

（三）选择体感好的材料

在天气冷时，我们的皮肤接触浴室里冰冷的瓷砖，身体觉得发冷，会产生一种畏缩的感觉。我们所以会感到发冷，或者感到温暖，是因为在人的皮肤上分布有称为冷点和热点的组织，它们对周围的温度敏感，使人产生了冷或热的感觉，这就是通常所说的鲁菲尼小体和克劳斯氏小体。由于皮肤上分布有感觉接收器，人对冷热的感觉，在很大程度上被皮肤的温度所左右，从而作为恒温动物的体温调节机构，也是为了控制皮肤表面温度而设置的。例如，热的时候可以出汗散热，冷的时候身体就会发抖或起鸡皮疙瘩使皮肤收缩，会立即抑制皮肤的散热反应。人虽然穿衣服，但露着的部分接触各种东西的机会还是相当多的。尤其是在住宅室内，皮肤经常直接接触的地方很多。这些地方使用什么材料，才不至于在冷的时候使人感到不适，关于这个问题万德尔海德给出了很有趣的答案，当皮肤接触物质的时候，之所以产生不愉快的感觉，是由于接触的瞬间皮肤温度迅速下降所致。其下降的程度，因材料而异，于是就会产生舒服或不舒服的不同感觉。他还实际测量了在脚掌和地面装修材料之间温度下降的情况，发表了一幅曲线（见图 2-30）。纵轴表示接触瞬间的脚掌温度下降程度，横轴表示接触瞬间的地面温度。例如当地面温度为 20℃时，如果是木地板，则脚掌温度下降 1℃，这也是我们卧室多铺木地板的缘故。从图中可以明显地看出，由于材料不同，温度下降的程度不同，由此从实验结果和日常生活经验，我们可以做出以下推论，当地面为木地板，表面具有 17～18℃的温度时，能使人感到舒适。因此，脚掌的瞬时下降温度如能在 1℃以内对人才是适宜的。皮肤的触感，也并不单纯由表面温度的条件来决定，材料表面的凸凹也有影响。例如在湿的浴室入口，地面上铺粗糙的脚垫，比起光滑的材料，触感要好些。反之汗津津地在潮湿地方接触表面光滑的材料，也会使人感到不舒适。因此触感问题是不容易解决的。

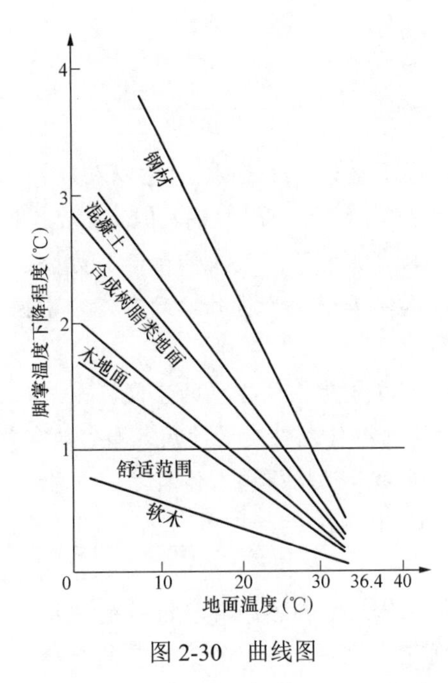

图 2-30　曲线图

第三章

人体工程学与室内环境艺术设计

本章提要

室内设计是以四维空间（时空）模式进行的设计创作。它以人为中心，旨在让身在其中的人们在生活、居住、工作、心理和视觉各方面得到满足与和谐，以此提高人们的生活水平，让人们享受生活，提高人生意义。

家具是空间设计的前提，空间只有布置了满足人们生活、办公、生产、学习等的家具时才具有使用价值。家具的设计、生产必须以人体工程学为基础，只有充分掌握了人体工程学相关知识，才能设计出舒适、安全的家具。

室内空间根据使用属性的不同可以分为各种各样的空间，如居住、办公、购物、餐饮、旅游、康养空间等，每一种空间都有独特的活动事件或特定的使用人群，只有熟练地掌握人体工程学相关知识，才能充分了解使用此空间的特定人群的活动规律和人体尺寸，才能设计出“以人为本”的空间。

教学目标

通过本章学习，读者可以了解人体尺寸与各种环境设施的关系，以及不同使用性质的空间对人体工程学的要求和注意事项。还特别包括近年来兴起的康养空间与老年人人体工程学的关系，以及老年人人体工程学与人性化设计研究。

课程思政

引导学生厚植爱国主义情怀，教育学生热爱和拥护中国共产党，听党话、跟党走，立志扎根人民、奉献国家，认真研究人体工程学与人们生活、学习和工作的关系，努力为人们设计出适合不同使用性质的空间与环境，提高人们的幸福感，体现社会主义制度的优越性。

第一节　室内环境设计概述

现代室内环境设计，是现代主义建筑运动的直接产物。随着传统的室内设计思维方式在观念上的根本转变，现代室内环境设计已经突破了过去“依附于建筑内界面的装饰来实现其自身美学价值”的传统设计概念，即突破了过去人们所持的“室内设计只注重装饰，其设计工作也不过是设计生活的奢华享受与视觉的美化装饰工作”的观念，现代室内环境设计已经被提升到一个新的高度，即以创新的四维空间模式进行创作，突出“以人为中心”的设计原则，旨在使人们在生活、居住、工作、心理和视觉各方面得到至高无上的满足与和谐，借以提高人们生活、文明水准，从而享受生活，提高人生的意义。

美国前室内设计师协会主席亚当（G. Adam）指出：“室内设计涉及的工作要比单纯的装饰广泛得多，它设计的范围已扩展到生活的每一方面，例如住宅、办公、旅馆、餐馆的设计，提高劳动生产率，无障碍设计，编制防火规范和节能指标，提高医院、图书馆、学校和其他公共设施的使用效率。总之一句话，给予各种处在室内环境中的人以舒适和安全。”由此可见，现代室内环境设计是根据建筑物的使用性质、所处环境和相应标准，运用物质技术手段和美学原理，创造出功能合理、舒适优美、满足人们物质和精神生活需要又不危及自然的室内环境。

室内环境设计大致可以分成以下几个部分。

1．空间设计

室内空间设计是在建筑的基础上进一步对内部空间进行处理，调整空间的尺度和比例，决定空间与空间的衔接、过渡、对比、统一等问题。空间设计是整个室内设计的核心和“主角”。内部空间大多是由建筑墙体、屋顶及家具、植物、设施等实体围合构成的，是相对实体“虚”的部分。空间的大小、比例、形态首先应与人的活动性质相一致，一个客厅所需的空间与卫生间的空间显然是不同的。不同的空间形态对人的心理、行为产生不同的影响，但即使相同性质的空间由于使用者的数量和其对精神上的要求不尽相同，也就产生了空间的多种变化。一个空间的造型和体量是由诸方面的因素确定的，人、活动、环境、材料技术等都是影响空间设计的因素。

2．室内装修设计

装修设计是按空间的要求对界面进行处理，即对顶棚、墙面和地面的材料选用、色彩、图案、肌理的处理做设想和确定工艺方法。装修设计是在空间设计的基础上考虑使用的需要，对界面的材料进行分析和选择，满足使用时的物理、化学要求，还要考虑材料的色彩、图案、质感等以适于人的心理需求并与环境整体一致。

3．室内物理环境设计

物理环境设计是对室内通风、温度、湿度、采光、照明等方面的设计与处理。物理环境设计也是室内环境设计的一个重要部分。物理环境与人的关系最为直接，空气的流通、温度的高低、光线的强弱直接影响人在环境中的舒适度和特定活动的需要。现代城市建筑室内物理环境受着极大的制约，与自然的环境有着很大的差别，与人对环境的要求也存在一定的差距，所以，人为的改进和创造是达到符合人们生活所需的物理环境的最有效的方法。

4．室内陈设设计

陈设设计是指对室内家具、设备、装饰织物、艺术品、照明灯具、绿化等方面的设计和处理。家具和设备除了本身的使用功效外，在室内环境中和其他元素一起构成和组织空间，装饰和烘托整体环境。室内陈设设计是在完成室内基本功能的基础上进一步提高环境质量和品质的深化工作，其目的是让人们在生理和心理上得到充分的满足。

第二节　人体工程学与家具设计

家具是人们日常工作、学习、休息等活动中不可缺少的用具，与人体的关系非常密切。家具的尺度是否合适，对人们的工作、学习都有直接的影响，家具的舒适度主要取决于尺度和尺寸处理得是否恰当。因此，我们在家具设计中要注意家具的尺度，以满足人们的合理使用要求。

根据早先数据，我国成年人的平均身高：男为 167cm，女为 160cm，各地区人体身高差异如下：

（1）河北、山东、辽宁、山西、内蒙古、吉林及青海等地人体较高，其成年人的平均高度，男性为 169cm，女性为 158cm。

（2）长江三角洲、浙江、安徽、湖北、福建、陕西、甘肃及新疆等地人体身材适中，其成人的平均身高男性为 167cm，女性为 156cm。

（3）四川、云南、贵州及广西等地人体较矮，其成年人的平均高度，男性为 163cm，女性为 153cm。

（4）河南、黑龙江介于较高与中等之间，江西、湖南及广东介于中等与较矮之间，见表 3-1。

我国对 5 种木质家具的基本规格尺寸做了统一规定，定为国家标准。这 5 种家具是办公椅、办公桌、文件柜、衣柜和床。设计这些家具时，它们的外形尺寸应按这个标准确定（GB/T 3326～3328）。

表 3-1　　我国各地区人体高度差异

项目	地区	东北华北	西北	东南	华中	华南	西南
		均值	均值	均值	均值	均值	均值
男（18～60 岁）	体重（kg）	64	60	59	57	56	55
	身高（mm）	1693	1684	1686	1669	1650	1647
女（18～55 岁）	体重（kg）	55	52	51	50	49	50
	身高（mm）	1586	1575	1575	1560	1549	1546

注　更新的数据参见封面二维码。

这 5 种木质家具基本规格尺寸的确定，是以满足人们的合理要求为前提的（见图 3-1～图 3-6）。

1．办公椅

人站久了腿就会麻木，身体就会疲劳，这时人就本能地选择变换身体姿势或坐下来休息。人体的躯干结构是支撑身体重量和保护内脏器官不受压迫，当人坐下时，人体的躯干结构就不能保持原有的平衡，人体必须依靠适当的坐平面和靠背倾斜面来得到支撑和保持躯干的平衡，使人体骨骼、肌肉在人坐下来时也能获得充分合理的放松状态。什么样的尺寸才适合我们中国人呢？

我国人体平均小腿长度为 380～420mm，加鞋底厚约 20mm，取其上限值定出的坐高 440mm。坐宽是根据人体臀宽 310～320mm，并留有一定的活动范围同时考虑到造型比例的要求定出的。坐深主要根据大腿水平长 420～450mm，而腿内侧至座前沿尚需保持一定空隙为最舒适而定的。背倾角是为了人体依靠椅背休息时，能最合理地支撑上体的部分体重，以减轻下肢的负荷，国家标准规定的背倾角是根据各地经验而定的。座倾角的设计则是为了平衡人体靠背休息时向前滑动的力量，一般为 2°～3.5°，故座前后高度差约为 10～20mm。扶手高于座面以上 220～240mm 为宜，手放在扶手上能使肩部肌肉放松，所以扶手高度比这个尺寸小一些为好。

2．办公桌

桌高应与椅高相适应，使视距保持为 340～350mm。桌面的长和宽采用了几组尺寸，以适应不同的应用场合，如家庭用的尺寸就比较小。桌面的最大尺寸以两臂能伸展得到为限，最小尺寸以工作特点而定。此外，桌面尺寸还考虑了人造板规格，中间空净高与中间空净长要能保证坐时小腿及膝盖等部位有合理的活动空间诸因素。柜脚净高尺寸不小于 120mm，是综合了打扫卫生、合理利用空间、造型美观以及柜底存放小器皿等多种因素而确定的。大的办公桌或写字台尺寸的确定只是桌面长、宽比例的变化，以适应使用的需要。柜脚净高尺寸通用于文件柜和衣柜等。

（1）对于一般的坐姿作业，作业面的高度仍在肘高（坐姿）以下 5～10cm 比较合适。同样，在精密作业时，作业面的高度必须增加，这是由于精密作业要求手眼之间的精密配合。在精密作业中，视觉距离决定了人的作业姿势。

随着小型计算机的普及，有的人几乎天天与计算机打交道。使用时的作业面高度取决于计算机的键盘高度和工作台高度。然而，降低工作台的高度受到腿所必需的空间的限制。

在办公室工作，由于受到视觉距离和手的较精密工作要求，一般办公桌的高度都应在肘高以上。办公桌的高度是否合适，还取决于另外两个因素：椅面与桌面的距离和桌下腿的活动空间。前者影响人腰部姿势，后者决定腿是否舒服。

一般而言，办公桌应按身材较大的人的人体尺寸设计，这是因为身材小的人可以加高椅面和使用垫脚台，也可以使用可调节高矮的办公椅。身材较大的人使用低办公桌就会导致腰腿的疲劳和不舒服。

设计办公桌时应保证办公人员有足够的腿的活动空间。因为，腿适当移动或交叉对血液循环是有利的。抽屉应在办公人员两边，而不应在桌子中间，以免影响腿的活动。

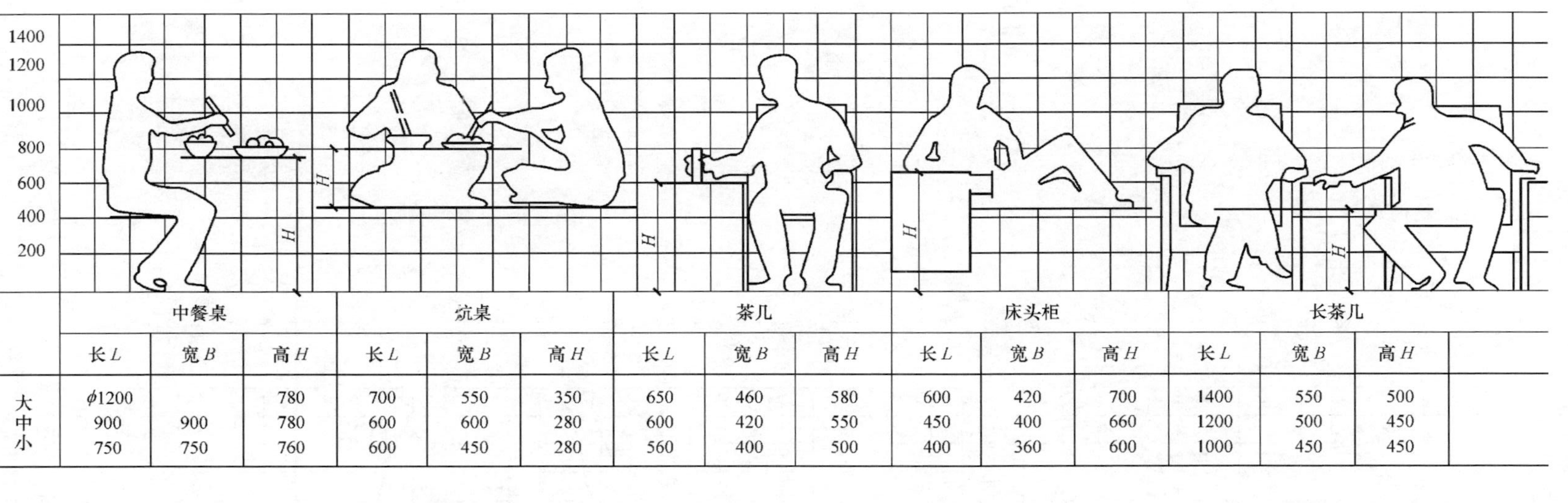

	中餐桌			炕桌			茶几			床头柜			长茶几		
	长 L	宽 B	高 H	长 L	宽 B	高 H	长 L	宽 B	高 H	长 L	宽 B	高 H	长 L	宽 B	高 H
大	ϕ1200		780	700	550	350	650	460	580	600	420	700	1400	550	500
中	900	900	780	600	600	280	600	420	550	450	400	660	1200	500	450
小	750	750	760	600	450	280	560	400	500	400	360	600	1000	450	450

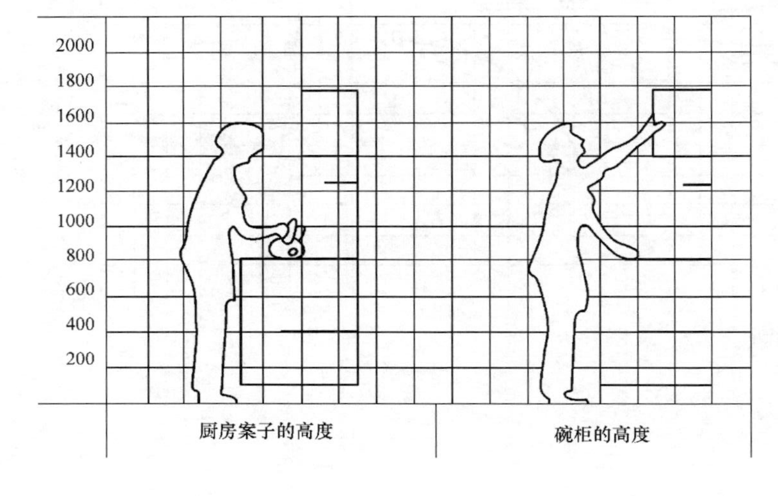

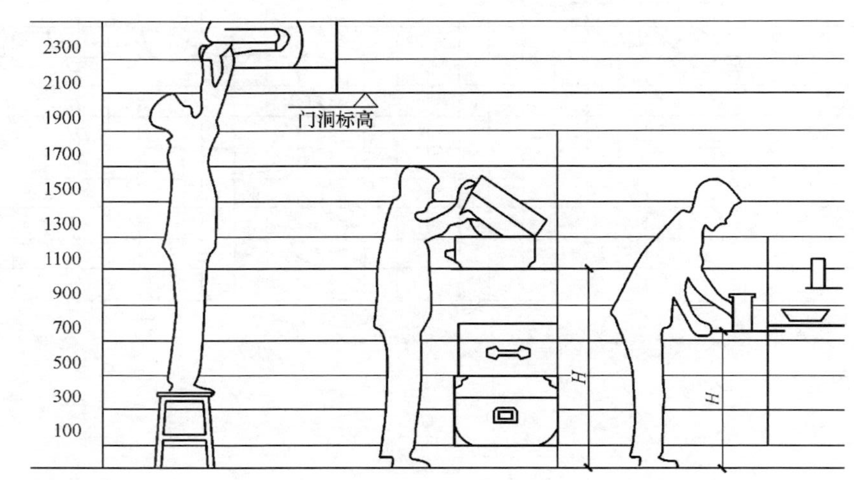

图 3-1　人体尺寸与工作面的高度关系（单位：mm）

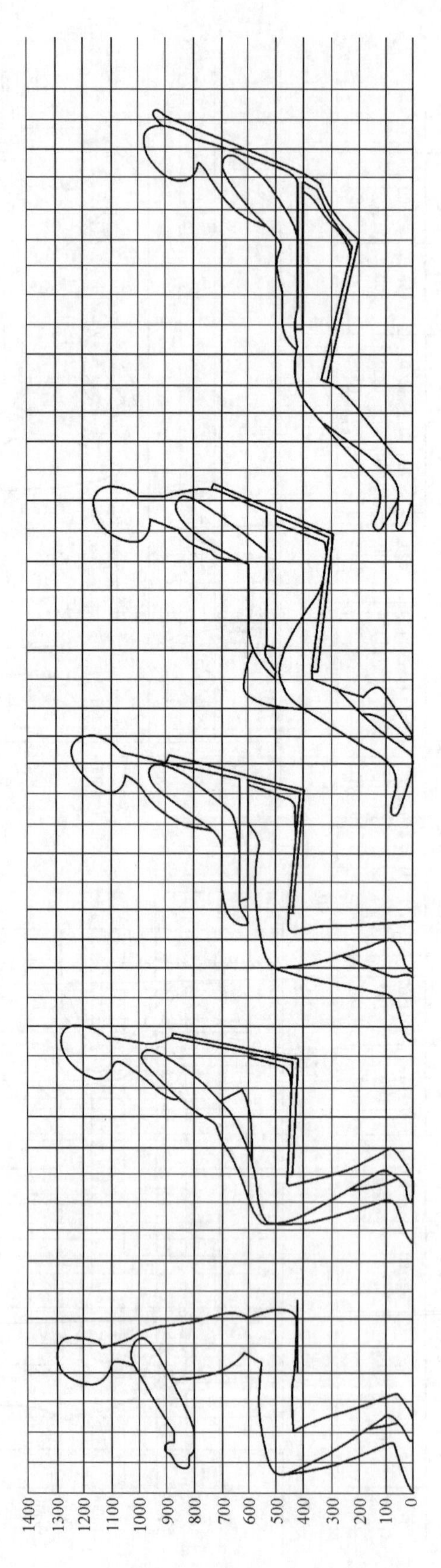

图 3-2 人体与各类凳椅的关系（单位：mm）

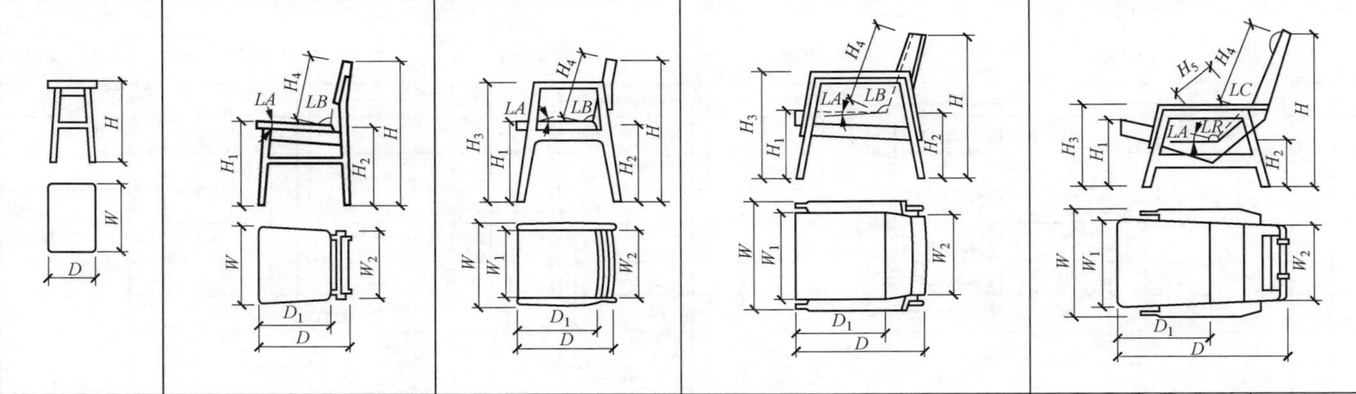

	凳		靠背椅			扶手椅			沙发			躺椅		
	一般	较小	较大	一般	较小	较大	一般	较小	较大	一般	较小	较大	一般	较小
H(mm)	440	420	820	800	790	820	800	790	900	820	780		800	
H_1(mm)			450	440	430	450	440	430	400	580	360		370	
H_2(mm)			425	415	405	425	415	405	350	530	310		250	
H_3(mm)						650	640	630	560	550	530		450	
H_4(mm)			400	390	390	400	390	390	600	510	490		520	
H_5(mm)													280	
W(mm)	300	340	450	435	420	560	540	530	730	720	700	800	760	730
W_1(mm)						480	460	450	560	550	530	580	550	530
W_2(mm)			420	405	390	450	450	420	500	510	490	540	520	500
D(mm)	280	265	545	525	520	560	555	540	790	770	750	970	950	930
D_1(mm)			440	420	415	450	435	425	560	520	500	520	500	480
$\angle A$			5°15′	3°20′	3°25′	3°12′	3°18′	3°22′	6°10′	6°18′	6°24′		14°	
$\angle B$			98°	97°	97°	100°	98°	97°	105°	105°	104°		129°	
$\angle C$													142°	

图 3-3　各类凳椅的常用尺寸

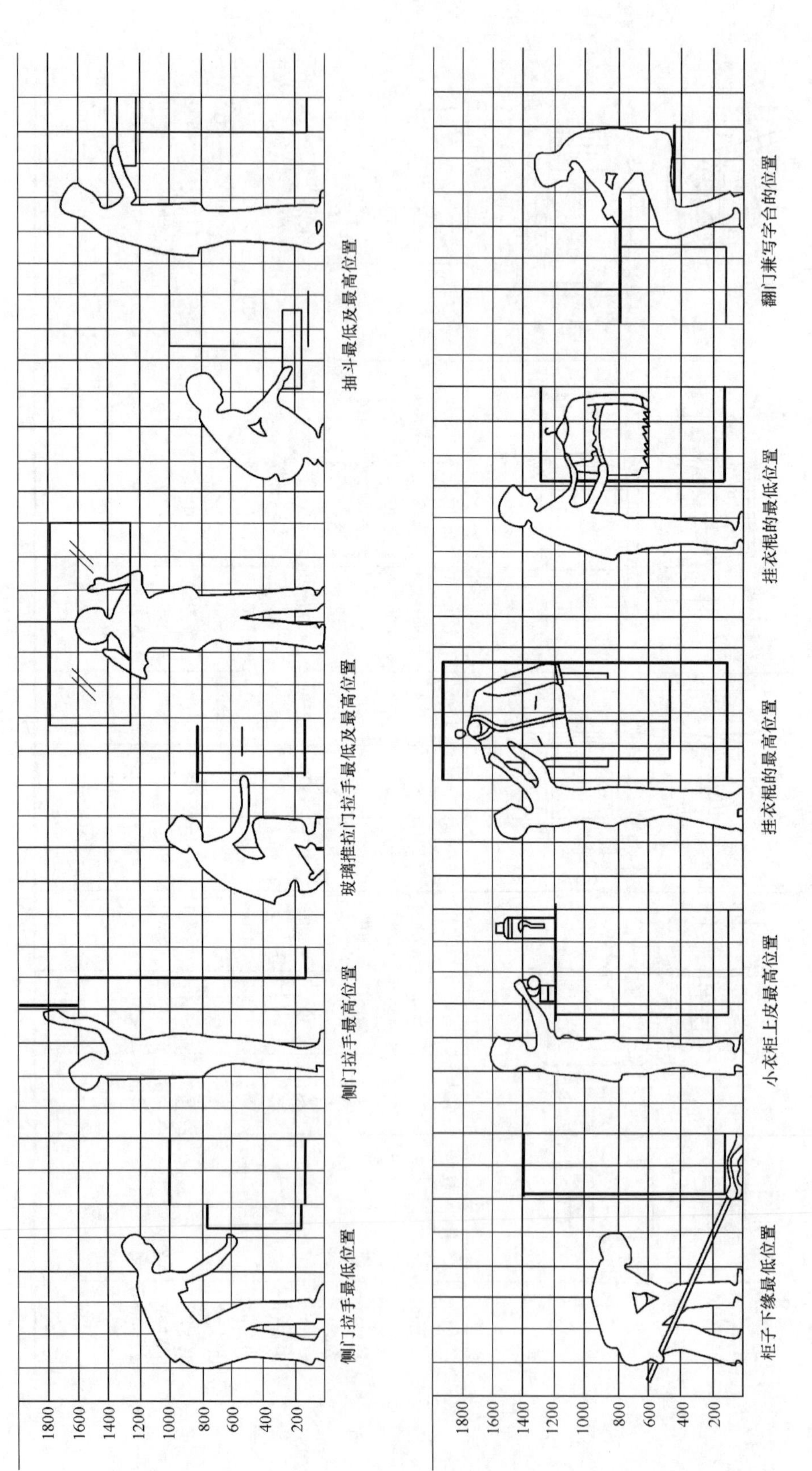

图 3-4　衣柜各部分的尺寸（单位：mm）

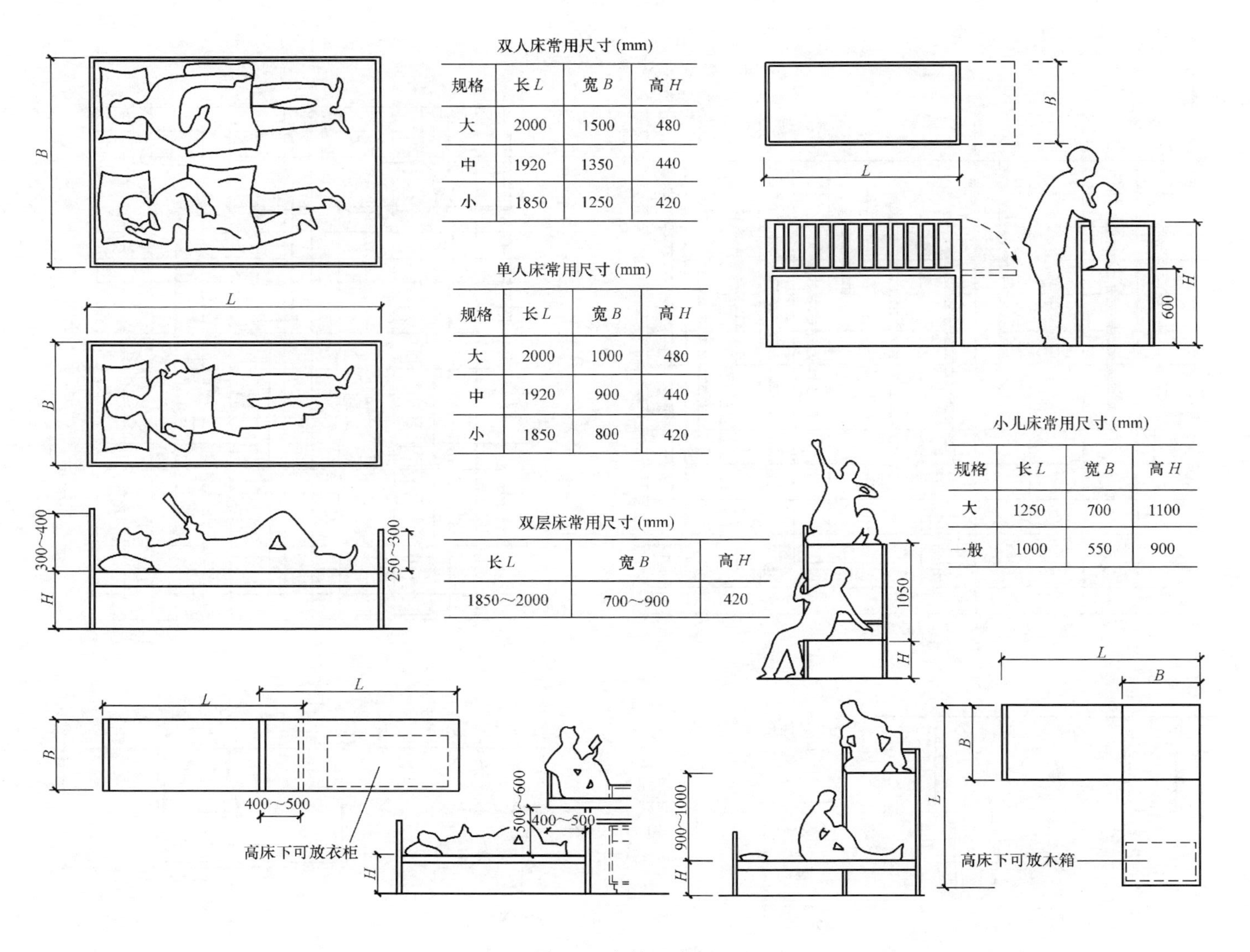

双人床常用尺寸 (mm)

规格	长 L	宽 B	高 H
大	2000	1500	480
中	1920	1350	440
小	1850	1250	420

单人床常用尺寸 (mm)

规格	长 L	宽 B	高 H
大	2000	1000	480
中	1920	900	440
小	1850	800	420

双层床常用尺寸 (mm)

长 L	宽 B	高 H
1850～2000	700～900	420

小儿床常用尺寸 (mm)

规格	长 L	宽 B	高 H
大	1250	700	1100
一般	1000	550	900

图 3-5　床的尺寸

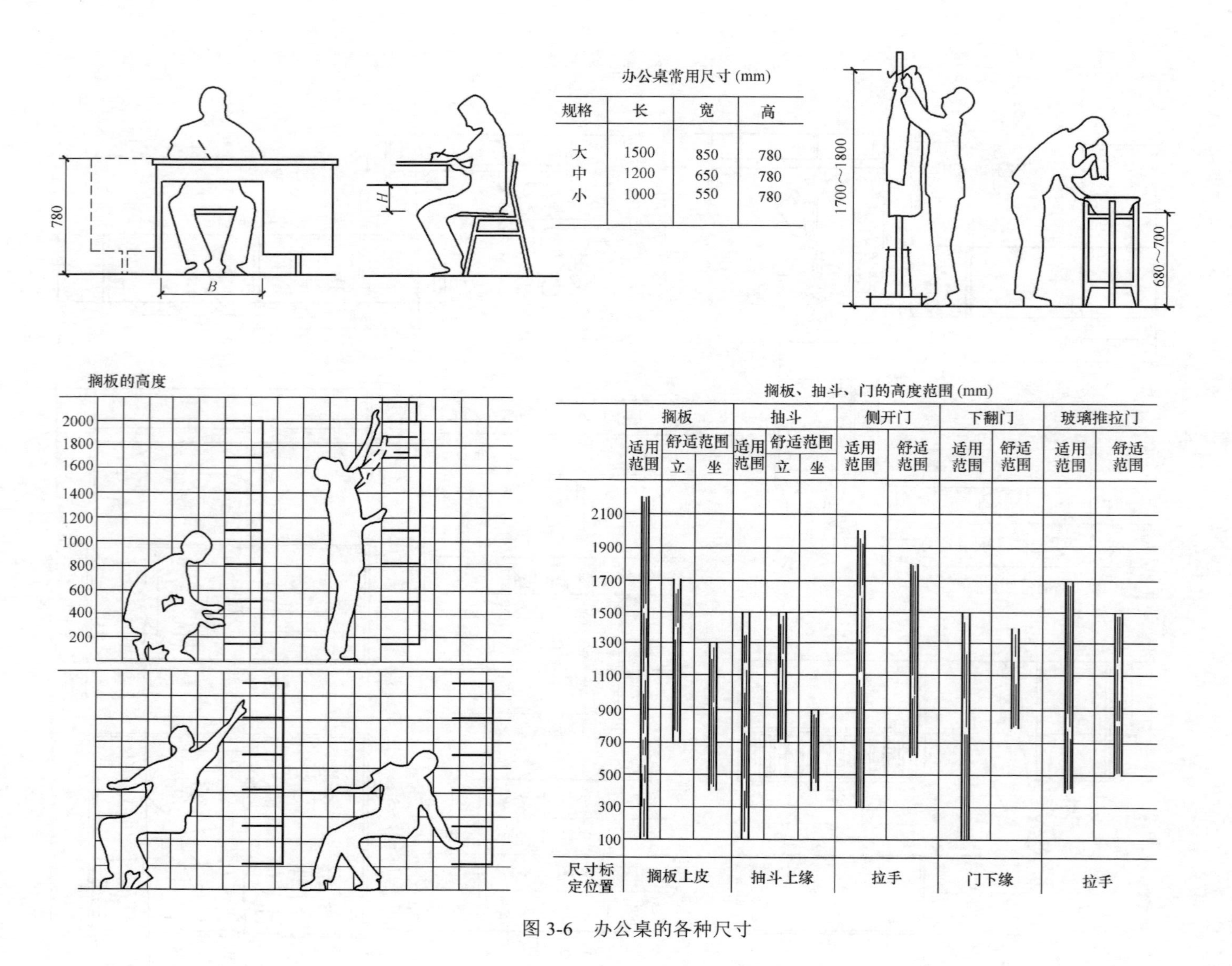

办公桌常用尺寸 (mm)

规格	长	宽	高
大	1500	850	780
中	1200	650	780
小	1000	550	780

图 3-6　办公桌的各种尺寸

（2）坐立交替式作业：这是指工作者在作业区内，既可坐也可站立。重要的和需要经常注意的视觉工作必须设计在舒服的视线范围内，从而避免由于头的姿势不自然而引起的颈部肌肉疼痛。

这种工作方式很符合生理学和矫形学（研究人体，尤其是儿童骨骼系统变形的学科）的观点。坐姿解除了站立时人的下肢肌肉负荷，而站立时可以放松坐姿引起的肌肉紧张，坐与站各导致不同肌肉的疲劳和疼痛，所以坐立之间的交替可以解除部分肌肉的负荷，坐立交替还可使脊椎中的椎间盘获得营养。

1）膝活动空间：30cm×65cm；

2）作业面—椅面：30～60cm；

3）作业面：100～120cm；

4）座椅可调范围：80～100cm。

另外，坐立交替设计还很适合需频繁坐立的工作。例如美国 UPS 邮政车司机的座椅就比一般汽车司机的座椅高，它可以坐立交替，从而大大减轻了频繁坐立的劳动强度。

（3）斜作业面。作业时，人的视觉注意区域决定头的姿势。头的姿势要舒服，视线与水平线的夹角应在一定的范围内。坐姿时，此夹角为 32°～44°，站姿时为 23°～34°。由于视线倾斜的角度包括头的倾斜和眼球转动两个角度，因此实际头倾斜角度为：站立 8°～22°，坐姿 17°～29°。

实际工作中，头的姿势很难保持在一定的范围内，如最常见的在写字台上读写书画，头的倾角就超过了舒服的范围（即 8°～22°），因此出现了桌面或者作业面倾斜的设计。此时人的头和躯体的姿势受作业面高度和倾斜角度两个因素的影响。绘图桌都是已经批量生产的产品，研究者根据人的作业姿势，选出 4 张设计好的和 4 张设计差的绘图桌进行比较，通过测量发现如下结果。

1）设计好的，躯体弯曲为 7°～9°；

2）设计差的，躯体弯曲为 19°～42°；

3）设计好的，头的倾角为 29°～33°；

4）设计差的，头的倾角为 30°～36°。

特别是当水平作业面过低时，由于头的倾角不可能过多超过 30°，人不得不增加躯体的弯曲程度。因此，绘图桌的设计应注意以下几条要求，

1）高度和倾斜度都可调；

2）桌面前缘的高度应在 65～130cm 内可调；

3）桌面倾斜度应在 0°～75°内可调。

对学生使用课桌时的姿势的研究已经发现，躯体倾斜（第 12 节胸椎与眼睛的连线同水平面之间的夹角）程度与桌面倾斜有关系。

1）水平桌面：35°～45°；

2）倾斜 12°桌面：37°～48°；

3）倾斜 24°桌面：40°～50°。

可见，倾斜桌面有利于保持躯体自然姿势，避免弯曲过度。另外，肌电图和个体主观感受测量都证明了倾斜桌面的优越性，特别是对腰椎间盘突出者来说，倾斜桌面还有利于视觉活动。但桌面斜了，放东西就困难，应设计一个辅助的平面或一个可以阻挡物体的横条。

从适应性而言，可调工作台是理想的人体工程学的设计。在轻负荷作业的条件下，不同身高的人应采用不调节的高度设置。调节操作人员肘部离地高度。如果操作人员是坐着工作的，便调节座椅的高度，如果操作人员是站立工作的，可在脚下设置不同高度的踏脚板，以调节高度。

3．文件柜

高度以人能够得着上层空间为准，定为 1800mm。深度及每层高度主要依据文件夹、档案袋、纸张和各种不同规格文具的尺寸，总体高度还需考虑背板使用人造板的规格。

4．衣柜

大衣柜高度一方面应能满足挂大衣的功能，另外也要考虑能装全身镜。小衣柜高度一方面应满足挂上衣（高 800～900mm）的功能，一方面考虑顶部作台面，宽度要考虑与高度有合理的比例，以适应于造型要求（三门式的宽度要适当加大），深度是由衣服的宽度确定的。

5．床

“骑马坐轿，不如睡觉”，除了站立和坐着，人的大部分时间是处于躺卧的状态，这也是人们希望得到的最好的休息方式。在卧的时候，脊椎骨骼的受压状态会得到真正的放松，因此，一张床的好坏直接影响着人们休息和睡眠的质量。

床是给人提供充分休息的家具。人的一生中 1/3 的时间是在床上度过的，它在心理上给人一个彻底放松的平台，使人充分享受生活的宁静与安详。床的舒适直接影响休息和睡眠的质量，是关乎健康的大事，不容忽视。在床的设计中，尺寸必须满足使用者的身长，并且提供适当的余地作为活动的需要，保证肌体得到充分的放松。

床的高度是为满足能“卧”也能“坐”的要求，双层床的空间净高的尺寸，以能保证人们坐在床上能自由活动为宜，长度是依据身长加头脚空隙而确定的。这个尺寸既可满足我国 90%以上人口的要求，又考虑了我国人体高度有逐年增长的趋势。我国成年人平均高度，男为 1.67m，女为 1.56m。床宽是根据对全国产品的实际尺寸调查而确定的。

家具外形基本尺寸的确定是在充分研究对人体在进行各种活动时所表现出的各种数据的基础上，以合理地满足人们的使用要求为前提的。另外，还应该考虑家具造型的需要和生产中各种材料的规格要求。在设计同一套产品时，各种产品尺寸应该一致或协调。

家具的尺度和尺寸具有严格的科学性，它是经过严密的科学测量和使用各种科学仪器测试得出的数据，同时又经过大量的社会调查，所以在进行设计时要认真对待。但是，这些尺度和尺寸与人体的密切关系，不同的家具品种又都不尽相同，例如椅子，尤其是工作椅与人体的关系比其他任何一种家具都密切。椅子的尺寸对椅子的造型约束就很大。而柜类家具与人的关系主要是柜子的高度要与人体的尺度相适应，柜子的尺度和尺寸更多的是与摆放各种物品的尺寸相协调。这就要求家具设计者真正掌握家具的尺度概念，不能不重视尺度而随心所欲改变尺寸，一味地从造型需要出发去进行设计，也不能受人体工程学的数据限制，机械地安排家具的尺度和尺寸，完全从尺寸出发来进行家具的造型设计。任何一件家具，构成它造型的尺度和尺寸都是有不变的和可变的，在设计实践时头脑中要明确这些因素，从而掌握好尺度和尺寸的概念。

第三节　人体工程学与家庭生活空间设计

一、人体工程学与住宅室内设计的基本要求

家具的布置方式和布置密度并不是随意的，在摆设家具时，必须为人们留出最基本的活动空间。如人们在座位上的坐、起等动作不能发生拥挤与磕碰，开门窗时不会发生碰撞家具等情况。下面所述的就是各种室内活动所需空间的基本尺度要求，在布置家具时，必须尽可能地予以保证，否则，将会给人的生活带来不便或使人产生不舒适的感觉。

（1）两个较高家具之间（例如书柜和书桌之间），一般应有 600～750mm 的间隔。

（2）两个矮家具之间（例如茶几与沙发之间），一般需要 450mm 的距离。

（3）双人床的两侧，均应留有 400～600mm 的空间，以保证上下床和整理被褥方便。

（4）当座椅椅背置于房间的中部时，它与墙面（椅后的其他物体）间的距离应大于700mm，否则在出入座位时会感到不便。若座位后还要考虑他人的过往，则在人就座后的椅位与墙面之间应留有610mm的距离。倘若过往的人需端着器物穿行，则此距离需加至780mm，只留400mm，仅可供人侧身通行。

（5）向外开门的柜橱及壁柜前，应留出900mm左右的空间。如果柜前的空间不够宽敞，而人们又常在此活动，采用推拉门可能是较好的解决办法。

（6）当采用折叠式家具（也可能是多功能的）时，如沙发床、折叠桌等，应备有与家具扩充部分展开面积相适应的空间。

（7）若人体的平均身高以1.7m计算，则1.7m以上的柜就不宜放常用物品了。而当柜高达到2m以上时，则需借助外物才能顺利地取用物品。

（8）我国女子的平均身高约为1.56m，因此，厨房中工作台面的高度，以定在800mm左右为宜。

（9）站在柜架前操作时，需要600mm左右的空间，而当人蹲在柜架前操作时，则需有800mm左右的空间才够用。

由此可见，人们在室内活动所需的基本空间尺寸不能忽视，在安排布置家具时，应参考以上数据，尽可能予以保证。但十分遗憾的是，就目前国内绝大多数家庭的居住条件来说，无法做到摆放每一件（组）家具均考虑按要求提供所需的活动空间尺寸。这就提出了如何重复利用这些活动空间的问题，即涉及了家具布置的技巧。如就一张写字台、一把座椅、一个单人沙发的组合而言，若用三种不同的方法布置，则会出现该组家具的实际占地面积各不相同的结果。

二、室内空间性质与人体工程学

（一）人体工程学与起居室的设计

1．起居室的性质

起居室是家庭群体生活的主要活动空间。在住室面积较小的情况下，它即等于全部的群体生活区域。所以要利用自然条件、现有住宅因素以及环境设备等人为因素加以综合考虑，以保障家庭成员各种活动的需要。人为因素方面，如合理的照明方式，良好的隔声处理，适宜的温湿度，充分的储藏位置和舒适的家具等。更重要的是必须使活动设备占据正确有利的空间位置，并建立自然顺畅的连接关系。此外，在视觉上，起居室的形式必须以展露家庭的特定性格为原则，采用独具个性的风格和表现方法，使之充分发挥"家庭窗口"的作用。原则上，起居室宜设在住宅的中央地区，并应接近主入口，但两者之间应适当隔断，应避免直接通过主入口而向户外暴露，使人心理上产生不良反应。此外，起居室应保证良好的日照，并尽可能选择室外景观较好的位置，这样不仅可以充分享受大自然的美景，更可感受到视觉与空间效果上的舒适与伸展。

为了配合家庭各个成员活动的需要，在空间条件允许的情况下，可采取多用途的布置方式，分设会谈、音乐、阅读、娱乐、视听等多个功能区域。在分区原则上，活动性质类似，进行时间不同的活动可尽量将其归于同一区域，从而增加单项活动的空间，减少功能重复的家具。反之，对性质相互冲突的活动，则宜设于不同的区域或安排在不同的时间进行。

2．起居室应满足的功能

起居室中的活动是多种多样的，其功能是综合性的，起居室中的主要活动及常常兼具的活动内容。可以看出起居室几乎涵盖了家庭中八成以上的内容，同时它的存在使家庭和外部也有了一个良好的过渡，下边我们分门别类地详细分析一下起居室中所包容的各种活动的性质及其相互关系，如图3-7和图3-8所示。

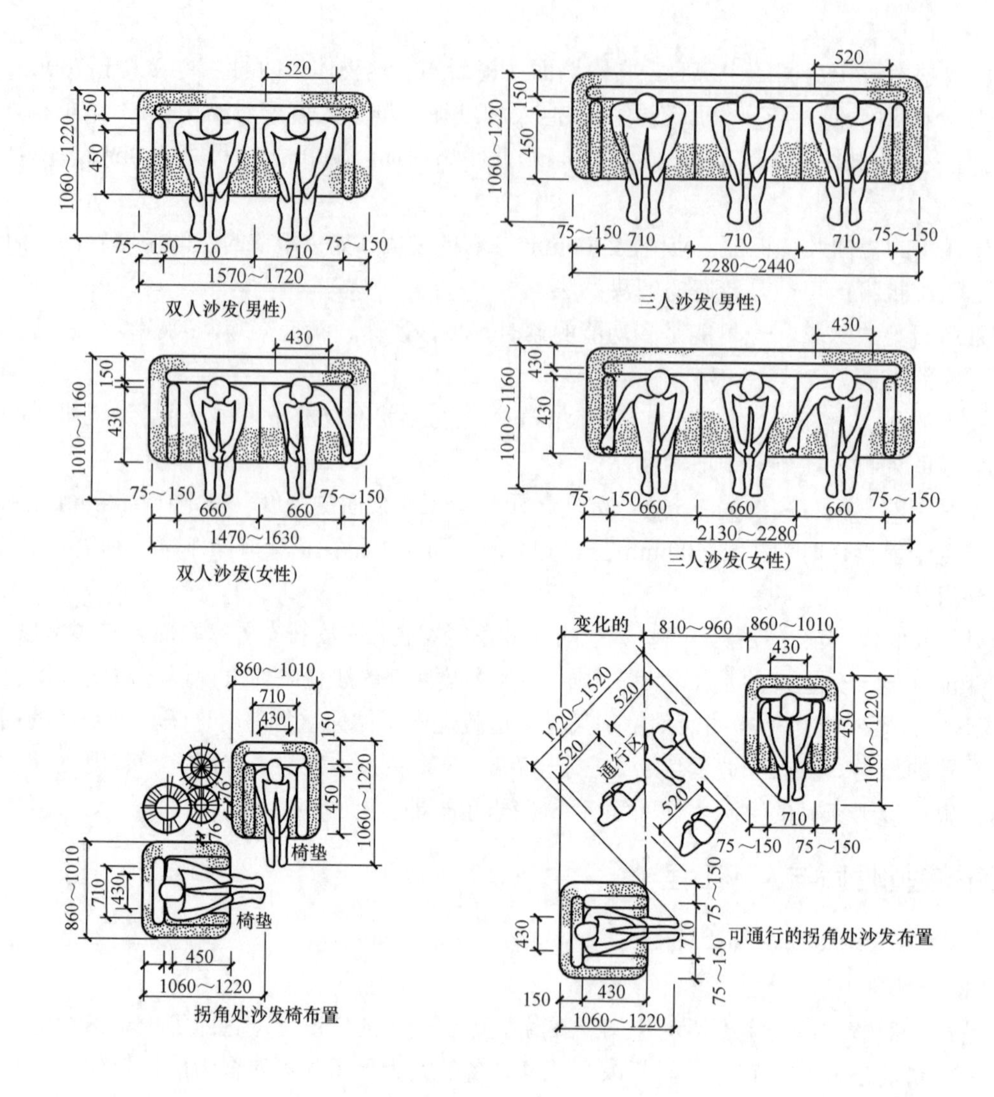

图 3-7　起居室常用人体尺寸（一）（单位：mm）

（1）家庭聚谈休闲

起居室首先是家庭团聚交流的场所，是主体，也是起居室的核心功能，往往是通过一组沙发或座椅的巧妙围合形成一个适宜交流的场所。场所的位置一般位于起居室的几何中心处，以象征此区域在居室中的中心位置。在西方，起居室是以壁炉为中心展开布置的，温暖、装饰精美的壁炉构成了起居室的视觉中心。而现代壁炉由于失去了功能已变为一种纯粹的装饰，或被电视机取而代之，家庭的团聚围绕电视机展开休闲、饮茶、谈天等活动，形成了一种亲切而热烈的氛围。

（2）会客

起居室往往兼顾了客厅的功能，是一个家庭对外交流的场所，是一个家庭对外的窗口，在布局上要符合会客的距离和主客位置上的要求，在形式上要创造适宜的气氛，同时要表现出家庭的性质及主人的品位，达到微妙的对外展示的效果。在我国，传统住宅中会客区域是方向感较强的矩形空间，视觉中心是中堂画和八仙桌，主客分列八仙桌两侧。而现代的会客空间的格局则要轻松得多，它位置随意，可以和家庭谈聚空间合二为一，也可以单独形成亲切会客的小场所。围绕会客空间可以设置一些艺术灯具、花卉、艺术品以调节气氛。会客空间随着位置、家具布置以及艺术陈设的不同可以形成千变万化的空间氛围。如图 3-7 所示。

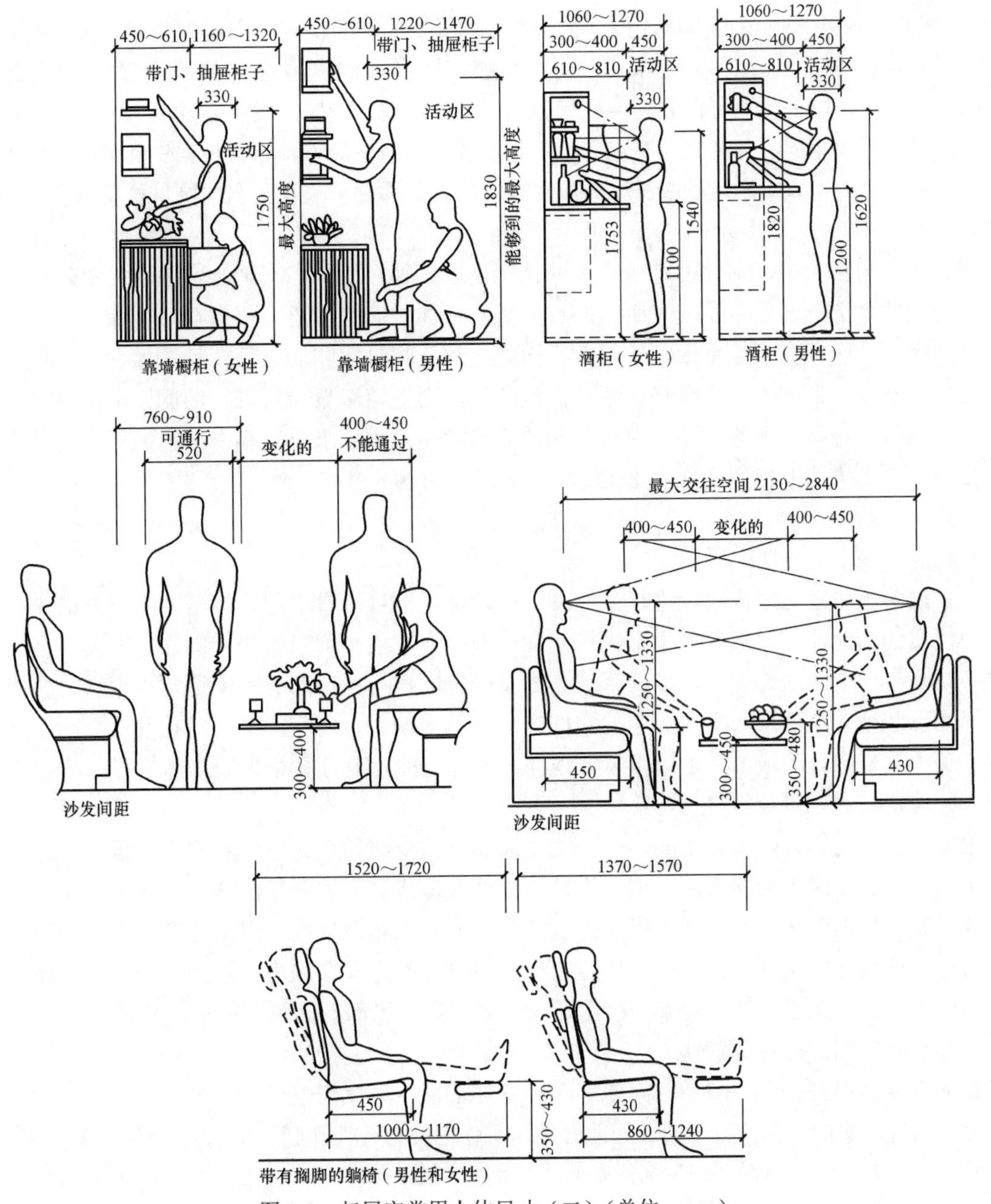

图 3-8　起居室常用人体尺寸（二）（单位：mm）

（3）视听

听音乐和观看表演是人们生活中不可缺少的部分。西方传统的住宅起居室中往往给钢琴留出位置，而我国传统住宅的堂屋中常常有听曲看戏的功能。人们生活随着科学技术的发展也在不断变化着，收音机的出现，曾一度影响了家居的布局形式。而现代视听装置的出现对其位置、布局以及与家居的关系提出了更加精密的要求，电视机的位置与沙发座椅的摆放要吻合，以便坐着的人都能看到电视画面，另外，电视机的位置和窗的位置有关，要避免逆光以及外部景观在屏幕上形成的反光，对观看效果产生影响。

音响设备的质量以及最终造成的室内听觉质量也是衡量室内设计成功与否的重要标准，音箱的摆放是决定听觉质量的关键。音箱的布置要使传出的音响造成声学上的动态和立体效果。

（4）娱乐

起居室中的娱乐活动随着人们生活水平和科技的发展，形式越来越多。主要包括家庭影院、棋牌、卡拉OK、弹琴、游戏机等消遣活动。根据主人的不同爱好，应当在布局中考虑到娱乐区域的划分，根据每一种娱乐项目的特点，以不同的家具布置和设施来满足娱乐功能要求。如卡拉OK可以根据实际情况或单独设立沙发、电视，也可以和会客区域融为一体来考虑，使空间具备多功能的性质。而棋牌娱乐则需有专门的牌桌和座椅，对灯光照明也有一定的要求，一般它的家具布置根据实际情况可以处理成为和餐桌餐椅相结合的形式。游戏的情况则较为复杂，应视具体种类来决定它的区域位置以及面积大小。

（5）阅读

在家庭的休闲活动中，阅读占有相当大的比例，以一种轻松的心态去浏览报刊、书籍对许多人来讲是一件愉快的事情。这些活动没有明确的目的性，具体时间也很随意很自在，因而也不一定必须在书房进行。这部分区域在起居室中则位置并不固定，往往随时间和场合而变动。如白天人们喜欢靠近有阳光的地方阅读，晚上希望在台灯或落地灯旁阅读，而伴随着聚会所进行的阅读活动形式更不拘一格。阅读区域虽然说有变化的一面，但对照明的要求和座椅的要求以及存书的设施要求也是有一定规律的。我们必须准确地把握分寸，以免把起居室设计成书房。

3．起居室的布局形式

（1）起居室应主次分明

以上我们对起居室的室内功能进行了详细分析和陈述，可以看出起居室是一个家庭的核心，可以容纳多种性质的活动，可以形成若干个区域空间。但是有一点必须引起我们的注意，即众多的活动区域之中必然是有一个区域为主的，以此形成起居室的空间核心，在起居室中通常以聚谈、会客空间为主体，辅助以其他区域而形成主次分明的空间布局。而聚谈、会客空间的形成往往是以一组沙发、座椅、茶几和电视柜围合形成，又可以以装饰地毯、天花造型以及灯具相呼应来达到强化中心感。

（2）起居室交通要避免斜穿

起居室在功能上作为住宅的中心，是住宅交通体系的枢纽，起居室常和户内的过厅、过道以及客房的门相连，而且常采用套穿形成。如果设计不当就会造成过多的斜穿流线，使起居室空间的完整性和安定性受到一定的破坏。因此在进行室内设计时，尤其在布局阶段一定要注意对室内动线的研究，要避免斜穿，避免室内交通路线太长。措施之一是对原有的建筑布局进行适当的调整，如调整户门的位置，措施之二是利用家具的布置来巧妙围合、分割空间，以保持区域空间的完整性。

（3）起居室空间的相对隐蔽性

在实际中常常遇到另一个棘手的问题是起居室常常直接与户门相连，甚至在户门开启时，楼梯间的行人可以对起居室的情况一目了然，严重地破坏了住宅的私密性和起居室的安全感、稳定感。起居室兼餐厅使用时，客人的来访对家庭生活影响较大。因此在室内布置时，宜采取一定措施进行空间和视线的分隔。在户门和起居室之间应设屏门、隔断，或利用隔墙或固定家具形成交点；当卧室门或卫生间门和起居室直接相连时，可以使门的方向转变一个角度或凹入，以增加隐蔽感来满足人们的心理需求。

（4）起居室的通风防尘

要保持良好的室内环境，除了达到视觉美观以外，还要给居住者提供洁净、清新、有益健康的室内空间环境。必须保证室内空气流通，空气的流通分为两种，一种是自然通风，一种是机械通风，机械通风是对自然通风不足的一种补偿手段。在炎热地区有时必须利用机械通风来保持室内温度。在自然通风方面，起居室不仅是交通枢纽，而且常常是室内组织自然通风的中枢，因而在做室内布置时，不宜削弱此种作用，尤其是在隔断、屏风的设置上，应考虑到它的尺寸和位置尽量不影响空气的流通。而在机械通风的情况下，也要注意因家具布置不当而形成的死角对空调功效产生的影响。

防尘是保持室内清洁的重要手段之一，国内住宅中的起居室常常直接与户门相连，兼具玄关（前室）功能；同时又是通往卧室的过道，为防止灰尘进入卧室，应当在起居室和户门之间处理好防尘问题，采取必要的措施，如密封门，地面加脚垫，增加过渡空间等。

（二）人体工程学与餐厅的设计

1．餐厅的功能及空间的位置

餐室是家人日常进餐和宴请亲友的活动空间。从日常生活需求来看，每一个家庭都应设置一个独立餐室，住宅条件不具备设立餐室的也应在起居室或厨房设置一个开放式或半独立式的用餐区域。倘若餐室处于一围合空间，其表现形式可自由发挥；倘若是开放型布局，应与其同处一个空间的其他区域保持格调的统一。无论采取何种用餐方式，餐室的位置居于厨房与起居室之间最为有利，这在使用上可缩短食品供应时间和就座进餐的交通路线。在布置设计上则完全取决于各个家庭不同的生活和用餐习惯。在固定的日常用餐场所外，按不同时间，不同需要临时布置各式用餐场所，例如阳台上、壁炉边、树阴下、庭院中都是别具情趣的用餐所在地。

2．餐厅的家具布置

民以食为天，用餐是一项较为正规的活动，因而无论在用餐环境还是在用餐方式上都有一定的讲究；而在现代观念中，则更强调幽雅的环境以及气氛的营造。所以，现代家庭在进行餐室装饰设计时，除家具的选择，摆设的位置外，应更注重灯光的调节以及色彩的运用，这样才能布置出一个独具特色的餐室。在灯光处理上，餐室顶部的吊灯或灯棚属餐室的主光源，亦是形成情调的视觉中心。在空间允许的前提下，最好能在主光源周围布设一些低照度的辅助灯具，用以营造轻松愉快的气氛。在色彩上，宜以明朗轻快的调子为主，用以增加进餐的情趣。在家具配置上，应根据家庭日常进餐人数来确定，同时应考虑宴请亲友的需要。

餐室用折叠式的餐桌椅进行布置，以增强在使用上的机动性；为节约占地面积，餐桌椅本身应采用小尺度设计。根据餐室或用餐区位的空间大小与形状以及家庭的用餐习惯，选择适合的家具。西方多采用长方形或椭圆形的餐桌，而我国多选择正方形与圆形的餐桌。此外，餐室中餐柜的流畅造型与酒具的合理陈设，优雅整洁的摆设也是产生赏心悦目效果的重要因素，更可在一定程度上规范以往不良的进餐习惯，如图 3-9 所示。

3．餐厅的空间界面设计

餐厅的功能性较为单一，因而室内设计必须从空间界面的设计、材质的选择以及色彩灯光的设计和家具的配置等方面全方位配合来营造一种适宜进餐的气氛。当然一个空间格调的形成，是由空间界面的设计来形成的，那么让我们来分析讨论一下餐厅空间界面组成及特性。

（1）顶棚。餐厅的顶棚设计往往比较丰富而且讲求对称，其几何中心对应的位置是餐桌，因为餐

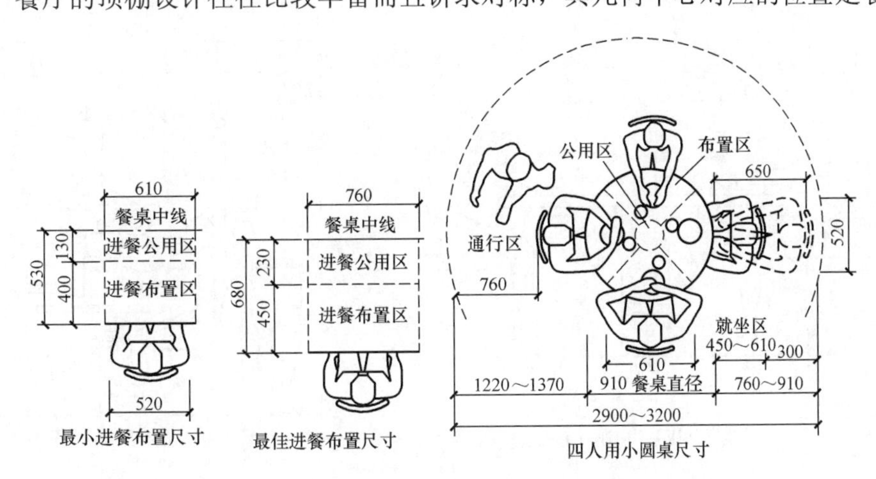

图 3-9　餐厅常用人体尺寸（一）（单位：mm）

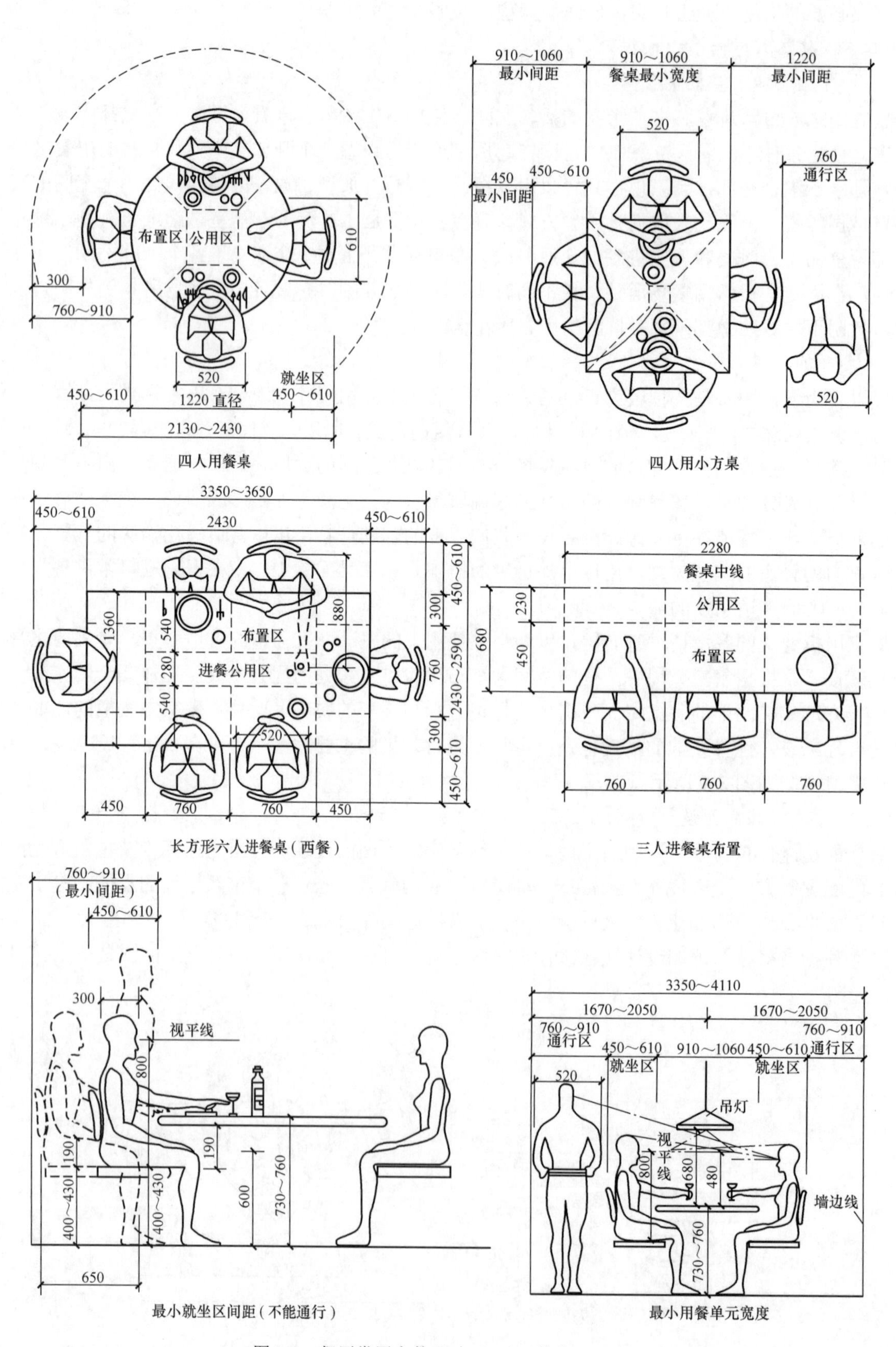

图 3-9　餐厅常用人体尺寸（二）（单位：mm）

厅无论在中国还是西方、无论圆桌还是方桌，就餐者均围绕餐桌而坐，从而形成了一个无形的中心环境。由于人是坐着就餐，所以就餐活动所需层高并不高，这样设计师就可以借助吊顶的变化丰富餐室环境，同时也可以用暗槽灯的形式来创造气氛。顶棚的造型并不一律要求对称，但即便不是对称的，其几何中心也应位于中心位置。这样处理有利于空间的秩序化。顶棚是餐厅照明光源主要所在，其照明形式是多种多样的，灯具有吊灯、筒灯、射灯、暗槽灯、格栅灯等。应当在顶棚上合理布置不同种类的灯具，灯具的布置除了应以满足餐厅的照明要求以外，还应考虑家具的布置以及墙面饰物的位置，以使各类灯具有所呼应。顶棚的形态除了照明功能以外，主要是为了创造就餐的环境氛围，因而除了灯具以外，还可以悬挂其他艺术品或饰物。

（2）地面。较之其他的空间，餐厅的地面可以有更加丰富的变化，可选用的材料有石材、地砖、木地板、水磨石等。而且地面的图案样式也可以有更多的选择，均衡的、对称的、不规则的等，应当根据设计的总体设想来把握材料的选择和图案的形式。餐厅的地面材料选择和做法的实施还应当考虑便于清洁这一因素，以适应餐厅的特定要求。要使地面材料有一定防水和防油污的特性，做法上要考虑灰尘不易附着于构造缝之间，否则难以清除。

（3）墙面。在现代社会中就餐已成为一种重要的活动，餐厅空间使用的时间段也相应地愈来愈长，餐厅不仅是全家人日常共同进餐的地方，也是邀请亲朋好友，交谈与休闲的地方。对餐厅墙面进行装饰时应从建筑内部把握空间，根据空间使用性质、所处的位置及个人爱好，采用科学技术与文化手段、艺术手法相结合的方法，创造出功能合理、舒适美观、符合人的生理、心理要求的空间环境。餐厅墙面的装饰除了要依据餐厅和居室整体环境相协调、对立统一的原则以外，还要考虑到它的实用功能和美化效果的特殊要求。一般来讲，餐厅较之卧室、书房等空间所蕴含的气质要轻松活泼一些，并且要注意营造出一种温馨的气氛，以满足家庭成员的聚合心理。

（三）人体工程学与厨房的设计

在人们的传统观念中，厨房常常和昏暗、杂乱、拥挤联系在一起。在住宅中厨房的位置也往往较为隐蔽，现在人们已逐步认识到厨房的质量密切关系到整个住宅的质量。首先现今的住宅中厨房正在由封闭式走向开敞式，并越来越多地渗透到家居的公共空间中，其次先进的厨房设备也在改变着厨房的形象及厨房的工作方式。同时，在世界范围内各种生活方式的不断融合，也给厨房的布局和内容带来了更大的选择余地，对设计者的知识结构以及造型、功能组织能力提出更高的要求。要想合理地安排厨房空间的功能以及创造富有活力和更具人情味的空间氛围，首先应对厨房内容及活动规律进行深入了解（图 3-10）。

1．厨房的功能及动线分析

厨房是住宅中重要的不可忽视的组成部分。许多家庭却认为厨房占据的是隐蔽空间而缺乏热情来设计它，其实这是一种误解。厨房的设计质量与设计风格，直接影响住宅的室内设计风格、格局的合理性、实用性等住宅内部的整体效果及装修质量。

厨房是住宅中功能比较复杂的部分，是否适用不仅取决于是否有足够的使用面积，而且也取决于厨房的形状、设备布置等。它是人们家事活动较为集中的场所，厨房设计是否合理不仅影响它的使用效果，而且也同时影响整个户内空间的装饰效果。

（1）功能分析

厨房的功能，可分为服务功能、装饰功能和兼容功能三大方面。其中服务功能是厨房的主要功能，是指作为厨房主要活动内容的备餐、洗涤、存储等；厨房的装饰功能，是指厨房设计效果对整个室内设计风格的补充、完善作用；厨房的兼容功能主要包括可能发生的洗衣、沐浴、交际等作用。由此可以看出，进行厨房内部功能研究是十分必要的，同时也是较困难的。下面介绍由瑞典家务管理研究所对厨房活动的一项研究成果，这项成果目前已成为世界许多国家研究厨房合理布局的原始资料。

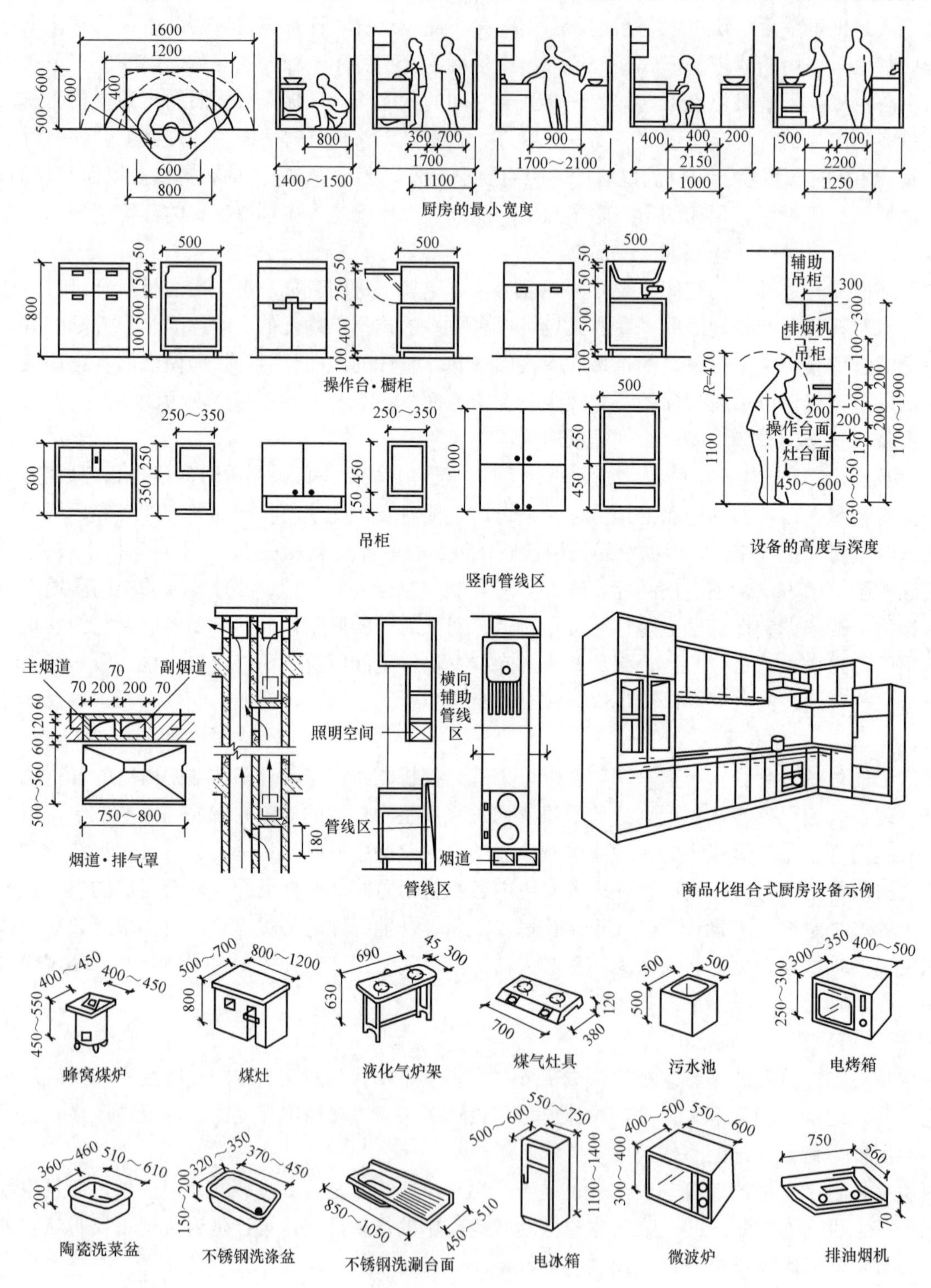

图 3-10　厨房用具与人体尺寸（单位：mm）

如图 3-11 所示，两点间有连线则表明该两项活动间有联系，如无连线，则表明该两项活动间基本不相关，而两点间连线的粗细，则表明相关程度的大小。线越粗，表示在该两点间的往返次数越多，使用次数也越多。由于厨房中各项活动间的相关程度不同，故将它们适当分类、相对集中、分片设置是可能的。通常，可根据各项活动的类型及相互间是强相关、弱相关还是不相关，而在厨房中建立三个工作中心，即储藏和调配中心、清洗和准备中心及烹调中心。

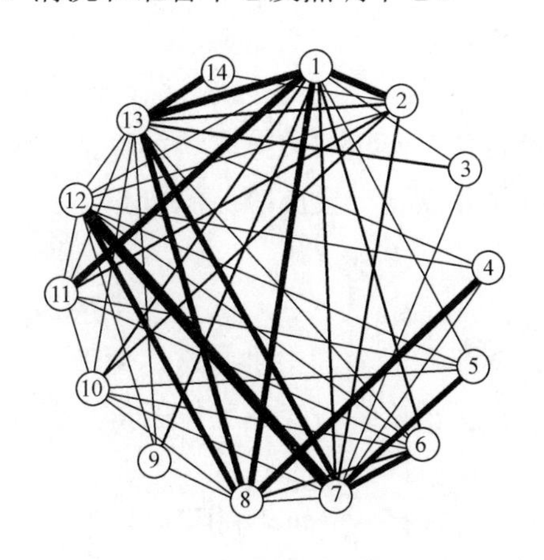

图 3-11 厨房内操作活动联系图

1—炉灶；2—餐具存放处；3—毛巾；4—垃圾桶；5—饭桌；6—炊事用具；7—碗柜；8—案板；9—厨具；10—餐具；11—杂物柜；12—冰箱；13—洗涤池；14—卫生用具

（2）动线分析

厨房中的活动内容繁多，如不能对厨房内的设备布置和活动方式进行合理的安排，即使采用最先进的设备，也可能会使主人在其中来回奔波，既没有保证设备充分发挥作用，又使厨房显得杂乱无章。而美国曾对较为有代表性的走廊式、L 式及 U 形三种厨房布置方案的室内动线进行过研究。其结果表明，当在三种厨房中完成同内容、同数量的工作时，如以走廊式所需时间及完成工作总路程为 1，则在 L 式厨房中，总路程可缩至 63%，所需时间可降至 0.64；而在 U 形厨房中，总路程更可缩至 58%，时间也缩短了 40%。一般认为，将经过精心考虑，合理布局的厨房与其他厨房相比，完成相同内容家事活动的劳动强度、时间消耗均可降低 1/3 左右。

2．厨房的基本类型

在进行厨房室内布置时，必须注意厨房与其他家庭活动的关系。因为厨房不仅具有多种功能，而且可根据其功能将它划分为若干不同的区域。厨房的布置要关注的是厨房与其他空间的渗透、融合。在现代住宅中，厨房正逐步从独立厨房空间向与其他空间关联融合转变，厨房的活动功能不仅是做饭烧菜，更重要的是能将就餐、起居和其他家庭活动变为相融相洽的和谐关系。

为了研究厨房设备布置对厨房使用情况的影响，通常是利用所谓的工作三角法来讨论。工作三角，是指由前述三个工作中心之间连线所构成的三角形。从理论上说，该三角形的总边长越小，则人们在厨房中工作时的劳动强度和时间耗费就越小。一般认为，当工作三角的边长之和大于 6.7m 时，厨房就不太好用了，较适宜的数字，是将边长之和控制在 3.5～6m。对于一般家庭来讲，为了简化计算方法，也可利用电冰箱、水槽、炉灶构成工作三角，来分析和研究厨房内的设备布置和区域划分等问题，从而求得合理的厨房平面。

下面，利用工作三角这一工具，对常见的几种厨房平面布置形式进行一些讨论。

（1）U 形厨房

U 形平面是一种十分有效的厨房布置方式。当采用这种布置方式时，优点主要体现在以下两点。

①室内基本交通动线与厨房内工作三角完全脱开。

②布置面积不需很大，用起来却十分方便。

（2）半岛式厨房

半岛式厨房与U形厨房相类似，但有一条腿不贴墙，烹调中心常常布置在半岛上，而且一般是用半岛把厨房与餐室或家庭活动室相连接。

（3）L形厨房

L形厨房是把柜台、器具和设备贴在两相邻墙上连续布置。工作三角避开了交通联系的路线，剩余的空间可放其他的厨房设施，如进餐或洗衣设施等。但当L形厨房的墙过长时，厨房使用起来略感不够紧凑。

（4）走廊式厨房

沿两面墙布置的走廊式厨房，对于狭长房间来讲，这是一种实用的布置方式。当采用这种布置方式时，必须注意的问题是要避免有过大的交通量穿越工作三角，否则会感到不便。

（5）单墙厨房

对于小的公寓、山林小舍，或里面只有小空间可利用的小住宅，单墙厨房是一种优秀的设计方案。几个工作中心位于一条线上，构成了一个非常好用的布局。但是，在采用这种布置方式时，必须注意避免把“战线”搞得太长，并且必须提供足够的储藏设施和足够的操作台面。

（6）岛式厨房

这个“岛”充当了厨房里几个不同部分的分隔物。通常设置一个炉台或一个水池，或者是两者兼有，同时从所有各边都可就近使用它，有时在“岛”上还布置一些其他的设施，如调配中心、便餐柜台、附加水槽以及小吃处等。

3．厨房设计指南

国外一些研究者通过对效能高以及功能作用良好的厨房从设计上进行了总结，提出了一些厨房设计的准则，被认为是家用厨房设计所应考虑的较重要因素，现简述如下。

（1）交通路线应避开工作三角。

（2）工作区应配置全部必要的器具和设施。

（3）厨房应位于儿童游戏场附近。

（4）从厨房外眺的景色应是欢乐愉快的。工作中心要包括储藏中心、清洗中心、烹调中心。

（5）工作三角的长度要小于6m或7m。

（6）每个工作中心都应设有电插座。

（7）每个工作中心都应设有地上和墙上的橱柜，以便储藏各种设施。

（8）应设置无影和无眩光的照明，并应能集中照射在各个工作中心处。

（9）应为准备饮食提供良好的工作台面。

（10）通风良好。

（11）炉灶和电冰箱间最低限度要隔有一个柜橱。

（12）设备上要安装的门，应避免开启到工作台的位置。

（13）柜台的工作高度以91cm左右为宜。

（14）桌子的工作高度应为76cm左右。应将地上的橱柜、墙上的柜橱和其他设施组合起来，构成一种连贯的标准单元，避免中间有缝隙，或出现一些使用不便的坑坑洼洼和突出部分。

（四）人体工程学与卧室设计

1．卧室的性质及空间位置

从人类形成居住环境时起，睡眠区域始终是居住环境的必要的甚至是主要的功能区域，直至今天住宅的内涵尽管不断地扩大，增加了娱乐、休闲、健身、工作等性质活动的比重，但睡眠的功能依然占据着居住空间中的重要位置，而且在数量上也占有相当的比重。在城市中许许多多居住条件紧张的家庭，可以没有客厅没有私用的厨房、卫生间，但睡眠空间的完整性则必须得到满足。由此可以看出，一个住宅最基本的是应解决使用者睡眠的功能。

卧室的主要功能是供人们休息睡眠的场所，人们对此也始终给予足够的重视。首先是卧室的面积大小应当能满足基本的家具布局，如单人床或双人床的摆放以及适当的配套家具，如衣柜、梳妆台等的布置。其次要对卧室的位置给予恰当的安排。睡眠区域在住宅中属于私密性很强的空间——安静区域，因而在建筑设计的空间组织方面，往往把它安排于住宅的最里端，要和门口保持一定的距离，同时也要和公用部分保持一定的间隔关系，以避免相互之间的干扰。另一方面在设计的细节处理上要注重卧室的睡眠功能对空间光线、声音、色彩、触觉上的要求，以保证卧室拥有高质量的使用功能。20世纪80年代中期以前我国的住宅结构受经济和观念的制约，往往没有厅，只有走道和大卧室，那时的卧室往往兼做客厅和书房甚至餐厅。家具的布置也很凌乱，严重地违背了睡眠空间应有的单纯、安静的要求。有些住宅甚至出现了卧室之间相互穿套的现象，这一方面是有限经济的制约，另一方面也反映出当时设计手法和观念上的落后和愚昧。

改革开放以来，人们的居住条件有了大幅度的提高，卧室的位置和私密性得到了较好的尊重。20世纪80年代中期住宅设计领域曾提出“大厅、小卧室”的设计模式，即是一种对卧室空间的重新认识和起码的尊重。21世纪的今天，人们对卧室的空间模式提出了更高的要求，除了位置上的要求外，卧室的配套设施以及空间大小也都在不断提高与扩展，卧室的种类也在不断细化，如主卧室、子女卧室、老人卧室、客人卧室等功能的细化对室内设计就提出了更高的要求。要求设计师从色彩、位置、家具布置、使用材料、艺术陈设等多方面入手，统筹兼顾，使不同性质的卧室在形象上有其应有的定位关系和形态、特征（见图3-12）。

2．卧室的种类及要求

（1）主卧室

主卧室是房屋主人的私密生活空间，它不仅要满足双方情感与志趣上的共同理想，而且也必须顾及夫妻双方的个性需求。高度的私密性和安定感，是主卧室布置的基本要求。在功能上，主卧室一方面要满足休息和睡眠等要求；另一方面，它必须合乎休闲、工作、梳妆及卫生保健等综合要求。因此，主卧室实际上是具有睡眠、休闲、梳妆、盥洗、储藏等综合实用功能的活动空间。

睡眠区位的布置要从夫妇双方的婚姻观念、性格类型和生活习惯等方面综合考虑，从实际环境条件出发，尊重夫妇双方身心的共同需求，在理智与情感双重关系上寻求理想解决方式。在形式上，主卧室的睡眠区位可分为两种基本模式，即“共享型”和“独立型”。所谓“共享型”的睡眠区位就是共享一个公共空间进行睡眠休息等活动。在家具的布置上可根据双方生活习惯选择，要求有适当距离的，可选择对床；要求亲密的可选择双人床，但容易造成相互干扰。所谓“独立型”则是以同一区域的两个独立空间来处理双方的睡眠和休息问题，以尽量减少夫妻双方的相互干扰。以上两种睡眠区域的布设模式，虽不十全十美，但却在生理与心理要求上符合各个不同阶段夫妻生活的需要。

主卧室的休闲区位是在卧室内满足主人视听、阅读、思考等以休闲活动为主要内容的区域。在布置时可根据夫妻双方在休息方面的具体要求，选择适宜的空间区位，配以家具与必要的设备。根据个人喜好分别采用活动式、组合式或嵌入式的梳妆家具形式，从效果看，后两者不仅可节省空间，且有助于增进整个房间的统一感。

更衣亦是卧室活动的组成部分，在居住条件允许的情况下可设置独立的更衣区位或与美容区位有机结合形成一个和谐的空间。在空间受限制时，亦应在适宜的位置上设立简单的更衣区域。

卧室的卫生区位主要指浴室而言，最理想的状况是主卧室设有专用的浴室，在实际居住环境条件达不到时，也应使卧室与浴室间保持一个相对便捷的位置，以保证卫浴活动隐蔽并便利。

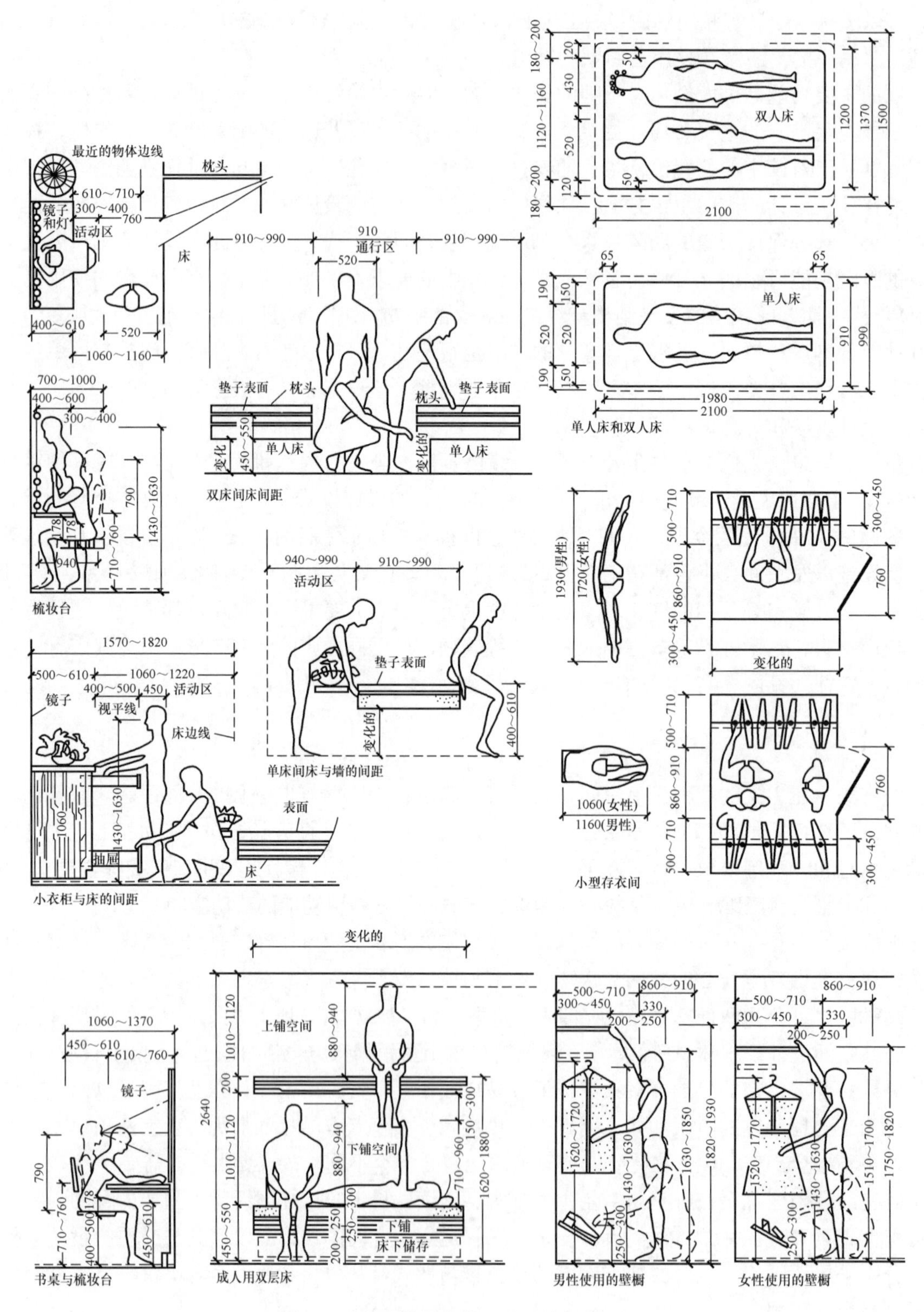

图 3-12　卧室常用人体尺寸（单位：mm）

主卧室的储藏物多以衣物、被褥为主，一般嵌入式的壁柜系统较为理想，这样有利于加强卧室的储藏功能，亦可根据实际需要，设置容量与功能较为完善的其他形式的储藏家具。

总之，主卧室的布置应达到隐秘、宁静、便利、合理、舒适和健康等要求。在充分表现个性色彩的基础上，营造出优美的格调与温馨的气氛，使主人在优雅的生活环境中得到充分放松休息与心绪的宁静。

（2）儿女卧室（次卧室）

儿女卧室相对主卧室可称为次卧室，是儿女成长与发展的私密空间，在设计上要充分照顾到儿女的年龄、性别与性格等特定的个性因素。

根据心理与家庭问题专家的研究，一个超过 6 个月的婴儿若仍与父母共居一室，彼此的生活都会受到很大的干扰，不仅不利于婴儿本身的发育与心理健康，而且会对父母的婚姻关系带来一定程度的损害。同时，有的父母为培养孩子的亲密关系，把两个年龄悬殊性格不同的儿女安排在同一房间，岂不知这样做非但无助于友爱的培养，而且容易引起不良的行为问题。年幼的子女最好能有一块属于自己的独立天地，使自身能尽情地发挥而不受或少受成人的干扰，对逐渐成熟的儿女更应给予适当的私密生活空间，使工作、休息乃至一些有益于个性发展的活动不受外界干扰。假如儿女与父母或儿女与儿女之间缺乏适当的生活距离，儿女成长和行为上必定完全依赖和模仿父母。其结果不仅容易使儿女早熟，产生不正常的超前行为，而且难以自立，缺乏个性。此外，在父母为儿女进行生活空间的构思时，应充分尊重儿女的真正兴趣与需要。若不顾儿女的意愿与特点，将成人的喜好强加于儿女身上，其错误并不亚于不为孩子设置专用的空间。

根据人体工程学的原理，为了孩子的舒适方便并有益于身体健康，在为孩子选择家具时，应该充分照顾到儿童的年龄和体型特征。写字台前的椅子最好能调节高度，如果儿童长期使用高矮不合适的桌椅，会造成驼背、近视，影响正常发育。在家具的设计中，要注意多功能性及合理性，如在给孩子做组合柜时下部宜做成玩具柜、书柜和书桌，上部宜作为装饰空间。根据儿童的审美特点，家具的颜色也要选择明朗艳丽的色调。鲜艳明快的色彩，不仅可以使儿童保持活泼积极的心理状态和愉悦的心境，而且可以改善室内亮度，造成明朗亲切的室内环境。处在这种环境下，孩子能产生安全感和归属感。在房间的整体布局上，家具要少而精，要合理利用室内空间。摆放家具时，要注意安全、合理，要设法给孩子留下一块活动空间，家具尽量靠墙摆放。孩子们的学习用具和玩具最好放在开式的架子上，便于随时拿取。

（3）老年人卧室

人在进入暮年以后，心理上和生理上均会发生许多变化。要进行老年人房间的装饰陈设设计，首先要了解这些变化和老年人的特点，为适应这些变化，老年人的居室应该做些特殊的布置和装饰。

老年人的一大特点是好静。因此对居家最基本的要求是门窗、墙壁隔声效果好，不受外界影响，要比较安静。根据老年人的身体特点，一般体质下降，有的还患有老年性疾病，即使一些音量较小的音乐，对他们来说也是“噪声”，所以一定要防止噪声的干扰，否则会造成不良后果。

居室的朝向以面南为佳，采光不必太多，环境要好。老年人一般腿脚不好，在选择日常生活中离不开的家具时应予以充分考虑。为了避免磕碰，那些方正见棱角的家具应越少越好。过于高的橱、柜，低于膝的大抽屉都不宜用。在所有的家具中，床铺对于老年人至关重要，南方人喜用“棕绷”，上面铺褥子；北方人喜用铺板，上铺棉垫或褥子。有的老年人并不喜欢高级的沙发床，因为它会“深陷其中”不便翻身，钢丝床太窄不适合老年人。老年人的床铺高低要适当，应便于上下、睡卧以及卧床时自取日用品，不至于稍有不慎就扭伤摔伤。

老年人的另一大特点是喜欢回忆过去的事情。所以在居室色彩的选择上，应偏古朴、平和、沉着的室内装饰色，这与老年人的经验、阅历有关。随着各种新型装饰材料的大量出现，室内装饰改变了以往“五白一灰”的状况，墙壁换柔和色的涂料或贴上各种颜色的壁纸、壁布、壁毡，地面铺上木地板或地毯。如果墙面是乳白、乳黄、藕荷色等素雅的颜色，可配富有生气、不感觉沉闷的家具。也可选用以木本色的天然色为基础，涂上不同色剂的家具，还可选用深棕色、驼色、棕黄色、珍珠色、米黄色等人工色调的家具。浅色家具显得轻巧明快，深色家具显得平稳庄重，可由老年人根据自己喜好选择。墙面与家具一深一浅，相得益彰，只要对比不太强烈，就能有好的视觉效果。

还可以随季节的变化设计房间的色调。春夏季以轻快、凉爽的冷色调为主旋律，秋冬季以温暖怡人的暖色调为主题。如乳黄色的墙面、深棕色的家具、浅灰色的地毯，构成沉稳的暖色调；藕荷色墙面、珍珠白色家具、浅蓝色地毯、绿色植物及小工艺品，安详、舒适、雅致、自然，构成清爽的色调。

从科学的角度看，色彩与光、热的调和统一，能给老年人增添生活乐趣，令人身心愉悦，有利于消除疲劳、带来活力。老年人一般视力不佳，起夜较勤，晚上的灯光强弱要适中。还有别忘记房间中要有盆栽花卉，绿色是生命的象征，是生命之源，有了绿色植物，房间内顿时富有生气，它还可以调节室内的温、湿度，使室内空气清新。有的老年人喜欢养鸟，怡情养性的几声莺啼鸟语，更可使生活其乐无穷。在花前摆放一张躺椅、安乐椅或藤椅更为实用，效果也更好。

老年人居室的织物，是房间精美与否的点睛之笔。床单、床罩、窗帘、枕套、沙发巾、桌布、壁挂等颜色或是古朴庄重，或是淡雅清新，应与房间的整体色调一致，图案也是同样以简洁为好。在材质上应选用既能保温、防尘、隔声，又能美化居室的材料。

总之，老年人的居室布置格局应以他们的身体条件为依据。家具摆设要充分满足老年人起卧方便的要求，实用与美观相结合，装饰物品宜少不宜杂，应采用直线、平行的布置法，使视线转换平稳，避免强制引导视线的因素，力求整体的统一，创造一个有益于老年人身心健康，亲切、舒适、幽雅的环境。

（五）人体工程学与书房的设计

1. 书房的性质

书房是居室中私密性较强的空间，也是人们需求层次较高的居住空间。它给主人提供了一个阅读、书写、工作和密谈的空间，其功能较为单一，但对环境的要求较高。首先要安静，给人提供良好的物理环境，其次要有良好的采光和视觉环境，让人能保持轻松愉快的心态。过去书房是普通居民难以企及的奢望要求，住宅仅仅是满足基本的居住要求——睡眠、就餐，而居住者对书写的环境要求也只能是委曲求全，和其他空间混在一起，视觉上杂乱，环境上嘈杂。随着社会的进步，人民生活水平的不断提高，生活空间也在不断改良、完善，良好的居住环境首先是对居住者的各种必需进行补充，使空间更进一步细化。而日新月异的户型结构中，书房已成为一种必备要素。在住宅的后期室内设计和装饰装修阶段中，更要对书房的布局、色彩、材质造型进行认真的设计和反复的推敲，以创造出一个使用方便、形式美感强的阅读空间。

2. 书房的空间位置

书房的设置要考虑到朝向、采光、景观、私密性等多项要求，以保证书房的未来环境质量的优良。因而在朝向方面，书房多设在采光充足的南向、东南向或西南向，忌朝北，使室内照度较好，以便缓解视觉疲劳。

人在书写阅读时需要较为安静的环境，因此，书房在居室中的位置，应注意如下几点：

（1）适当偏离活动区，如起居室、餐厅，以避免干扰。

（2）远离厨房储藏间等家务用房，以便保持清洁。

（3）和儿童卧室也应保持一定的距离，以避免儿童的喧闹影响环境。

因而书房往往和主卧室的位置较为接近，甚至个别情况下可以将两者以穿套的形式相连接。

3．书房的布局及家具设施要求

（1）书房的布局

书房的布置形式与使用者的职业有关，不同的职业工作的方式和习惯差异很大，应具体问题具体分析。有的特殊职业除阅读以外，还有工作室的特征，因而必须设置较大的操作台面。同时书房的布置形式与空间有关，这里包括空间的形状、空间的大小、门窗的位置等。空间现状的差别可以导致完全不同的布局产生。但书房的布局尽管千变万化，而其空间结构基本相同，即无论什么样的规格和形式，书房都可以划分出工作区域、阅读藏书区域两大部分，其中工作和阅读应是空间的主体，应在位置、采光上给予重点处理。首先这个区域要安静，所以尽量布置在空间的尽端，以避免交通的影响；其次朝向要好，采光要好，人工照明设计要好，以满足工作时视觉要求；另外，和藏书区域联系要便捷、方便。藏书区域要有较大的展示面，以便主人查阅，特殊的书籍还有避免阳光直射的要求。为了节约空间、方便使用，书籍文件陈列柜应尽量利用墙面来布置。有些书房还应设置休息和谈话的空间。在不太宽裕的空间内满足这些要求，必须在空间布局上下功夫，应根据不同家具的不同作用巧妙合理地划分出不同的空间区域，获得布局紧凑、主次分明的空间效果。

（2）书房的家具设施

根据书房的性质以及主人的职业特点，书房的家具设施变化较为丰富，归纳起来有如下几类。

书籍陈列类：包括书架、文件柜、博古架、保险柜等，其尺寸以最经济实用及使用方便为参照来设计选择。

阅读工作台面类：写字台、操作台、绘画工作台、电脑桌、工作椅。

附属设施：休闲椅、茶几、文件粉碎机、音响、工作台灯、笔架、电脑等。

现代的家具市场和工业产品市场为我们提供了种类繁多，令人眼花缭乱的家具和办公设施，我们应当根据设计的整体风格去合理地选择和配置，并给予良好的组织，为书房空间提供一个舒适方便的工作环境。

（六）人体工程学与卫生间设计

卫生间是有多样设备和多种功能的家庭公共空间，又是私密性要求较高的空间，同时卫生间又兼容一定的家务活动，如洗衣、储藏等。它所拥有的基本设备有洗脸盆、浴盆、淋浴喷头、抽水马桶（恭桶）等。并且在梳妆、浴巾、卫生器材的储藏以及洗衣设备的配置上给予一定的考虑。从原则上来讲卫生间是家居的附设单元，面积往往较小，其采光、通风的质量也常常被牺牲，以换取总体布局的平衡，尤其在我国受居住标准的限制，使得多数家庭难以在卫生空间的环境质量上有更多的奢望，只能在现有条件下进行有限的改善和选择。当然社会的进步带动了居住环境的文明发展，当今已出现了拥有两个或更多卫生间的住宅户型，卫生空间的形态、格局也在发生着变化，同时人们更多地把精力投入到装修装饰阶段，用造型、灯光、绿化、高质量产品来改善、优化卫生间环境。

从环境上讲，浴室应具备良好的通风、采光及取暖设备。在照明上应采用整体与局部结合的混合照明方式。在有条件的情况下对洗面、梳妆部分应以无影照明为最佳选择。在住宅中卫生间的设备与空间的关系应得到良好的协调，对不合理或不能满足需要的卫生间应在设备与空间的关系上进行改善。在卫生间的格局上应在符合人体工程学的前提下予以补充、调整，同时应注意局部处理，充分利用有限的空间，使卫生间能最大限度地满足家庭成员在洁体、卫生、工作方面的需求。下面我们将对卫生间的空间设备以及使用形式进行详细的分析，以便为大家提供设计的依据和思路。

1．卫生间的使用形式

（1）使用卫生间的目的

浴室：用于冲淋、浸泡擦洗身体、洗发、刷牙、更衣等。

厕所：用于大小便、清洗下身、洗手、刷洗污物。

洗脸间：用于洗脸、洗发、洗手、刷物、敷药等。

洗衣间（家务室）：用于洗涤、晾晒、熨烫衣物。

在卫生间中的行为因个人习惯、生活习俗的不同有很大差别，与空间是合并形式还是独立形式也有关系，因此不限于上述划分。

（2）使用卫生间的人

一般人（工作、学习的人）：在一定的时间段使用，容易在高峰期发生冲突。家庭人口多或家庭结构复杂的家庭应把卫生空间分离成各自独立的小空间或加设独立厕所和洗脸池等。

老人、残疾人：使用卫生空间时很容易出现事故，必须十分重视安全问题。应在必要的位置加设扶手，取消高差，使用轮椅或需要保护者时，卫生空间应相应加大。

婴幼儿：在使用厕所浴室时需有人帮助，在一段时间需要专用便盆、澡盆等器具，要考虑洗涤污物、放置洁具的场所。使用浴室时，幼儿有被烫伤、碰伤、溺死的危险，必须注意安全设计。儿童在外面玩沙土回来时常常弄得很脏，有条件的最好在入口处设置清洗池，以便在进入房间前清洗干净。

客人：常有亲戚朋友来做客和暂住的家庭，可考虑分出客人用的厕所等，没有条件区分的情况，如把洗脸间、厕所独立出来也比较利于使用。

（3）使用卫生间的时间段

早上：早晨是使用卫生间的高峰时间。人们一般不能保证在卫生间有充足的时间洗脸、刷牙、梳理。成年人每天准备上班要占用卫生间，现代的年轻人化妆梳理时，亦占用卫生间比较长，还有准备去上学的孩子。人们在某一小段时间内几乎同时需要使用厕所、洗脸池，特别是按医学的要求大便又应在早饭后完成，于是造成家庭不便就可想而知了。

晚上：晚上虽时间充裕，人们使用卫生空间的时间可相互调开，但住宅中只设一个卫生间的家庭，仍存在上厕所和洗澡发生矛盾的情况。

深夜：老人、有起夜习惯的人需使用厕所，冲水的声音可能影响他人休息。

休息日、节日：节假日在外的家人回来、亲友来访等，使用卫生空间的次数增多。此外，个人卫生的清理（洗澡、洗发）、房间清扫、衣物洗涤整烫等工作相对比较集中，卫生空间的使用率比平日高。

2．卫生间的人体工程学

人体工程学是根据人体解剖学、生理学和心理学等特性，了解并掌握人的活动能力及其极限使机器设备、生活用具、工作环境、起居条件等和人体功能相适应的科学。住宅卫生空间是应用人体工程学比较典型的空间。由于卫生空间中集中了大量的设备，空间相对狭小，使用目的单一、明确，在研究卫生空间中人与设备的关系，人的动作尺寸及范围，人的心理感觉等方面要求比一般空间更加细致、准确。一个好的卫生空间设计，要使人在使用中感到很舒适，既能使动作伸展开，又能安全方便地操作设备；既比较节省空间，又能在心理上造成一种轻松宽敞感，如图 3-13～图 3-15 所示。

3．卫生间的平面布局

住宅卫生空间的平面布局与气候、经济条件，文化、生活习惯，家庭人员构成，设备大小、形式有很大关系，因此布局上有多种形式，例如，有把几件卫生设备组织在一个空间中的，也有分置在几个小空间中的。归结起来可分为兼用型、独立型和折中型三种形式。

从发达国家卫生空间的布局形式上看，日本把浴室独立设置的情况很多，厕所一般不与浴室合并。这主要是因为日本人习惯每天洗澡、泡澡，使用浴室时间较长，一般一个人使用时间在 20～40min。

先在浴盆外进行淋浴，把身体清洗干净，然后进入浴盆浸泡，直到把身体全部温暖、浸热。此外日本人把浴室作为解除疲劳、休息养神的场所，对浴室的气氛和清洁度要求较高，便器放在浴室里，一是有人洗澡时，其他人上厕所不便，二是心理上有抵触感，认为不洁。

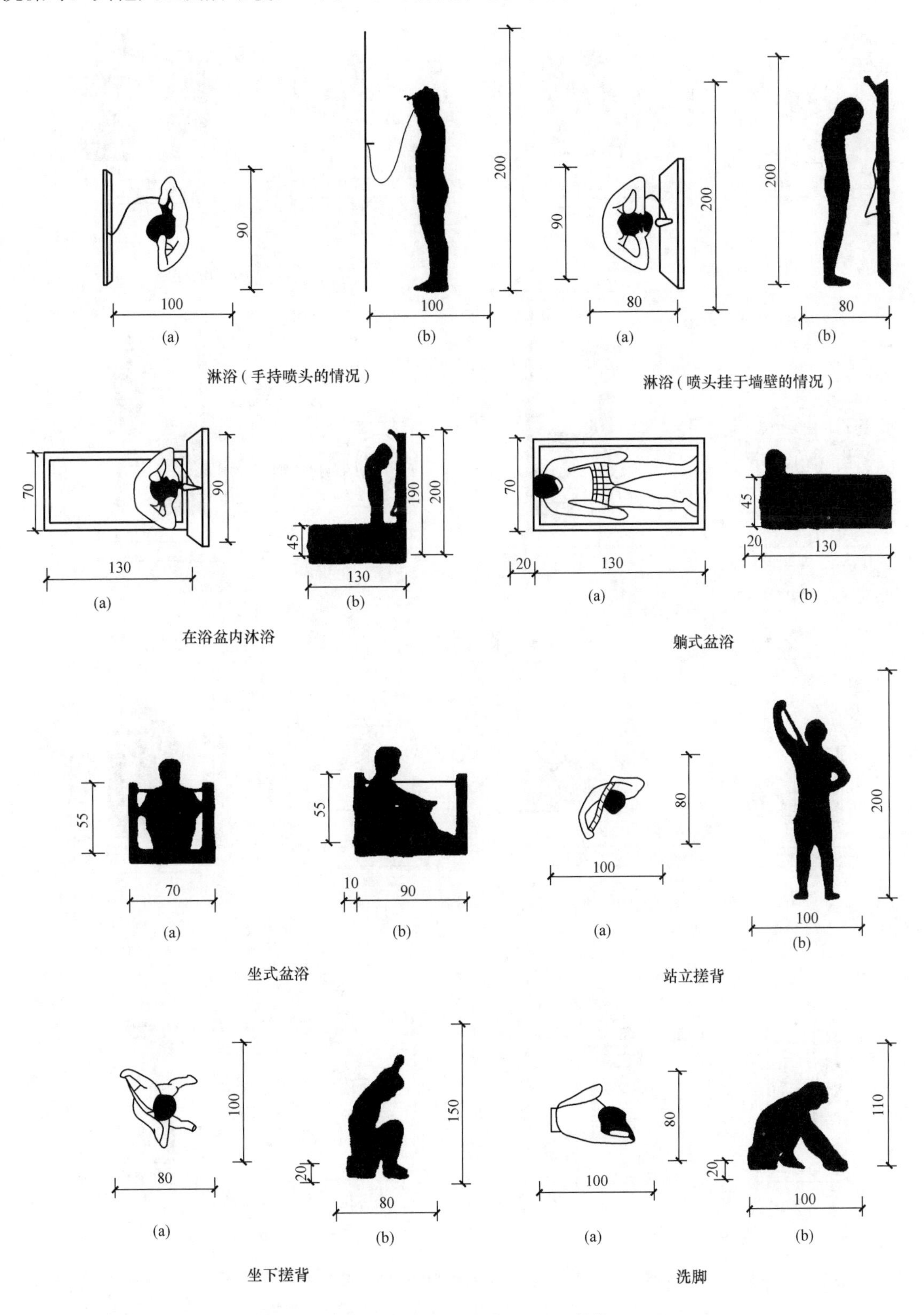

图 3-13　卫生间的人体工程学（一）（单位：mm）

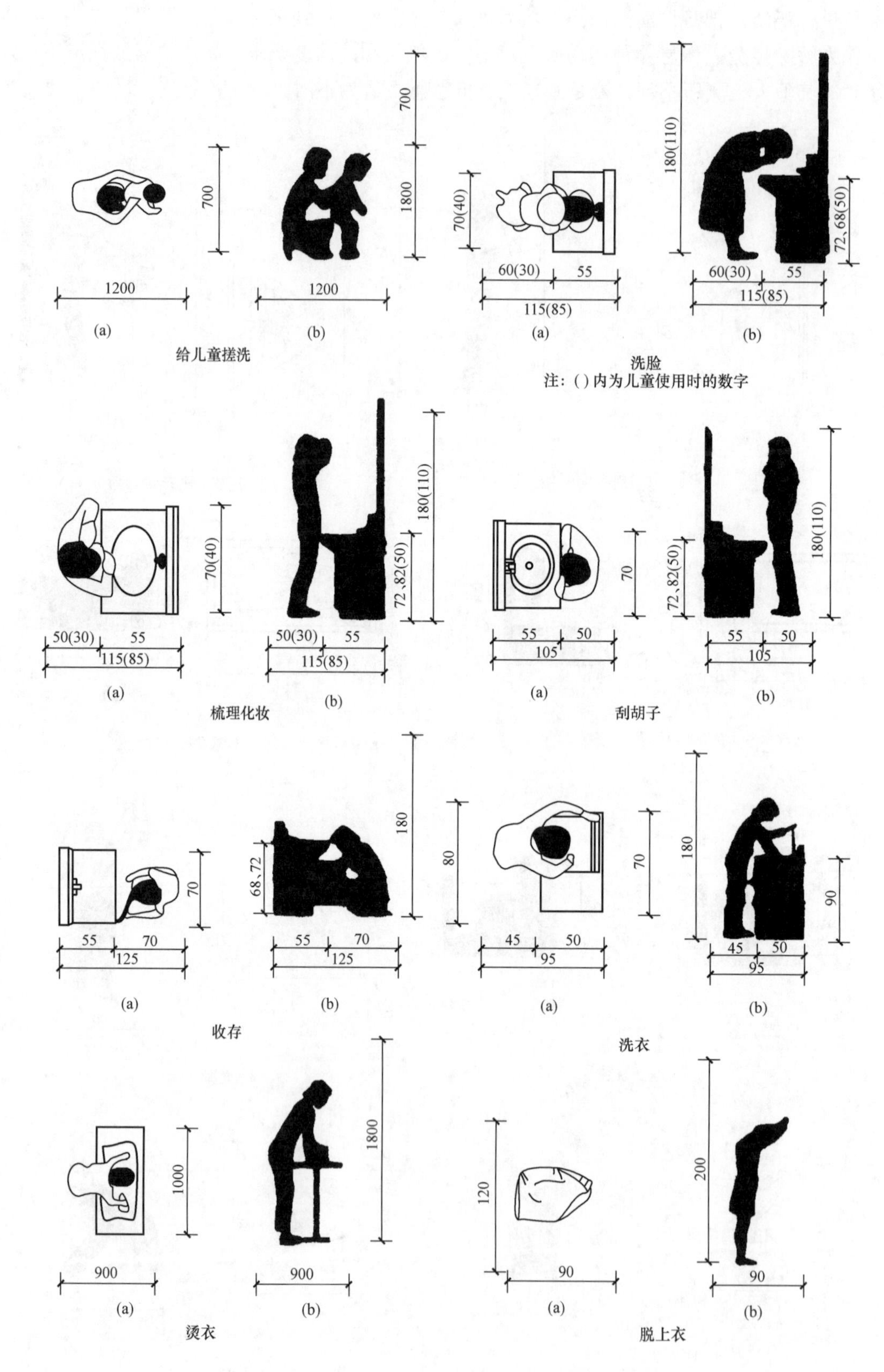

图 3-14　卫生间的人体工程学（二）（单位：mm）

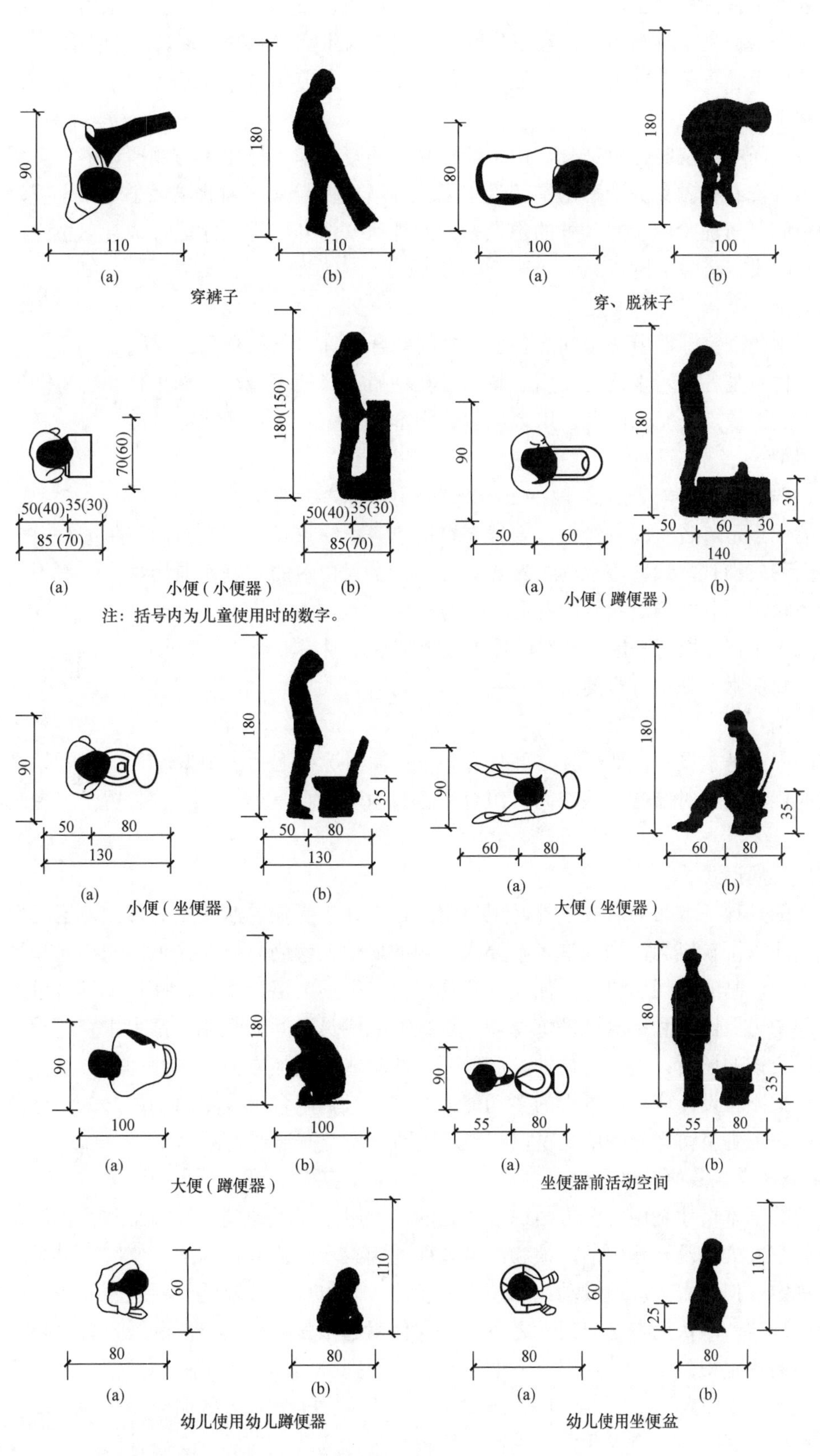

图 3-15　卫生间的人体工程学（三）（单位：mm）

欧美人强调浴室接近卧室，以便睡前入浴和清早淋浴，卫生空间布局上多采用兼用型，几件洁具合在一室，家庭结构复杂时则多设几套卫生间，重视个人生活的私密性和使用的方便性。

我国目前由于经济条件的限制，一般住宅的卫生间多为兼用型，但整个卫生间面积偏小，设备布置过挤，不利于使用。

现代卫生空间中的洗脸化妆部分，由于使用功能的复杂和多样化，与厕所、浴室分开布局的情况越来越多。另外洗衣和做家务杂事的空间近年来被逐渐重视起来，因此出现了专门设置洗衣机、清洗池等设备的空间，与洗脸间合并一处的也很多。此外桑拿浴开始进入家庭，成为卫生空间中的一个组成部分，通常附设在浴室的附近。

（1）独立型

卫生空间中的浴室、厕所洗脸间等各自独立的场合，称之为独立型。

独立型的优点是各室可以同时使用，特别是在使用高峰期可减少互相干扰，各室功能明确，使用起来方便、舒适。缺点是空间面积占用多，建造成本高。

（2）兼用型

把浴盆、洗脸池、便器等洁具集中在一个空间中，称之为兼用型。

兼用型的优点是节省空间、经济，管线布置简单等。缺点是一个人占用卫生间时，影响其他人使用，此外，面积较小时，储藏等空间很难设置，不适合人口多的家庭。兼用型中一般不适合放入洗衣机，因为入浴时湿气会影响洗衣机的寿命。

目前洗衣机都带有甩干功能，洗衣过程中较少带水作业，如设好上下水道，洗衣机放于走廊拐角、阳台、暖廊、厨房附近都是可行的。

（3）折中型

卫生空间中的基本设备，部分独立部分合为一室的情况称之为折中型。

折中型的优点是相对节省一些空间，组合比较自由。缺点是部分卫生设备置于一室时，仍有互相干扰的现象。

（4）其他布局形式

除了上述的几种基本布局形式以外，卫生空间还有许多更加灵活的布局形式，这主要是因为现代人给卫生空间注入了新概念，增加许多新要求。例如现代人崇尚与自然接近，把阳光和绿意引进浴室以获得沐浴、盥洗时的舒畅愉快，更加注重身体保健，把桑拿浴、体育设施设备等引进卫生间，使在浴室、洗脸间中可做操，利用器械锻炼身体；重视家庭成员之间的交流，把卫生空间设计成带有娱乐性和便于共同交谈的场所；追求方便性、高效率，洗脸化妆更加方便，洗脸间兼做家务洗涤空间提高工作效率等，把阳台设计成绿色景观的多功能卫生空间，把阳台围成半封闭型，内种植常绿植物，设照明、桌椅，与卫生空间之间采用大窗户和玻璃隔断，使空间通透宽敞。

4．卫生空间及洁具的基本尺寸

卫生空间的基本尺寸是由几个方面综合决定的，一般主要考虑技术与施工条件，设备的尺寸，人体活动需要的空间大小及一些生活习惯和心理方面的因素。一般来说，卫生空间在最大尺寸方面没有什么特殊的规定，但是太大会造成动线加长、能源浪费，也是不可取的。卫生空间在最小尺寸方面各国都有一定的规定，即认为在这一尺寸之下一般人使用起来就会感到不舒服或设备安装不下。在独立厕所方面各国的规定相差不大，在浴室方面则有很大差别。例如日本工业标准规定浴盆的最小长度可以是 800mm，而德国则要求为 1700mm，这对浴室的平面大小有很大的影响。一般公寓、集体宿舍的卫生空间面积比较紧一些，个人住宅、别墅则比较自由、宽敞。当然在有条件的情况下应尽量考虑使用者的舒适与方便，争取设计得宽敞些。对于比较小的卫生空间，即使仅扩大 10cm，都会使人感到有明显的不同。

在最小面积上，家庭用的卫生空间应考虑到与公用的卫生空间有所不同。以独立型厕所为例，由于在家中不必穿着很多衣服和拿着东西上厕所，人活动的空间范围可以小一些。此外，家庭用的卫生空间的墙壁比较干净，即使身体碰上也没有像使用公共卫生空间那样厌恶的心理感觉，因此在尺寸设计上可以做得比较小。

独立厕所空间的最小尺寸是由坐便器的尺寸加上人体活动必要尺寸来决定的。一般坐便器加低水箱的长度为745～800mm，若水箱设在角部，整体长度能缩小到710mm，如图3-16所示。坐便器的前端到前方门或墙的距离，应保证在500～600mm，以便站起、坐下、转身等动作能比较自如，左右两肘撑开的宽度为760mm，因此坐便器厕所的最小净面积尺寸应保证大于或等于800mm×1200mm。

独间蹲便器厕所要考虑人下蹲时与四周墙的关系，一般最少保证蹲便器的中心线距两边墙各400mm，即净宽在800mm以上。长方向应尽可能在前方留出充足的空间，因为前方空间不够时人必然往后退，大便时容易弄脏便器。

独立厕所还常带有洗脸洗手的功能，即形成便器加洗脸盆的空间。便器和洗脸盆间应保持一定距离，一般便器的中心线到洗脸盆边的距离要大于或等于450mm，这是便器加洗脸设备空间的最低限度尺寸。

独立浴室的尺寸跟浴盆的大小有很大的关系，此外要考虑人穿脱衣服，擦拭身体的动作空间及内开门占去的空间。小型浴盆的浴室尺寸为1200mm×1650mm，中型浴盆的浴室为1650mm×1650mm等。

单独淋浴室的尺寸，应考虑人体在里面活动转身的空间和喷头射角的关系，一般尺寸为900mm×1100mm，800mm×1200mm等。小型的淋浴盒子的净面积可以小至800mm×800mm。没有条件设浴盆时，淋浴池加便器的卫生空间也很实用。

独立洗脸间的尺寸除了考虑洗脸化妆台的大小和弯腰洗漱等动作以外，还要考虑卫生化妆用品的储存空间，由于现代生活的多样化，化妆和装饰用品等与日俱增，必须注意留有充分的余地。此外洗脸间还多数兼有更衣和洗衣的功能及兼作浴室的前室，设计时空间尺寸应略扩大些。

典型三洁具卫生间，即是把浴盆、便器、洗脸池这三件基本洁具合放在一个空间中的卫生间。由于把三件洁具紧凑布置充分利用共用面积，一般空间面积比较小，常用面积在3～4m^2。近些年来因大家庭的分化和2～3口人的核心家庭的普遍化，一般的公寓和单身宿舍开始采用工厂预制的小型装配式卫生盒子间。这种卫生间模仿旅馆的卫生间设计，把三洁具布置得更为合理紧凑，在面积上也大为缩小。最小的平面尺寸可以做到1400mm×1000mm，中型的为1200mm×1600mm、1400mm×1800mm，较宽敞的为1600mm×2000mm、1800mm×2000mm等。

5．卫生空间大小的舒适度比较

卫生空间太小会感到不适用，如果太大不但造成空间上的浪费，同时使用起来也不方便。列举卫生空间的四种类型、三种大小程度进行比较，其中“小型”是一种空间较为紧张的形式，仅能满足人体活动的基本尺寸，小于此则会造成使用上的不便。“理想”则不但考虑到人体在其中活动自如，还兼有满足视觉和心理上的舒适要求。

6．洁具设备的基本尺寸

（1）浴室的设备尺寸

①浴盆的尺寸

浴室的主要设备是浴盆。浴盆有多种形式、大小，归纳起来可分为三种：深方型、浅长型及折中型。人入浴时需要水深没肩，这样才可温暖全身，因此浴盆应保证有一定的水容量，短则深些，长则浅些。一般满水容量为230～320L。

浴盆过小人在其中蜷缩着不舒适，过大则有漂浮感不稳定。深方型浴盆可使卫生间的开间缩小，有利于节省空间；浅长型浴盆人能够躺平，可使身体充分放松；折中型则取两者长处，即使人能把腿伸直成半躺姿态，又能节省一定的空间。根据研究，折中型浴盆的靠背斜度在105°时人感觉较舒适。考虑人入浴时两肘放松时的宽度，浴盆宽度应大于580mm，从节约用水的角度出发可增加靠背的斜度和缩小脚部的宽度。

浴盆的放置形式有搁置式、嵌入式、半下沉式三种，各种形式的特点可归纳如下。

搁置式：施工方便，移换、检修容易，适合于楼层、公寓等地面已装修完的情况下放入。

嵌入式：浴盆嵌入台面里，台面对于放置洗浴用品、坐下稍事休息等有利，当然占用空间较大。此外应注意出入浴盆的一边，台子平面宽度应限制在10cm以内，否则跨出跨入会感到不便。或者宽至20cm以上，以坐姿进出浴盆。

半下沉式：一般是把浴盆的1/3埋入地面下，浴盆在浴室地面上所余高度在400mm左右，与搁置式相比出入浴盆比较轻松方便，适合于老年体弱的人使用，如图3-16所示。

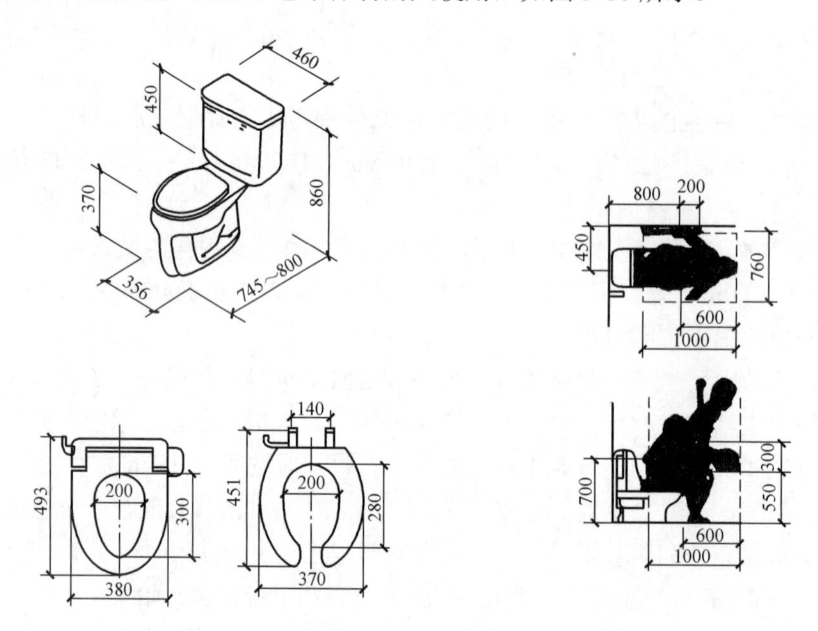

图3-16　抽水马桶与人体工程学（单位：mm）

②淋浴器尺寸

淋浴可以有单独的淋浴室或在浴室里设淋浴喷头。欧美人的习惯一般把淋浴喷头设在浴盆的上方，如同旅馆用的形式，日本则设在浴盆外专门的冲洗场上，在进入浴盆浸泡之前先在外面淋浴、洗发。淋浴喷头及开关的高度主要与人体的高度及伸手操作等因素有关。为适合成人、儿童以及站姿、坐姿等不同情况，淋浴喷头的高度应能上下调节，至少可悬挂于两个高度。淋浴开关与盆浴开关合二为一时，应考虑设在坐下盆浴和站立淋浴时手均可方便够得着的地方。如图3-17所示。

（2）厕所的设备尺寸

①坐便器尺寸

坐便器使用起来稳定、省力，与蹲便器相比，在家庭使用场合已成为主流。坐便器的高度对排便时的舒适程度影响很大，常用尺寸为350～380mm。坐便器的坐圈大小和形状也很重要，中间开洞的大小、坐圈断面的曲线等必须符合人体工程学的要求，坐便器和坐圈的一般尺寸。手纸盒的位置设在便器的前方或侧方，以伸手能方便够到为准，高度一般在距地 500～700mm 之间。水平扶手高度通常距地 700mm，竖向扶手设置在距便器前端 200mm 左右的前方。自动操作控制盘距地高 800mm 左右。

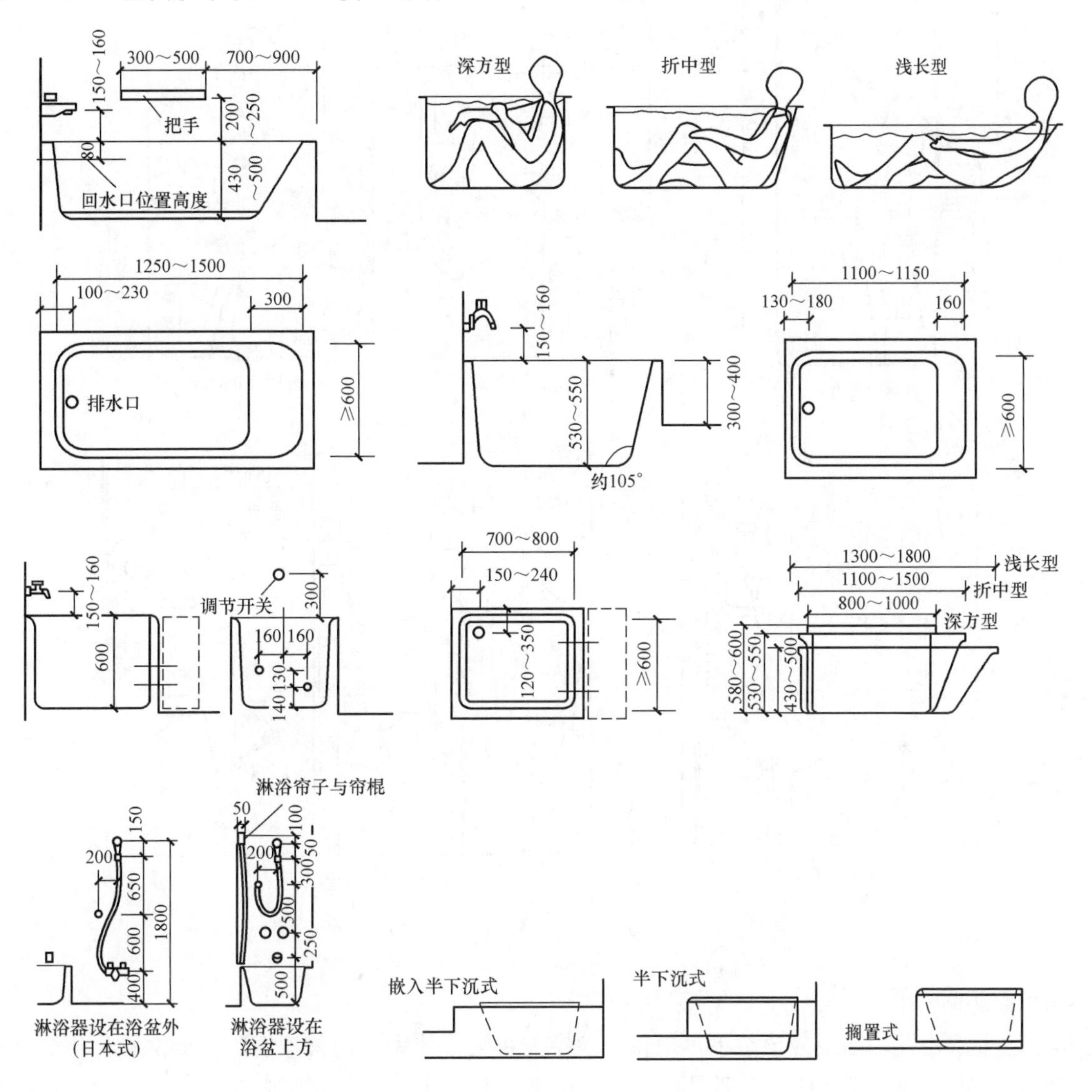

图 3-17　浴盆尺寸与人体工程学（单位：mm）

②蹲便器的尺寸

使用蹲便器时，腿和脚部的肌肉受力很大，时间稍长会感到累和腿脚发麻，而且蹲上蹲下对一些病人和老人来说很吃力，甚至有危险。但蹲着的姿势被认为最有利于通便。男女蹲着时两脚位置有一定差别，女性由于习惯和衣服的限制，两脚要比男性靠拢些。兼顾两者的关系，蹲便器的宽度一般在 270～295mm，过宽会使双脚受力不稳，感到很吃力。低水箱选择角形的比较节省空间，手纸盒的高度在 380～500mm。

家中男性多时，设一小便器会很方便，可免去小便时容易污染坐便器的缺点，并且能节约冲洗用水。小便器分悬挂式和着地式两种，悬挂式的便斗高些，进深也可相对小些，有儿童时最好用着地式小便器。一般便斗的上缘距地高度应在 530mm 以下，太高在使用上会感到不便，若兼顾儿童和成人共同使用，便斗的高度可降低到 240～270mm。小便器的宽度中型为 380mm，大型为 460mm，具体尺寸如图 3-18 和图 3-19 所示。人使用小便器时的必要空间是 350mm×420mm，儿童的只略小一点。

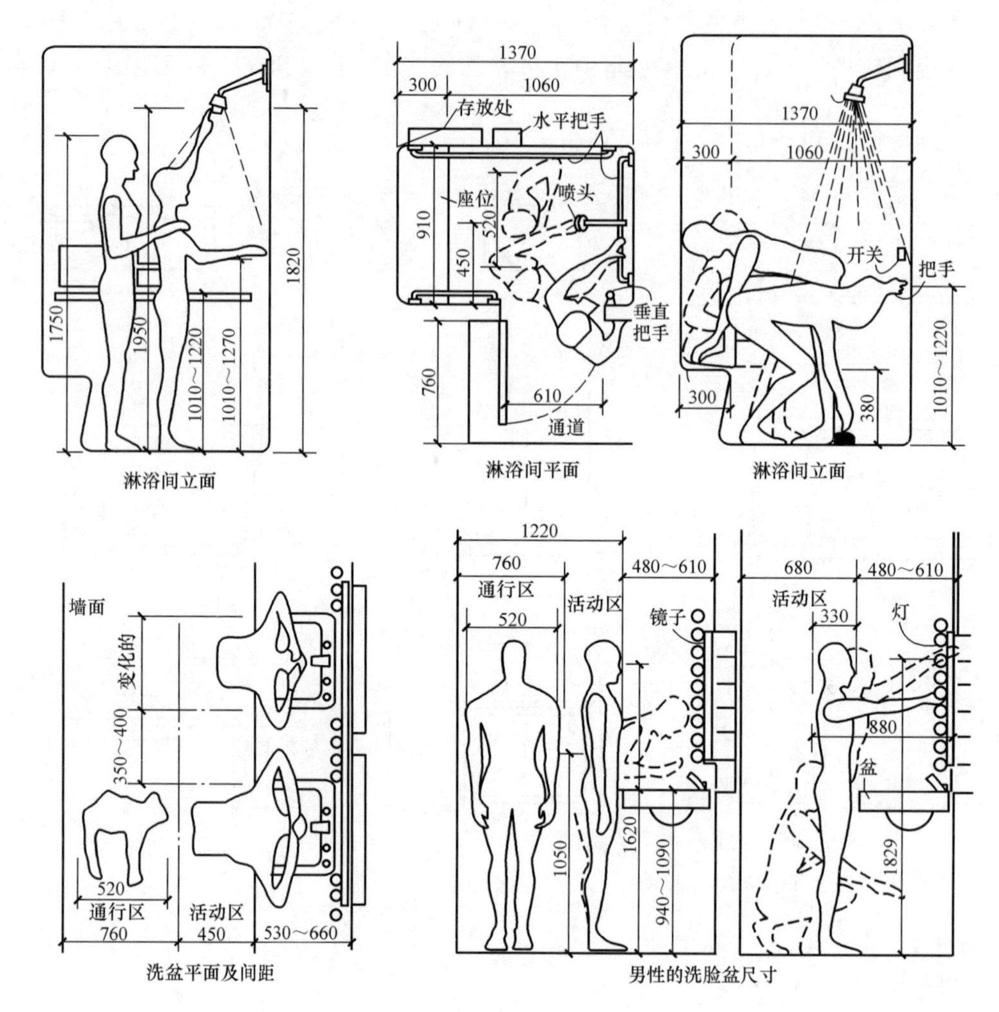

图 3-18　淋浴与人体工程学（一）（单位：mm）

③洗手池的尺寸

从卫生要求出发，便后应该洗手。现代卫生空间中为了使用方便常把洗脸池或洗脸化妆台从厕所中分离出来，因此独立式厕所中需要另设置一个小型的洗手池。因洗手池的功能单纯，造型较为自由，形体也可小些，一般池口的尺寸为：横向 300mm，进深 220mm 左右。也可做得更小些，例如利用角部和低水箱的上部设洗手池等，以节约空间和用水量。由于洗手时人不必俯身，所以一般洗手时可比洗脸池的高度高一些，距地 760mm 或更高一点。洗手时所需的空间大小一般为，前后 600mm，左右 500mm。毛巾挂钩距地 1200mm 左右较为适宜，并应尽量设在水池近旁，以免湿手带水弄湿地面。

（3）洗脸化妆室的设备尺寸

①洗脸池、洗发池及化妆台的尺寸

洗脸池的高度是以人站立、弯腰双臂屈肘平伸时的高度来确定的。男女之间有一定差别，一般以女子为标准。洗脸池太高时，洗脸时水会顺着手臂流下来，弄湿衣袖。太低则使弯腰过度。现代的洗脸间设备多数已由单个的洗脸池变成了带有台板的洗脸、化妆台，因此其高度还要兼顾坐着化妆和洗发等要求。一般洗脸池和化妆台的上沿高度为720～780mm，我国北方人体平均身高较高，其高度可提高到800mm以上。洗脸时所需动作空间为 820mm×550mm，如图 3-20 所示。洗脸时弯腰动作较大，前方应留出充分的空间，与镜或壁的距离至少在 450mm，所以一般水池部分的进深较大，化妆台部分则可相应窄些。洗脸池左右离墙太近时，胳膊动作会感到局促，洗脸池的中心线至墙的距离应保证在 375mm 以上。

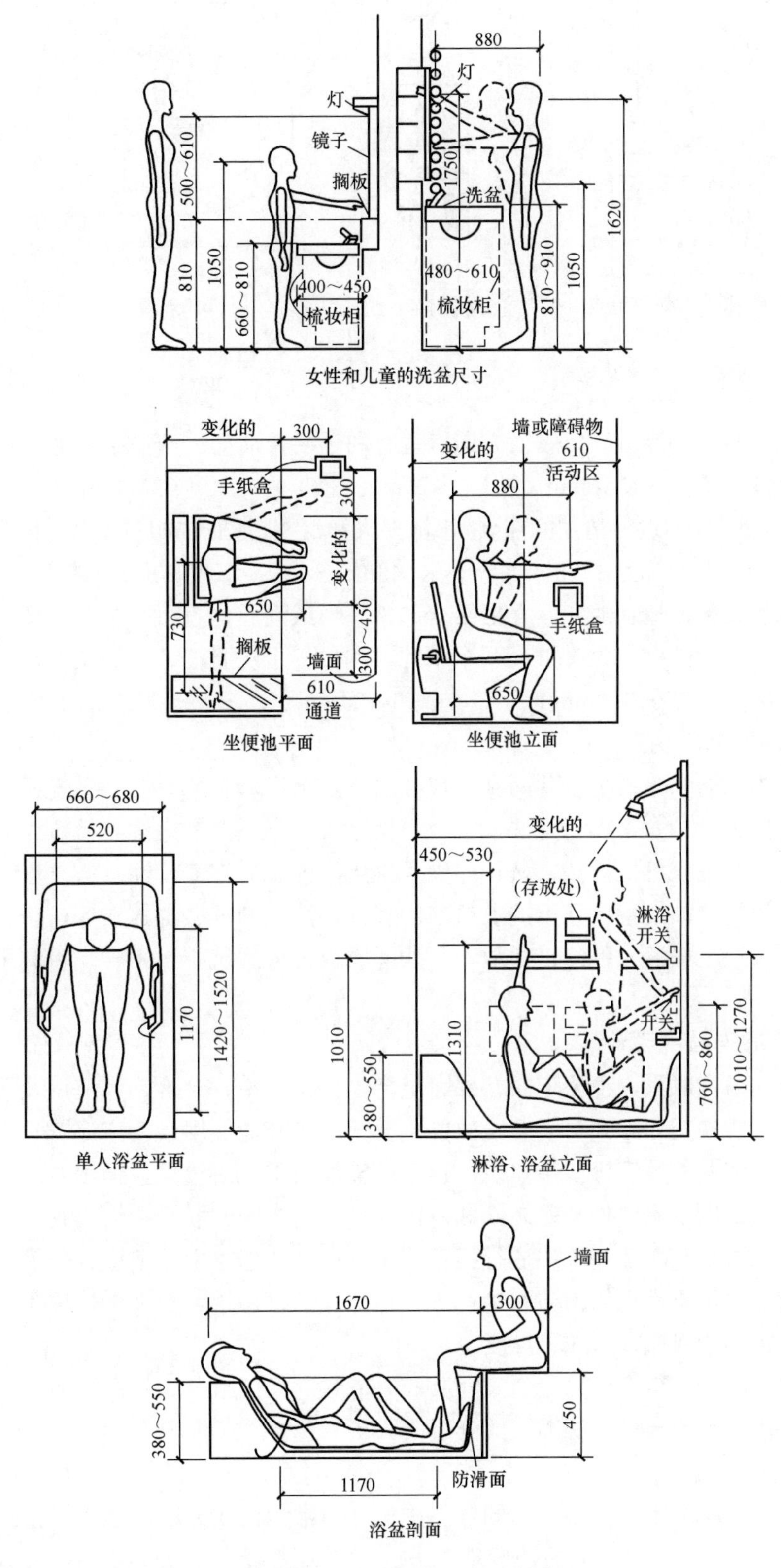

图 3-19 淋浴与人体工程学（二）（单位：mm）

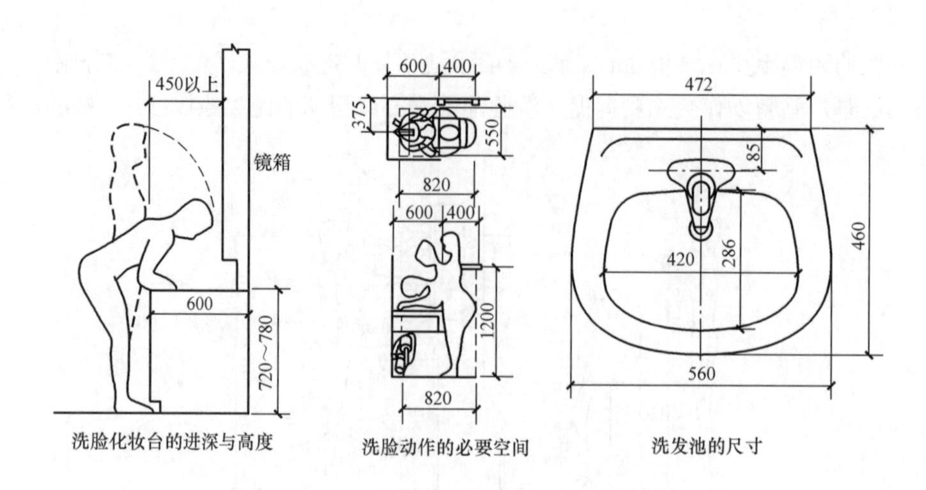

图 3-20　化妆间的人体工程学（单位：mm）

洗脸池的大小主要在于池口，一般横方向宽些有利于手臂活动。例如小型池口尺寸 285mm（纵）×390mm（横），大型池口尺寸 336mm（纵）×420mm（横）等，深度在 180mm 左右，一般容量为 6～9L。洗脸池兼作洗发池时，为适合洗发的需要，水池要大和深些，池底也相对平些，小型的池口为 330mm（纵）×500mm（横）、大型的为 378mm（纵）×648mm（横），深度 200mm 左右，容量为 10～19L。

新型的洗脸化妆设备，把水池和储存柜结合起来，形成洗脸化妆组合柜。柜体的进深与高度基本一定，面宽上比较自由。面宽较大时可设两个水池，例如一个洗脸池、一个洗发池，两水池之间应保证一定距离，中心线间距离在 900mm 以上，如图 3-17 所示。

②洗衣机、清洗池的尺寸

洗衣机分双缸半自动和单缸全自动两类，尺寸大小各个厂家有所不同。干燥机置于洗衣机上时较为节省空间，也可置于一旁。干燥机与洗衣机上下组合时，一定要考虑洗衣机操作时的必要空间，防止上方碰头，或打不开洗衣机盖。洗衣机一般置于洗脸间的布局很多，注意必须设计好给排水。清洗池在家庭生活中是很需要的设备，使用洗衣机前的局部搓洗、刷鞋、洗抹布等，都希望有一水池与洗脸池区别开来。清洗池一般深一些，以便放下一块搓衣板，旁边若带一平台，将利于顺手放置东西，是较为理想的设计。

（七）人体工程学与楼梯设计

建筑空间的竖向组合联系，主要依靠楼梯、电梯、自动扶梯、台阶、坡道以及爬梯等竖向交通设施。其中，楼梯作为竖向交通和人员紧急疏散的主要交通设施，使用最为广泛。垂直升降电梯则用于高层建筑或使用要求较高的宾馆等多层建筑；自动扶梯仅用于人流量大且使用要求高的公共建筑，如商场、候车楼等；台阶用于室内外高差之间和室内局部高差之间的联系；坡道则由于其无障碍流线，多用于多层车库通行汽车和医疗建筑中通行担架车等，在其他建筑中，坡道也作为残疾人轮椅车的专用交通设施；爬梯专用于不常用的消防和检修等。这里我们仅讨论一般大量性民用建筑中广泛使用的楼梯和台阶，包括楼梯的组成、形式和尺度。

1．楼梯的组成

楼梯一般由梯段、平台、栏杆扶手三部分组成。

（1）梯段

俗称梯跑，是联系两个不同标高平台的倾斜构件。通常为板式梯段，也可以由踏步板和梯斜梁组成梁板式梯段。为了减轻疲劳，梯段的踏步步数一般不宜超过 18 级，但也不宜少于 3 级，因为级数太少不易为人们察觉，容易摔倒。

（2）平台

按平台所处位置和高度不同，有中间平台和楼层平台之分。两楼层之间的平台称为中间平台，用来供人们行走时调节体力和改变行进方向。而与楼层地面标高齐平的平台称为楼层平台，除起着中间平台的作用外，还用来分配从楼梯到达各楼层的人流。

（3）栏杆扶手

栏杆扶手是设在梯段及平台边缘的安全保护构件。当梯段宽度不大时，可只在梯段临空面设置，当梯段宽度较大时，非临空面也应加设靠墙扶手，当梯段宽度很大时，则需在梯段中间加设中间扶手。

楼梯作为建筑空间竖向联系的主要部件，其位置应明显，起到提示引导人流的作用，并要充分考虑其造型美观、人流通行顺畅、行走舒适、结构坚固、防火安全，同时还应满足施工和经济条件的要求。因此，需要合理地选择楼梯的形式、坡度、材料、构造做法，精心地处理好其细部构造。

2．楼梯形式

楼梯形式的选择取决于其所处位置、楼梯间的平面形状与大小、楼层高低与层数、人流多少与缓急等因素，设计时需综合权衡这些因素，如图 3-19 所示。

（1）直行单跑楼梯

此种楼梯无中间平台，由于单跑梯段踏步数一般不超过 18 级，故仅能用于层高不大的建筑。

（2）直行多跑楼梯

此种楼梯是直行单跑楼梯的延伸，仅增设了中间平台，将单梯段变为多梯段。一般为双跑梯段，适用于层高较大的建筑。

直行多跑楼梯给人以直接、顺畅的感觉，导向性强，在公共建筑中常用于人流较多的大厅。但是，由于其缺乏方位上回转上升的连续性，当用于需上多层楼面的建筑，会增加交通面积并加长人流行走距离。

（3）平行双跑楼梯

此种楼梯由于上完一层楼刚好回到原起步方位，与楼梯上升的空间回转往复性吻合，比直跑楼梯节约面积并缩短人流行走距离，是最常用的楼梯形式之一。

（4）平行双分双合楼梯

平行双分楼梯。此种楼梯形式是在平行双跑楼梯基础上演变产生的。其梯段平行而行走方向相反，且第一跑在中部上行，然后自中间平台处往两边以第一跑的 1/2 梯段宽，各上一跑到楼层面。通常在人流多，梯段宽度较大时采用。由于其造型的对称严谨性，过去常用作办公类建筑的主要楼梯。

平行双合楼梯。此种楼梯与平行双分楼梯类似，区别仅在于楼层平台起步第一跑梯段前者在中间而后者在两边。

（5）折行多跑楼梯

折行双跑楼梯。此种楼梯人流导向较自由，折角可变，可为 90°，也可大于或小于 90°。当折角大于 90°时，由于其行进方向性类似直行双跑梯，故常用于仅上一层楼面的影剧院、体育馆等建筑的门厅中。当折角小于 90°时，其行进方向回转延续性有所改观，形成三角形楼梯间，可用于上多层楼面的建筑中。

折行三跑楼梯，此种楼梯中部形成较大梯井，在设有电梯的建筑中，可利用梯井作为电梯井位置。由于有三跑梯段，常用于层高较大的公共建筑中。当楼梯井未作为电梯井时，因楼梯井较大，不安全，供少年儿童使用的建筑不能采用此种楼梯。

（6）交叉跑（剪刀）楼梯

交叉跑（剪刀）楼梯，可认为是由两个直行单跑楼梯交叉并列布置而成，通行的人流量较大，且为上下楼层的人流提供了两个方向，对于空间开敞，楼层人流多方向进入有利，但仅适合层高小的建筑。

交叉跑（剪刀）楼梯，当层高较大时，设置中间平台，中间平台为人流变换行进方向提供了条件，适用于层高较大且有楼层人流多向性选择要求的建筑如商场、多层食堂等。

交叉跑（剪刀）楼梯中间加上防火分隔墙（图 3-21 中虚线所示），并在楼梯周边设防火墙，开门形成楼梯间，就成了防火交叉跑（剪刀）楼梯。其特点是两边梯段空间互不相通，形成两个各自独立的空间通道。这种楼梯可以视为两部独立的疏散楼梯，满足双向疏散的要求。由于其水平投影面积小，节约了建筑空间，在有双向疏散要求的高层建筑中常采用。

（7）螺旋形楼梯

螺旋形楼梯通常是围绕一根单柱布置，平面呈圆形。其平台和踏步均为扇形平面，由于平台占去 1/4 圆左右，踏步必须在 3/4 左右水平投影圆范围内解决平台下过人高度。因此，踏步内侧宽度很小，并形成较陡的坡度，行走时不安全，且构造较复杂。这种楼梯不能作为主要人流交通和疏散楼梯，但由于其流线型造型美观，常作为建筑小品布置在庭院或室内。为了克服螺旋形楼梯内侧坡度过陡的缺点，在较大型的楼梯中，可将其中间的单柱变为群柱或筒体。

（8）弧形楼梯

弧形楼梯与螺旋形楼梯的不同之处在于它围绕一较大的轴心空向旋转，未构成水平投影圆，仅为一段弧环，并且曲率半径较大。其扇形踏步的内侧宽度也较大，使坡度不至于过陡，可以用来通行较多的人流。弧形楼梯也是折行楼梯的演变形式，当布置在公共建筑的门厅时，具有明显的导向性和优美轻盈的造型。但其结构和施工难度较大，通常采用现浇钢筋混凝土结构。

3．楼梯尺度

（1）踏步尺度

楼梯的坡度在实际应用中均由踏步高宽比决定。踏步的高宽比需根据人流行走的舒适、安全和楼梯间的尺度、面积等因素进行综合权衡。常用的坡度为 1:2 左右。人流量大，安全要求高的楼梯坡度应该平缓一些，反之则可陡一些，以节约楼梯间面积。

楼梯踏步的踏步高和踏步宽尺寸一般根据经验数据确定，踏步的高度，成人以 150mm 左右较适宜，不应高于 175mm。踏步的宽度（水平投影宽度）以 300mm 左右为宜，不应窄于 250mm。当踏步宽过宽时，将导致梯段水平投影面积的增加。而踏步宽过窄时，会使人流行走不安全。为了在踏步宽一定的情况下增加行走舒适度，常将踏步出挑 20～30mm，使踏步实际宽度大于其水平投影宽度。

（2）梯段尺度

梯段尺度分为梯段宽度和梯段长度。梯段宽度应根据紧急疏散时要求通过的人流股数多少确定。每股人流按 500～600mm 宽度考虑，双人通行时为 1000～1200mm，三人通行时为 1500～1800mm，以此类推。同时，需满足各类建筑设计规范中对梯段宽度的限定，如住宅大于等于 1100mm，公建大于等于 1300mm 等。

梯段长度（L）则是每一梯段的水平投影长度，其值为 $L=6\times(N-1)$，其中 6 为踏面水平投影步宽，N 为梯段踏步数，此处需注意踏步数为踢面步高数。

（3）平台宽度

平台宽度分为中间平台宽度和楼层平台宽度，对于平行和折行多跑等类型楼梯，其转向后的中间平台宽度应不小于梯段宽度，以保证通行和梯段同股数人流。同时应便于家具搬运，医院建筑还应保证担架在平台处能转向通行，其中间平台宽度应不小于 1800mm。对于直行多跑楼梯，其中间平台宽度等于梯段宽，或者不小于 1000mm。对于楼层平台宽度，则应比中间平台更宽松一些，以利人流分配和停留。

（4）梯井宽度

所谓梯井，系指梯段之间形成的空当，此空当从顶层到底层贯通，在平行多跑楼梯中，可无梯井，但为了梯段安装和平台转弯缓冲，可设梯井。为了安全，其宽度应小于 60～200mm 为宜。

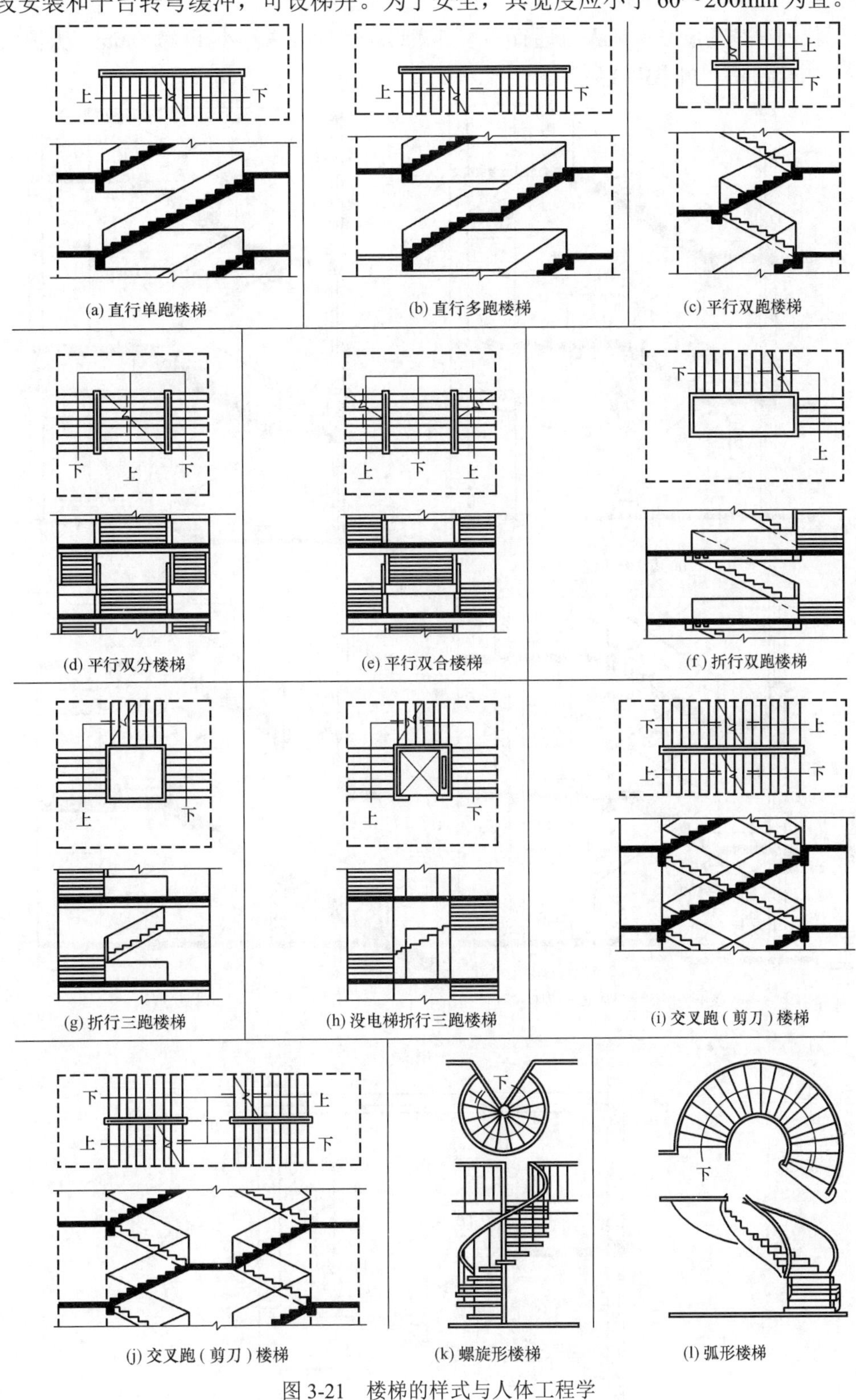

(a) 直行单跑楼梯　(b) 直行多跑楼梯　(c) 平行双跑楼梯
(d) 平行双分楼梯　(e) 平行双合楼梯　(f) 折行双跑楼梯
(g) 折行三跑楼梯　(h) 没电梯折行三跑楼梯　(i) 交叉跑（剪刀）楼梯
(j) 交叉跑（剪刀）楼梯　(k) 螺旋形楼梯　(l) 弧形楼梯

图 3-21　楼梯的样式与人体工程学

（5）栏杆扶手尺度

梯段栏杆扶手高度应从踏步中心点垂直量至扶手顶面。其高度根据人体重心高度和楼梯坡度大小等因素确定。一般为 900mm 左右，供儿童使用的楼梯应在 500～600mm 高度增设扶手。

（6）楼梯净空高度

楼梯各部位的净空高度应保证人流通行和家具搬运，一般要求不小于 2000mm，人流大的楼梯净空高度宜大于 2000mm，如图 3-22 所示。

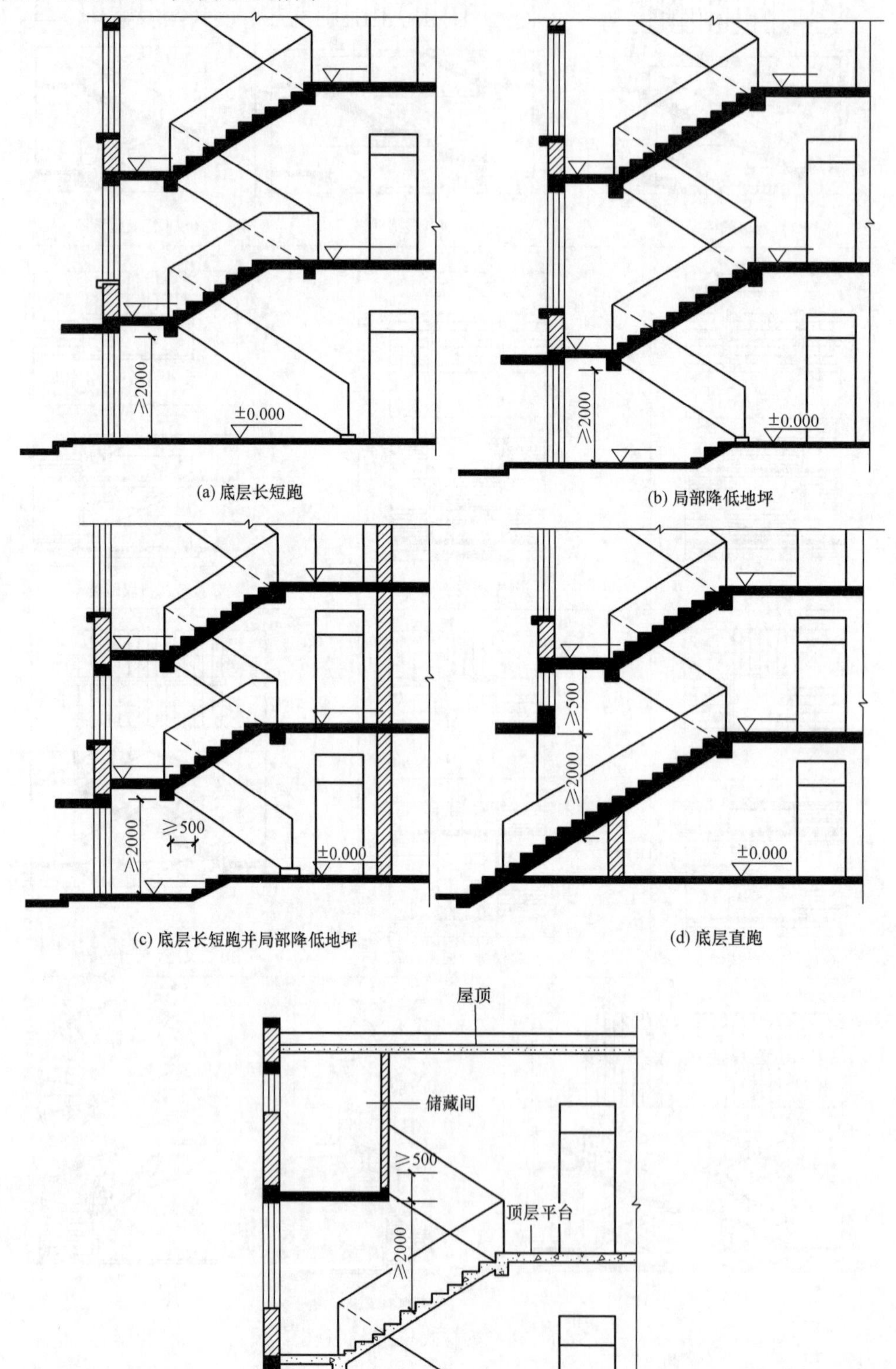

图 3-22　楼梯净空高度（单位：mm）

第四节 人体工程学与公共建筑空间设计

一、办公空间设计

早期的办公空间还没考虑那么多人体工程学的因素，随着社会的发展和进步，现在的办公空间发生了很大的变化，人的大部分时间是处于工作的状态，因此办公空间的合理性与舒适性成为人们普遍关注的问题，办公空间在人体工程学方面的考虑要远远大于其造型。

1．办公空间的功能要素

一般规模的办公室最起码应该满足的功能要素是前台或文员、工作区、经理室、会计出纳室、洗手间、会议室、文印室、休息室。大型的办公空间功能会更加复杂，如专门的接待室、资料室、展示室等。所以在平面功能划分时应根据不同功能的要求，有目的有意识地进行设计。

2. 办公空间的划分

为了适应办公空间中的不同功能要素，办公空间的划分也要符合不同人的使用功能，同时也要保证出入口和通道能满足工作人员的正常流通。空间划分得合理，将极大地提高工作效率。

（1）前台或文员

可以单独设立接待台，在公司大门的入口处，这样可保证外来人员的引导和公司的安全。一些中小规模的企业，文员和前台是一个人，且接待台还要能摆放电脑和日常处理的文件。一般来讲，前台是公司的门面，在设计上要能体现公司的品位和特色，给来访者留下很好的印象。如果面积允许，也可在前台附近设立等候区。

（2）工作区

工作区是公司中最繁忙的区域，因为这里是工作的中心。一般分为全开敞式、半开敞式和封闭式三种。

全开敞式办公的优点是员工之间可以无障碍交流，彼此是透明的，老板对员工的工作状态也可以一目了然，创造了一种比较现代、轻松的工作环境。同时也存在着缺陷，比如打电话或接待客人时会彼此干扰，员工的私密性很差。

半开敞式办公的优点是利用隔断对开敞的空间进行重新分割，每个员工都有属于自己的一个小空间。室内显得井然有序，人与人之间互不干扰。同时由于隔断的高度一般在1.5m左右，所以只要站起来就可以顺利地传递文件，家具的选择和布置也很合理，都围绕在员工触手可及的位置，使用起来非常方便。现在大部分的公司选择了这种形式。

封闭式办公的优点是每个功能区明确，员工的私密性较好，工作时互不干扰。但交流较差，虽然都在一个公司，有可能彼此却很陌生，不利于团队工作。

3．办公家具的选择

办公家具一般要包括工作台，电脑、打印机、文件柜。文件柜用来放置各种文件、书籍、公用和私用的物品等。办公桌放置办公用品，常用的文件、表格、合同，办公桌的井井有条是工作效率的保证，此外家具的布局还要注意应有足够的起身行走的通道。此外，办公家具很多的细部设计也体现了人体工程学的因素，如图 3-23 和图 3-24 所示。现代办公家具中，整体办公家具很流行，一是安装方便，使用灵活；二是样子多变，功能齐全。

4．办公室的照明环境

办公室的照明与工作的质量和效率有着极大的关系，在一个明亮开敞的环境中工作，可以使枯燥变得愉快，而对老板来讲，改善照明环境也意味着更多的利润。在实际设计时，以下方法是可以参考和借鉴的。

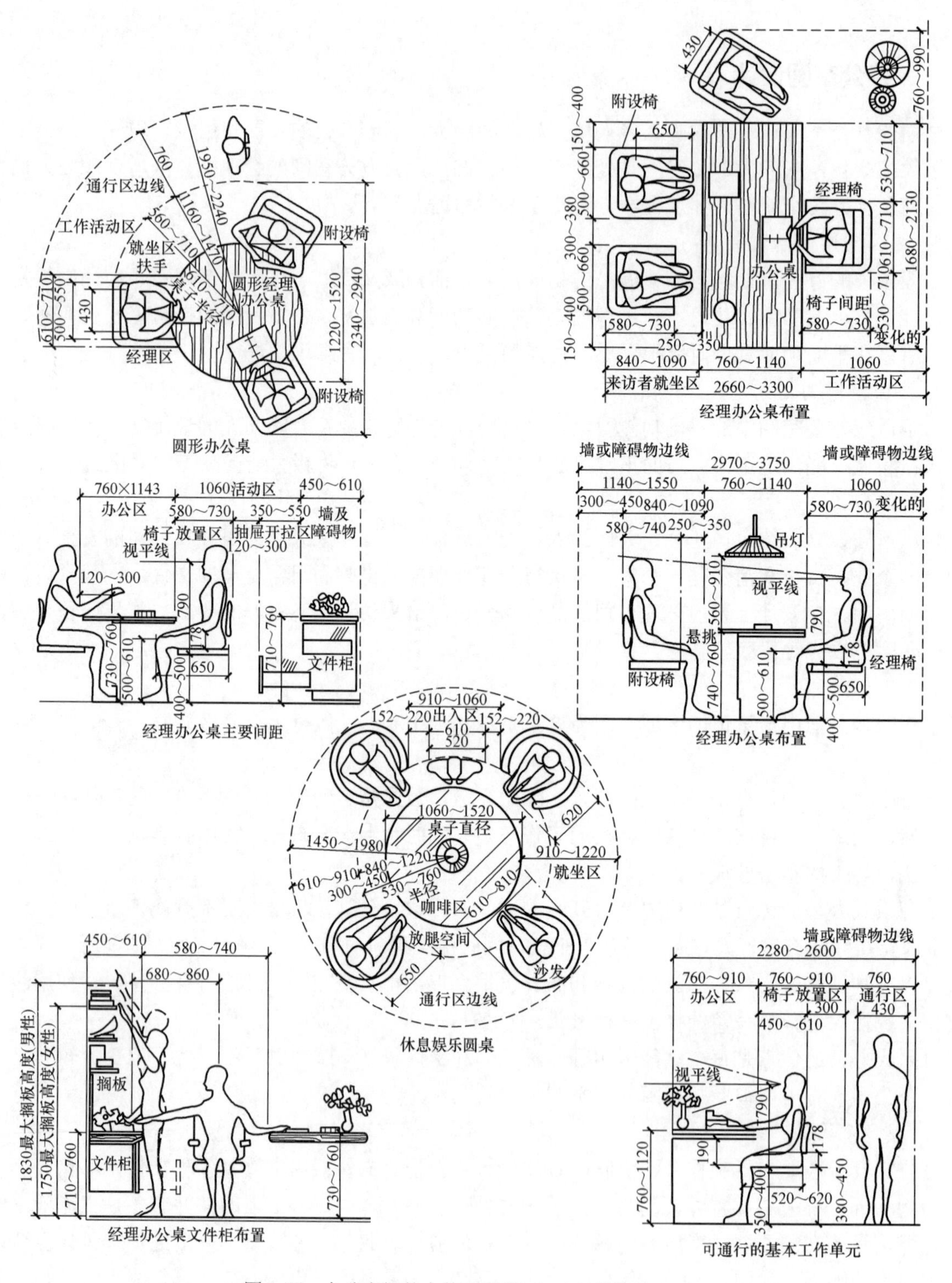

图 3-23　办公空间的人体工程学（一）（单位：mm）

（1）在办公空间内，尽量避免直接看到光源。

（2）光源亮度在 200cd/m^2 以上时，要使用遮光罩。

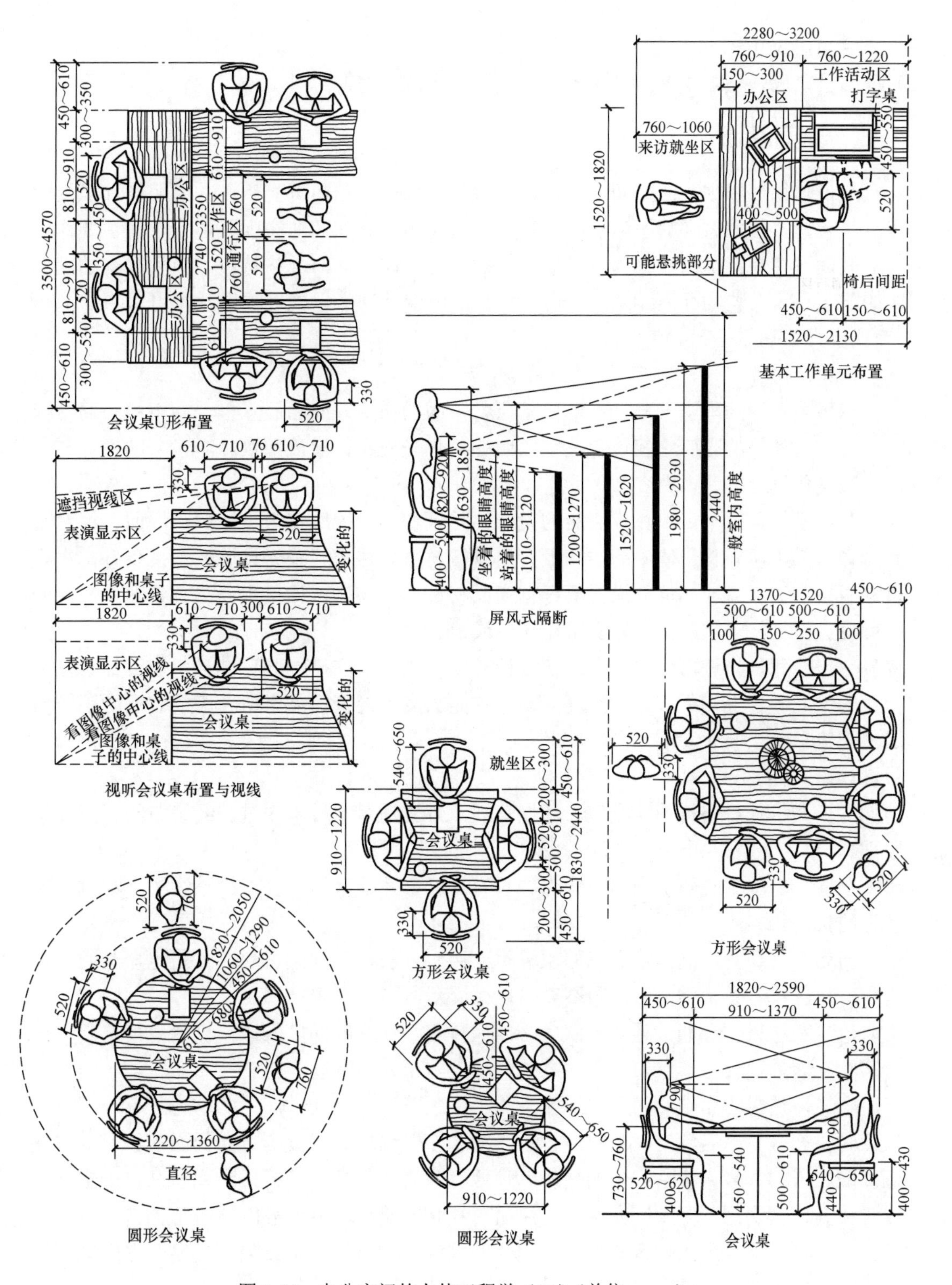

图 3-24　办公空间的人体工程学（二）（单位：mm）

（3）光源要安装在与水平成 30°角以上的区域。

（4）荧光灯灯管的安装方向要垂直于视线方向。

（5）总体光源功率一定时，低功率多点照明比高功率集中照明合理。

（6）桌面不要使用易反光的材料和颜色。

（7）照度要在 500～750lx 为宜。

（8）灯的设置最好与工作桌的设置相一致，避免产生死角。

二、商业空间设计

商业空间设计往往以独特的空间造型、新颖醒目的商品陈列、五光十色的照明设计以及变幻无穷的展示家具等元素，使顾客在目不暇接中使顾客在观览中驻足。商业空间环境设计的主要作用是以店堂内丰富的空间设计和完美的装饰手段，展示商店内的商品内涵与性格特色，吸引顾客的观览兴趣，诱发顾客的购买意识及购物行为，从而对商店本身的经营活动产生积极的推动作用。

1．商业空间的规划设计

（1）主要设计内容

商业空间环境设计的内容十分丰富，包括店堂平面的布局，商品展示柜、橱柜的布局，销售商品柜台的陈列，储存商品的仓库空间设置，室内照明的灯光设计，通风和供冷暖设备的设计与安装，宣传广告及空间美化设计等许多内容。

从人体工程学的角度来讲，百货商店的设计要尽量使营业大厅宽敞，地面、墙面、柜台、栏杆等顾客经常接触的部位，要使用便于清洁和经久耐磨的材料。通风、采光设施要保持良好，大型百货商店还应设置中央空调。营业部位的设置要根据商品特性进行安排，如日用商品宜设在最方便的地方，贵重商品可设在楼上，笨重商品可以安排在底层或地下室。

顾客流动路线和货物进出路线要在最初设计时就予以合理安排，避免交叉引起混乱。在空间隔断和柜台货架的平面布置上，要有较大的灵活性，这是为变换经营商品时所考虑的。安全消防措施要严格执行国家规范。

（2）设计原则

①功能与形式统一。坚持功能合理、环境美观、灯光适量、技术先进、经济节约、方便销售的总体设计原则。

②追求个性，追求本身建筑空间的特点。只有这样，才能吸引顾客，给顾客留下深刻印象，达到设计和装修的目的。

③注意商店本身经营产品的特点。如服装类商店，一般都是开架售衣，家用电器类商店，一般都是展台售货，自行车摩托车类商店，则不需要什么展示商品的柜橱。

④交通流量和防火安全非常重要。商店必须保持有足够空间的出入口，供紧急情况出现时顾客疏散使用，购物空间的顾客通道必须保持一定的宽度，防止人多时过分拥挤。

⑤要注意经济适用的原则，注重实际效果和经济效益。

⑥设计时要充分考虑店堂空间中的声音、光线和空气温度、湿度等方面的因素。商场中使用背景音乐，可以减轻人与人轻声说话产生的噪声。使用有吸音作用的天花板，防止嘈杂声产生共鸣。灯光要首先注意色温，其次注意照度，应尽量使商品在灯光下能呈现出正常色彩。

⑦设计配置时，要考虑到顾客心理、生理上的因素。如日用消费品类像肥皂、卫生纸等，国内商店一般都放在商店出口处，使顾客购买时感觉较为便利。

⑧避免顾客的主要流向线与货物运输流向线交叉混杂，应做到各个分区明确。

（3）购物心理与购物环境

人们的购物心理和行为多种多样，因此对购物环境也有着相应的要求，依据人们对购物环境的一些基本和普遍的要求，归纳为以下五点。

①便捷性，店内外都要有方便购物的通道和设施。

②选择性，店内同类商品集中摆放以便于顾客选择。

③识别性，店面设计要有特色，形式和内容统一，能给顾客留下深刻印象。

④舒适性，周边环境（如停车场）、店内空调、空间明亮、电动滚梯等都是保证舒适的购物环境所必需的。

⑤安全性，店内必须保证有足够的空间，防火设备、安全避难通道等必须齐全，给顾客安全感。另外，货真价实的商品和热情的服务也能给顾客带来安全感。

2．商业空间的形式和特点

商业空间的形式与所销售的商品密切相关，不同商业空间满足不同的消费者、不同场合的需要，常见的形式主要有以下六种。

（1）售货厅。以小型简单实用为宗旨，选择地段和外观造型非常重要。

（2）中小型商店。包括服装店、首饰店、鞋帽店、电器店、眼镜店、中小型百货店等。

（3）中小型自选商场。要求简洁明亮，无过多装修，注重功能性。

（4）大型百货商场。商品齐全，一般按层陈列商品，同类商品集中摆放，便于购买。在醒目的地方放置导购指示牌，方便不同需求的人进行不同区域物品的购买。

（5）超级市场。注重功能性，与自选商场类似，通过计算机管理。

（6）购物中心。功能齐全，是集“逛、购、娱、食”于一体的公共空间，由于空间相对较大，在楼梯或角落里开辟出小的休息区域是非常必要的。

3．商业空间设计的注意事项

从人体工程学的角度分析，在设计时可注意以下几点。

（1）在自动扶梯上下两端，由于连接主通道，周围不宜挤占、摆放物品，应留出最少 1m 的距离。

（2）商场的平面规划要体现展示性、服务性、休闲性、文化性。

（3）注意通道距离，一般主通道不超过 3m。

（4）大的商场还要设置顾客休息区、冷热饮区、吸烟区。

（5）合理地利用建筑本身的柱网，使之与柜台展示巧妙地结合在一起，充分利用空间起到美化的作用。

此外，在设计高展柜时要注意尺度上的合理分配。高展柜一般分成四段，第一段是距地面约 60cm 的地方，主要是存放货品和杂物；第二段是距地面 60～150cm 的地方，此处为最佳陈列区域；第三段是在 150～220cm 的地方，为一般陈列区，因为这一区域手拿不方便，但展示效果在中远距离观看却比较明显；220cm 以上的高度一般安放商品的广告灯箱、宣传画等。中间部位是人伸手拿取最方便的位置，主要用来放置商品，如图 3-25 和图 3-26 所示。

三、餐饮空间设计

1．餐饮空间规划

（1）家具选择和设计

餐厅家具中，最重要的是餐桌椅和柜台（菜柜、酒柜和收银柜）。餐桌和椅子的造型和色彩要与环境相协调，柜台整洁明亮，尺度合理。尤其是风味餐厅要有独特的文化氛围和特色。

（2）座席排列

座席排列要整齐，错落有致，不能互相干扰同时便于就餐和交流，并留出足够的起身等就餐活动空间。结合隔断、吊灯和地面升降等空间限定因素进行布置，餐厅内设计成高低不同的就餐空间能够产生立体空间感，丰富视觉空间，如图 3-27 所示。

（3）平面规划

平面布置既要满足就餐的要求，同时又要留有充足的过道空间，保证来往的就餐者和服务员的正常通行，另外还要考虑空间的特殊结构，充分利用空间。

2．环境设计

（1）光环境

大众型餐厅（一般餐馆、快餐厅、咖啡馆）的光环境要简洁明亮，尽量采用自然光，白天尽量不用人工照明，空间要尽量开敞。

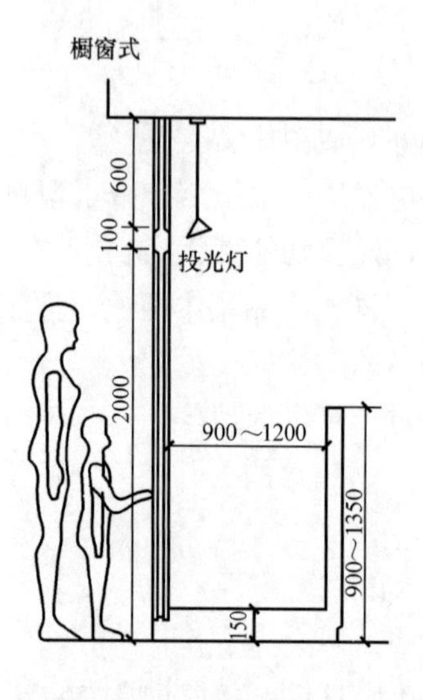

玻璃屏店内开敞式橱窗

店内开放形橱窗，可随季节和节日陈设时令商品，随时可更换商品内容，从而促进商品的销售。此种橱窗只适用于大中型商品陈设。

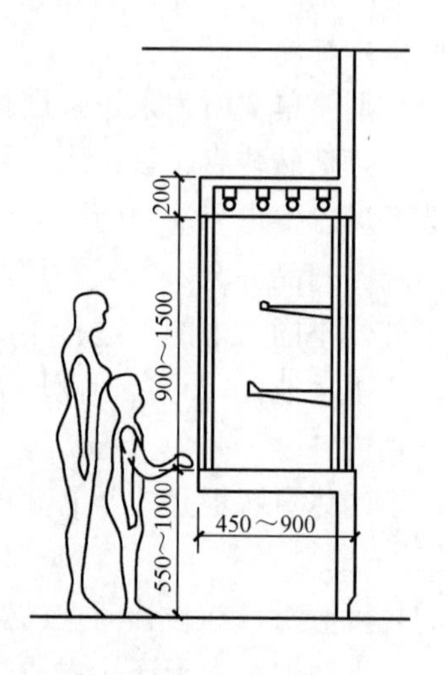

外凸橱窗

此种形式橱窗，使人感受亲切明快，商品展示区域集中，空间尺度亲近，更适用于饮食业店铺及中小型商品陈设。

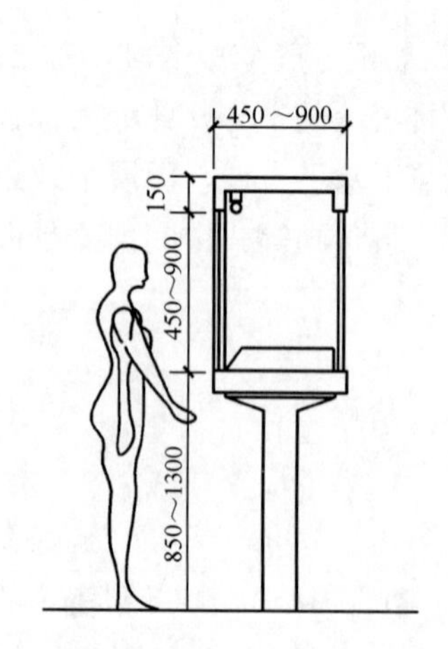

独立式橱窗

锁闭式橱窗，是贵重品商店必不可少的陈设空间，设计时应考虑防盗设施、开启方便等功能。适于展示金银首饰、宝石、精致工艺品等。

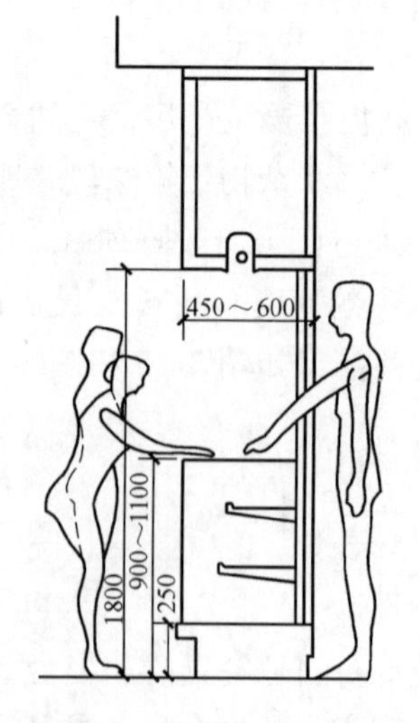

柜台式橱窗

店铺内外相通的柜台式橱窗，适用于店面街头销售，如书店的期刊杂志书报、即食即饮食品及香烟等。

图 3-25　商业空间中的人体工程学（一）（单位：mm）

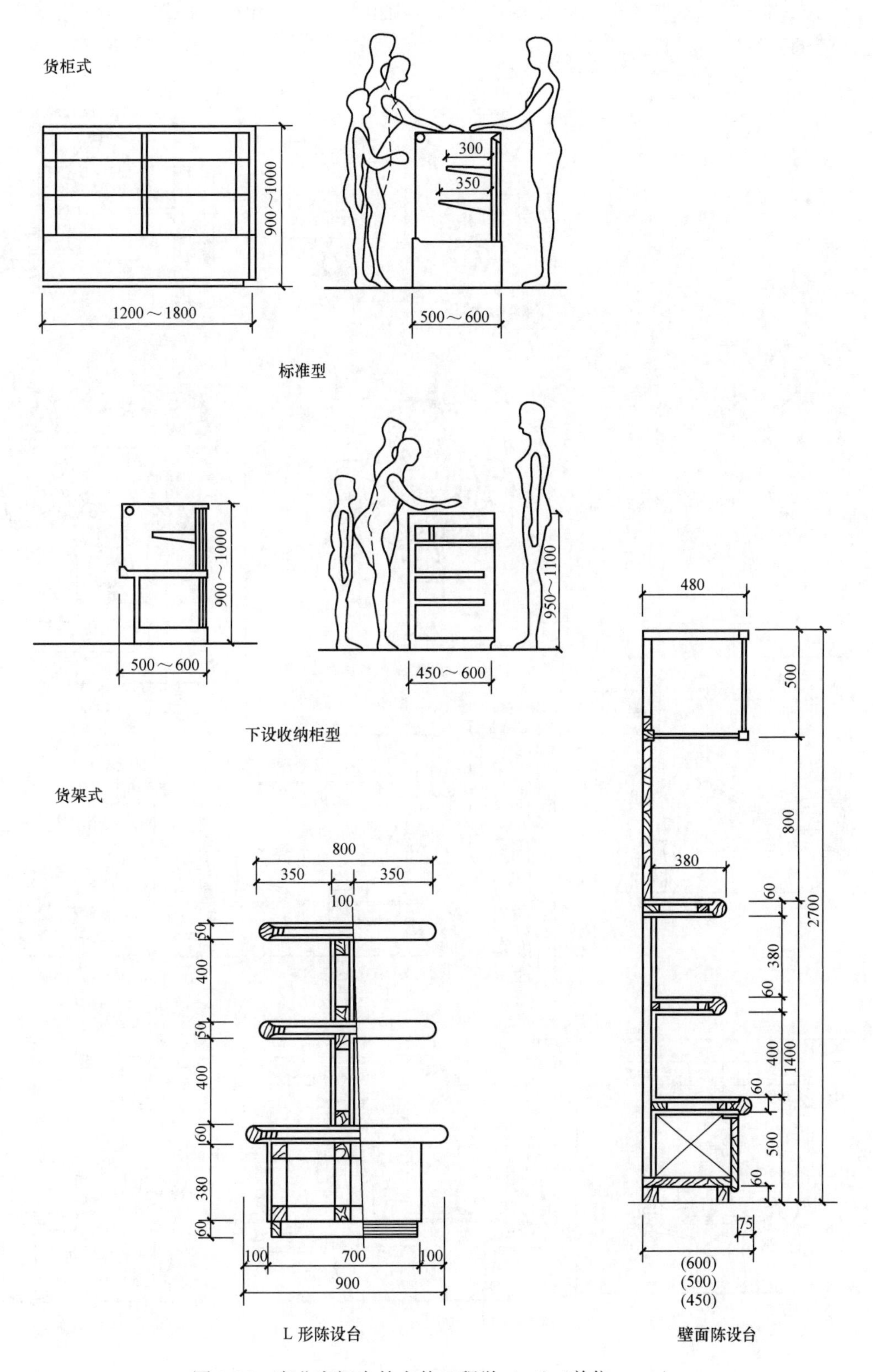

图 3-26　商业空间中的人体工程学（二）（单位：mm）

酒吧和风味餐厅的光环境设计以暗色或暖色调为宜，照度不要太高，可采用暖色的白炽吊灯和壁灯，也可利用烛光点缀光环境。

宴会厅的光环境可采用明亮的温暖色调，白天采用自然光和灯光组合照明，多采用暖色白炽吊灯和吸顶灯或带滤光片的日光灯。

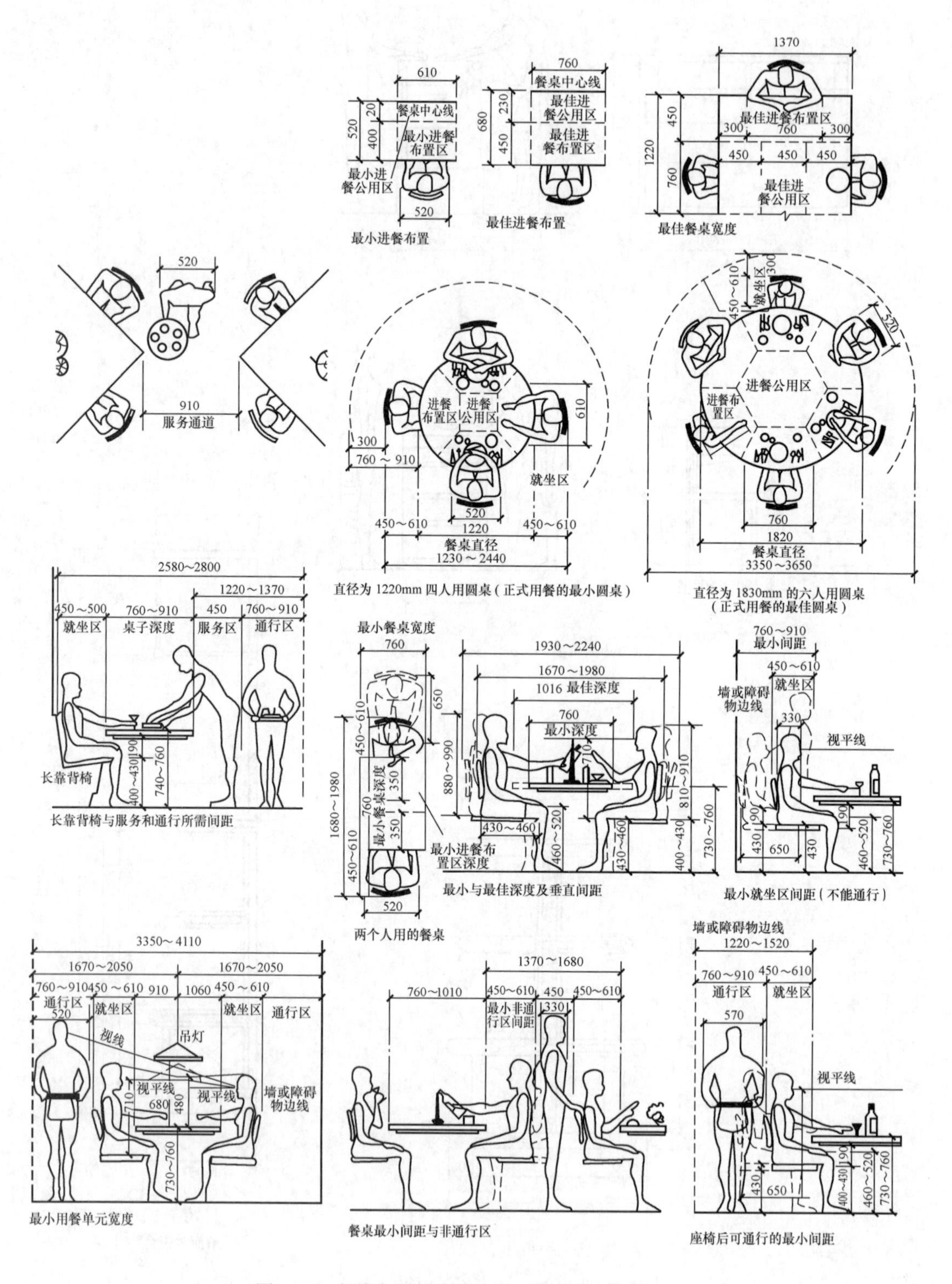

图 3-27　餐饮空间的人体工程学（单位：mm）

（2）色彩环境

大众型餐厅一般采用明快的冷色调，如白色、灰绿色、浅橙色，给人干净整洁的印象即可。

风味餐厅、宴会厅与咖啡馆常采用典雅的暖色调，如砖红、杏黄、驼黄、银色和金色等。

（3）细部设计

窗帘、台布、插花、餐具的造型和色彩会影响总体空间视觉效果，要整体和谐、典雅，局部对比鲜明，并注意和服务员的服饰色彩协调，不要太统一，有一定色彩对比的效果更好。在明显的通道处设置导引牌，方便顾客走动。

（4）音质环境

根据场合不同，可放不同的背景音乐（一般以轻音乐为主），但是音量宜小，以不影响同桌谈话为准。

（5）通风与安全

保持通风和合适的温湿度也是就餐环境必不可少的条件，但是要注意通风与空调设备的遮音，防止产生影响环境的噪声。此外还要注意防火安全措施，防火设备和疏散通道的畅通。通透的备餐区和货架也能在心理上给人安全感。

3．人—物—就餐空间的关系

在这三者中，人是流动的，物是活动的，空间是固定的，它们始终处于一个动态平衡中。三者其中任何一个因素发生变化，都会引起其他两者的倾斜、运动，直到构成新的平衡关系，从而改变次餐饮空间的构成形式，使其产生多种多样的类型。在人和物的关系中，是一个交换的过程，即业主提供商品，顾客支付有价证券如货币、支票、信用卡等。

人和空间关系是一个活动的过程，没有活动空间或场地，就很难实现顾客的购物活动和业主的经销活动。随着商品的增多，生活水平的提高，经营手段的改善，这种活动的要求越来越高，也导致空间形式和尺度的不断变化。在物和空间的关系上，体现了一个物的放置过程，即商品的展示、陈列、运输和存储。随着科学的发展，这种放置形式、手段也在不断地进步和改善。

4．功能分析

（1）美食城

美食城一般要包括以下几项内容：①库房；②厨房；③职员；④配餐；⑤厕所；⑥客席；⑦服务台；⑧单间；⑨收款台；⑩酒水柜；⑪存衣；⑫接待；⑬等候；⑭入口。

美食城的特点是：①用餐时间长；②环境幽雅具有私密性；③光色环境，热烈而暗淡多数有空调设备；④有时还设有背景音乐或电视等娱乐设备。

（2）快餐厅

快餐厅的种类很多，多以经营者或其特色食品为名，如“麦当劳”“肯德基”等，规模大小不等，小的只有一个厅，大的像一座“庄园”。快餐厅的特点就是“快”，因此在内部空间处理和环境设计上应简洁明快，去除过多的层次。为加快流动，客人座位一般以座席为主，柜台式席位是国内外最流行的，很适合赶时间就餐的客人。在有条件的繁华地点，还可在店面设置外卖窗口，以适应顾客。快餐厅的食品多为半成品加工，故厨房可以向座席敞开。室内外装修要简洁明快，还应考虑到便于清洗。

快餐店一般包括：①厨房；②配餐；③站席；④座席；⑤柜台；⑥办公室；⑦收款台；⑧等候；⑨入口；⑩休息室；⑪舞台；⑫洗手间；⑬服务台；⑭座席区；⑮储藏室；⑯门厅；⑰接待。

（3）酒吧

酒吧的设计与大的饭店不同，一般是年轻人喜欢的地方。因而，它要体现更加轻松随意和不拘传统的特点。每个交流区域面积不要太大，有较好的私密性、神秘感和独特性会更吸引年轻人的注意，也是设计时的重点内容。

四、展示空间设计

展示空间的设计不仅要求视觉效果独特，而且还要符合人们的观展心理和行为。

1．观展行为习性

（1）求知性。这是观众的行为动机之一，这就要求在展品内容选择与陈列上是观众不熟悉的东西。

（2）猎奇性。这是人的行为本能，这就要求展品的布展有特色，能吸引观众。

（3）渐进性。人对知识的追求是一个渐进的过程，这要求展品的选择必须有一个完整的内容，而在展示时则分段或分部，按一定秩序。

（4）抄近路。这也是人们的行为本能，要求展品布置时，能满足观众的这一特点，减少迂回，否则观众会绕道走过而不看展品。

（5）向右拐和向左看。多数观众进入展厅习惯向右拐，这是我国的交通习惯，所以展品的陈列次序最好是从右到左，以便观众阅读，而展品的序言，最好设在入口的左边。

（6）向光性。这是人的本能，所以在展品陈列时要有足够的亮度，又要避免眩光。陈列的背景要暗一点，在展厅内最好采用高侧光或顶光。照度不够时，加上局部照明，避免展厅环境照度水平过高影响观展。

2．展厅的定位特性

（1）特定的空间位置

展厅的空间设计应有一定的特点和标识系统。不同展示空间都有自己的特点，最好在每个区域均设置一定的标识，这有助于观众判断自身的位置。

（2）便捷路线

要使观众较快地明确自身位置，就要求展示路线设计更加便捷，不要过分曲折，否则会造成“迷宫”，使观众多走回头路。

（3）特殊视点

①出入口。展厅的出入口，其形态和标识应有显著的特点，以便观众记忆。特别是入口，要求有很明显的标识。

②前进中的判断点。在同一展厅里，每一段展线，在起始点都应有一个明确的判断点，以便观众选择。

③转折点。当展线较长需要转折时，在前后、左右、上下的方向判断点也应有显著的特点并设指示标识。

3．展示环境

（1）光环境

由于展示的原因，多采用高侧光和顶光，设计时更要特别注意避免眩光，可多采用人工照明。采用人工照明须满足以下要求。

①保证一定的光照度，让观众能正确辨别展品的颜色和细部。

②应使光线照度分布合理。

③展厅内应避免光线直射观众造成眩光。

④灯具的布置要注意视觉效果。

（2）温、湿环境

一般展厅多考虑观众的温湿环境，但是对于特殊展品（贵重物品、书画等）和永久陈列的展厅则更需要考虑展品的温湿度，一般采用空调系统调节，环境温度以 20～30℃为宜，相对湿度不大于 75%。

（3）休闲问题

展厅的休闲问题，不仅指观众休息室，更多的是公共部分的空间，要有休闲的环境氛围及有关的公共设施。

4．展示布局

展示布局要根据不同的展示内容，满足不同观展路线的要求，保证布局的灵活性。展厅面积的大小则根据展览内容的性质和规模而有所不同。

5．展具设计

展具主要包括展台、展架、展柜、支架、展板、灯箱等。

（1）尺度设计。下面是几种常见展具的尺度设计要求。

①展柜。展柜有以下 4 种具体形式：

a. 高展柜：高度 180～240cm，通常为 220cm，长度 160～200cm，通常为 180cm，宽度（深度）为 45～90cm，通常为 60cm 或 70cm。

如果是带底座或腿的展柜，其高度应在 40～90cm。此外高展柜的顶部应设置灯槽，以便使展柜内的照明充分。

b. 矮展柜。矮展柜分斜面柜和平面柜两种。平面柜总高为 105～120cm，斜面柜总高约在 140cm。

c. 桌式和立式展柜。桌式和立式展柜的长度为 120～140cm，宽度（深）70～90cm；桌式展柜（平柜）的底座或腿高约 100cm，总高 140cm 左右，内膛净高 30cm 左右；立式展柜的总高度 180～200cm，底屉板距离地面 80～100cm。

d. 布景箱。布景箱总高度 180～250cm 甚至更高，深度 90～150cm 甚至更深。

②展台。摆放展品面积比较大的实物展台造型有平直式、斜边式和阶梯式三类。矮的 5～10cm，高的 15～40cm，通常高位展台的宽度 60～150cm，其中宽度以 70～90cm 的居多。

只摆放少量或单件展品的展台形状多为简洁的几何形体，尺寸变化的幅度较大，比如立方体的平面尺寸有 20cm×20cm、40cm×40cm、60cm×60cm、90cm×90cm、120cm×120cm，或者是长方体、圆柱体、三棱体，尺寸有 20cm×40cm、40cm×60cm、50cm×100cm，或者 30～80cm。在高度上有 20cm、40cm、60cm、80cm、90cm、120cm 和 150cm 等多种。

③屏风。一般屏风高度为 250～300cm，单片宽度为 90～120cm，独立式的宽度为 350～800cm。具体多宽多高较为合适，要看展厅空间的大小和展示的需要。

墙面和展板上的展品陈列地带，从距离地面的 80cm 起，也可以从 90cm 或 120cm 起，上至 320cm。因受观众参观角度的限制，陈列高度不宜超过 350cm，常规陈列高度在距离地面 80～250cm。大幅的照片或绘画可以挂在 220～350cm 的高度上。展板的底边通常距离地面 80～110cm。

④挂镜线。展厅内的挂镜线高度一般是 3.5～4m，国际惯例是 3.8m。挂镜线通常用木条、铝合金或槽钢制作。

（2）展示空间中的视觉关系，如图 3-28 所示。

竖向视角 α 为 20°～30°，通常定为 26°，能够看到物体全貌的正常的横向视角为 $Q\leqslant45°$ 较为恰当。有了恰当的竖向与横向视角，视距也自然就合理了。视距一般应该是展品高度的 1.5～2 倍，通常按展品高度的 1～5 倍来考虑。展品大时，视距必须大，展品小时，视距应该小。

视距与展厅内的照度也有着直接的关系，展厅内光线充足、照度较高时，视距可以大；反之，视距应该小，只有这样才能看清展品。

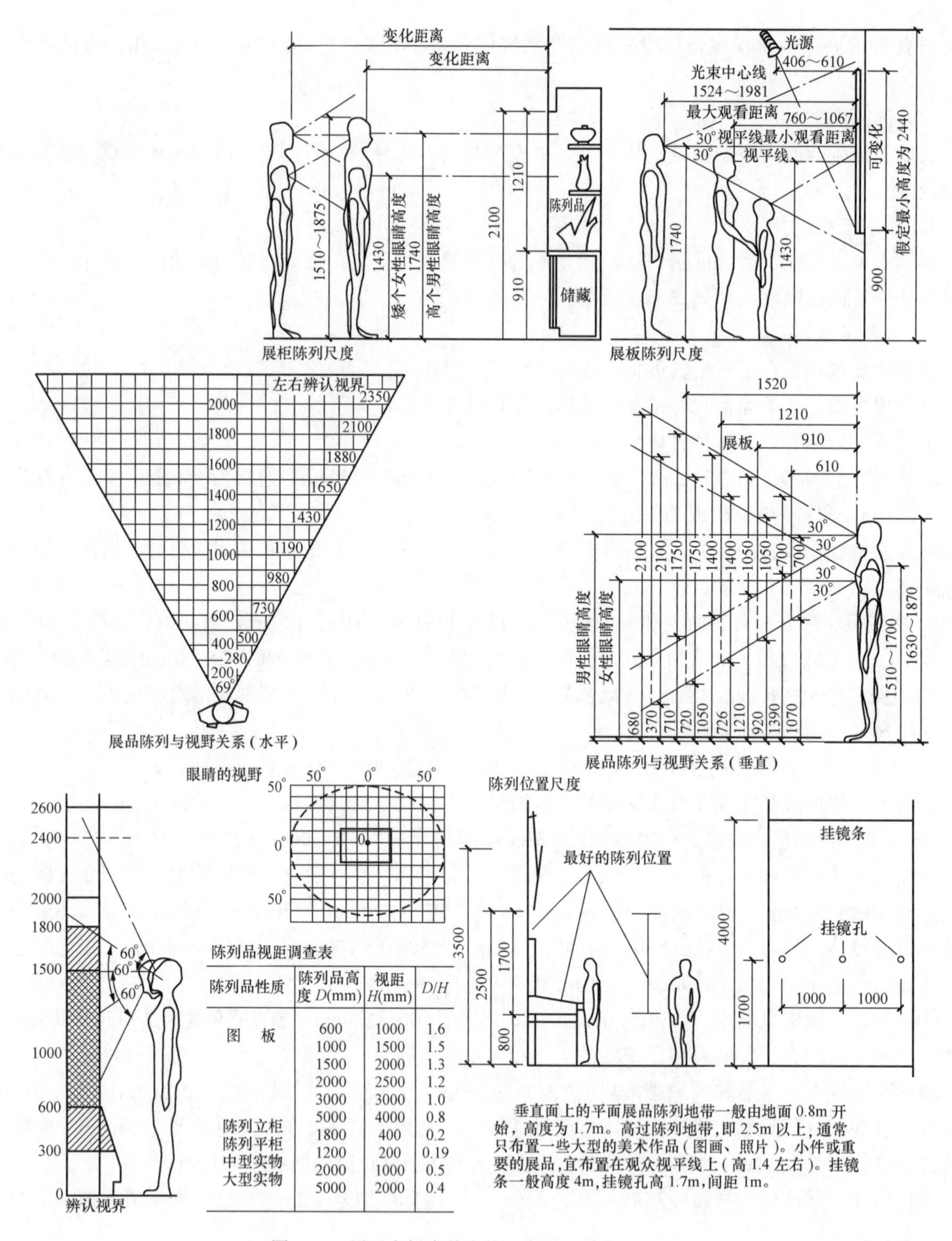

陈列品视距调查表

陈列品性质	陈列品高度 D(mm)	视距 H(mm)	D/H
图　板	600	1000	1.6
	1000	1500	1.5
	1500	2000	1.3
	2000	2500	1.2
	3000	3000	1.0
	5000	4000	0.8
陈列立柜	1800	400	0.2
陈列平柜	1200	200	0.19
中型实物	2000	1000	0.5
大型实物	5000	2000	0.4

图 3-28　展示空间中的人体工程学（单位：mm）

从对视觉的科学分析中得出如下几种视觉运动规律。

①展示陈列区域一般在 80～320cm，不宜超过 350cm；

②最佳展示高度在 127～187cm。

（3）通道设计。展厅里通道的宽度，一般按 3～5 股人流并行来计算（每股人流宽 60cm），主通道宽 8～10 股人流，次通道宽 4～6 股人流。通道的最小宽度一般为 2～3m，单向的通道为 3～4m，双向通道应为 5～6m，甚至更宽些，以免产生拥挤现象，妨碍参观。展品高大而且需要环视时，周围至少应该有 1.8～2m 宽的回旋余地，如图 3-29 所示。

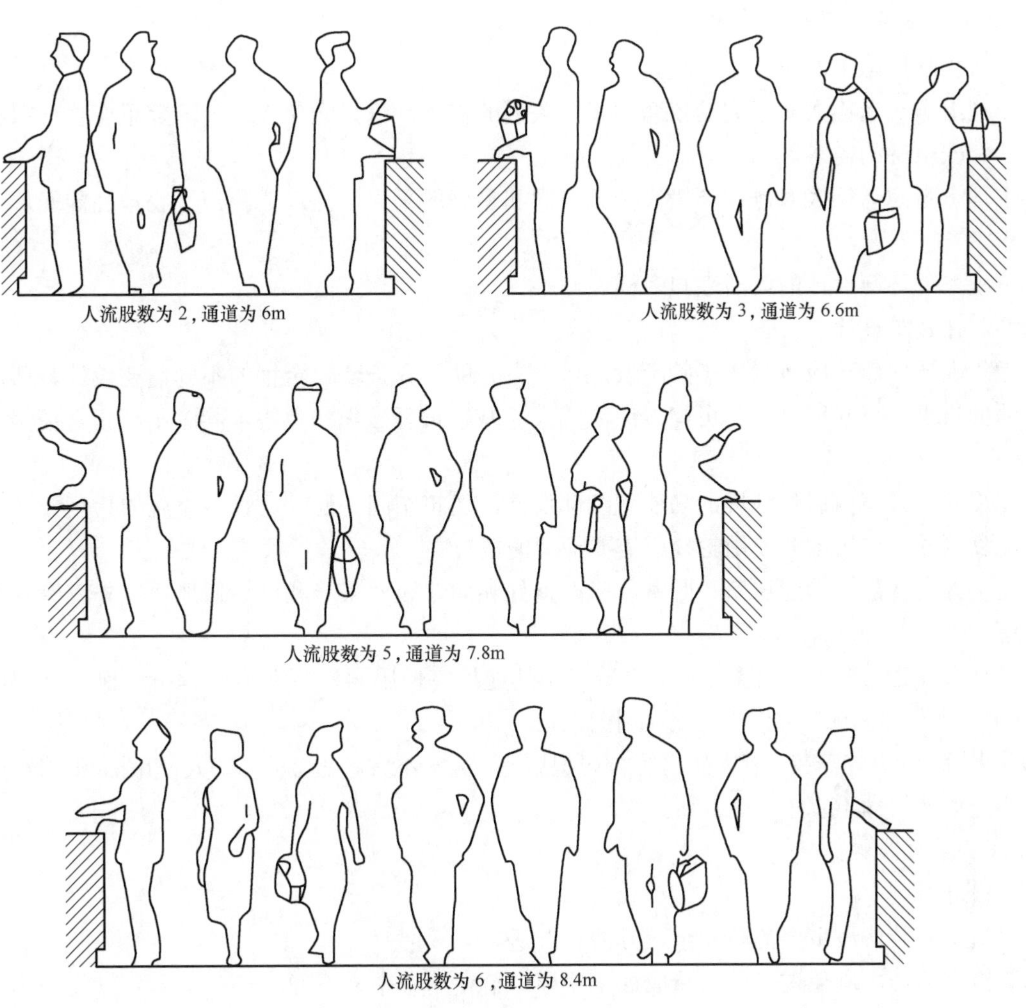

图 3-29　通道与人体工程学

五、康养空间设计

按照联合国老龄化的标准，2000 年我国就已经进入老龄化社会，并且老龄化的速度正呈指数级增长，预计到 2030 年，65 岁以上人口将达到 3.17 亿，所占人口比例高达 25.3%。联合国人口数据预测显示，我国在 2030 年左右将成为世界老龄化程度最高的国家。另外，2021 年 5 月 11 日，第七次全国人口普查结果公布，我国 0～14 岁人口占 17.95%，15～59 岁人口占 63.35%，60 岁及以上人口占 18.7%，65 岁及以上人口占 13.5%。老年人口比重高于世界平均水平。社会老龄化问题对国家持续发展和稳定提出了新的挑战，各级政府部门颁布和下发了各种支持性和规范性文件，鼓励企业机构和各级民政部门参与社会养老，促使各类养老院、所如雨后春笋，遍地开花。

人到 40 岁以后，身体的各种机能随年龄的增长逐渐下降，60 岁之后更为迅速，视觉、听觉和神经系统反应迟钝或部分功能丧失；肌肉和骨骼的老化使活动幅度减小，如活动不当还有可能致残或伤亡，所以，以平常人的人体工程学为设计依据的设计已经很难适用于老年人的生活、行为方式。为了体现“尊老”“爱老”和“敬老”的优良传统和我国制度的优越性，有益于老年人度过安逸的晚年，住房和城乡建设部印发了《老年人居住建筑》图集和《老年人照料设施建筑设计标准》（JGJ 450）。

1．居住环境设计原则

（1）居住环境总平面设计

①心理上考虑老年人对家庭的依恋和亲情关爱的需求，满足老年人社会和邻里交往，精神文化以及安定感和安全感的需求。

②生理上考虑老年人对居住环境安全无障碍和良好的采光、通风、隔声等物理性能及康复和医疗保障需求。

③重视室外环境设计的灵活性和多样性。

（2）居住建筑设计

①老年人居住建筑应按老人年龄阶段从自理、介助到介护变化全程的不同需要设计，帮助老年人提高生活的自理、自立能力，尽可能方便老年人，减轻护理工作的负担，同时不给正常使用者带来障碍与不便。

②重视老年人室内居住环境的功能和细部设计。建筑空间、配件、设备设施的尺度设计应考虑老年人功能衰退的人体尺度和使用轮椅或需要护理的情况。

③老年人居住建筑的起居室、卧室，应有良好朝向、天然采光和自然通风，室外宜有开阔视野和优美环境。

④老年人住宅、老年人公寓、家庭型养老院的起居室使用面积不宜小于 $14m^2$，卧室使用面积不宜小于 $10m^2$，矩形居室的短边净尺寸不宜小于 3m。

⑤养老院、老人疗养院、老人病房等合居型居室，每室不宜超过 3 人，每人使用面积不应小于 $6m^2$。矩形居室短边净尺寸不宜小于 3.30m。

2．室内装修设计

（1）设计原则

①建筑室内装修最重要的是安全、方便和舒适。

②装修宜简洁，避免过多装饰造成视觉误导，给使用者带来不便。

（2）材料选择

①避免采用反光性强的材料， 以减少眩光对老人眼睛的刺激，并避免使用有强烈凹凸花纹的地面材料，以免老人产生视觉上的错觉，产生不安全感。

②地面材料应防滑或经防滑处理，摩擦系数：穿鞋使用的地面宜为 0.4～0.9，光脚使用的地面宜为 0.45～0.9。

同一高度地面的材料应统一，避免由于材质和色彩交界处的变化，造成判断的失误。不同使用性质的空间，宜用不同的材料，以使其通过脚感和踏地的声音来帮助判断所处的空间。

③墙面应选择耐碰撞、易清洁的材料，不应选择过于粗糙或坚硬的材料。阳角部位宜处理成圆角或用弹性材料做护角，避免老人身体磕碰伤害。

（3）室内色彩

①室内色彩宜用暖色调，明度应比其他年龄段使用者高一些。

②老年人往往对黄和黄绿色彩不敏感，并容易把青色与黑色、黄色与白色混淆，故色彩处理时应加以注意。

③老年人使用的洁具宜选用白色，易于清洁且易于及时发现老年人的病情（见图 3-30～图 3-44）。

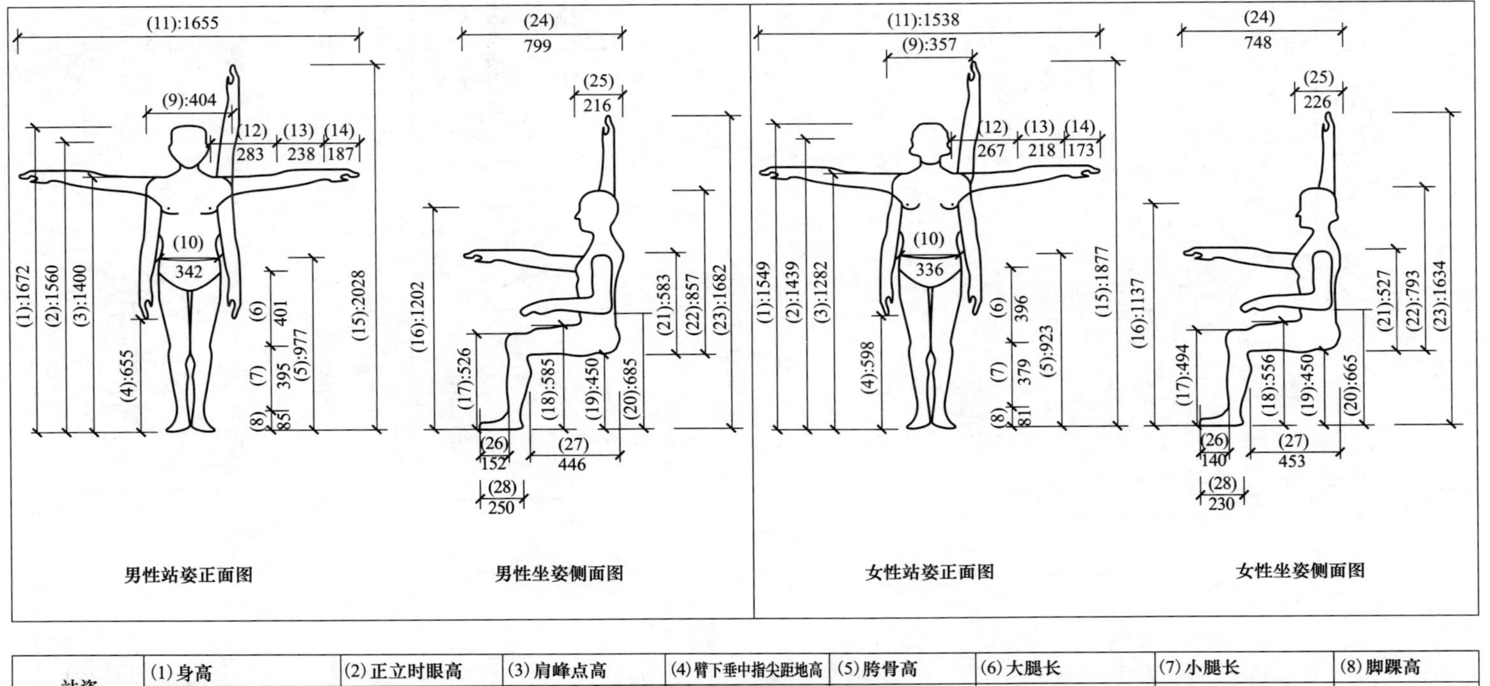

站姿	(1)身高	(2)正立时眼高	(3)肩峰点高	(4)臂下垂中指尖距地高	(5)胯骨高	(6)大腿长	(7)小腿长	(8)脚踝高
	(9)肩宽	(10)胯骨宽	(11)双臂平伸长	(12)上臂长	(13)前臂长	(14)手长	(15)正立时举手高	
坐姿	(16)正坐时眼高	(17)正坐时膝盖高	(18)正坐时大腿面高	(19)正坐时座凳高	(20)正坐时肘高	(21)正坐时座凳至肩高	(22)正坐时凳至头顶高	(23)正坐时举手高
	(24)正坐时前伸手臂长	(25)胸厚	(26)脚面长	(27)膝弯至臀部水平长	(28)脚长			

图 3-30　老年人人体尺度测量图

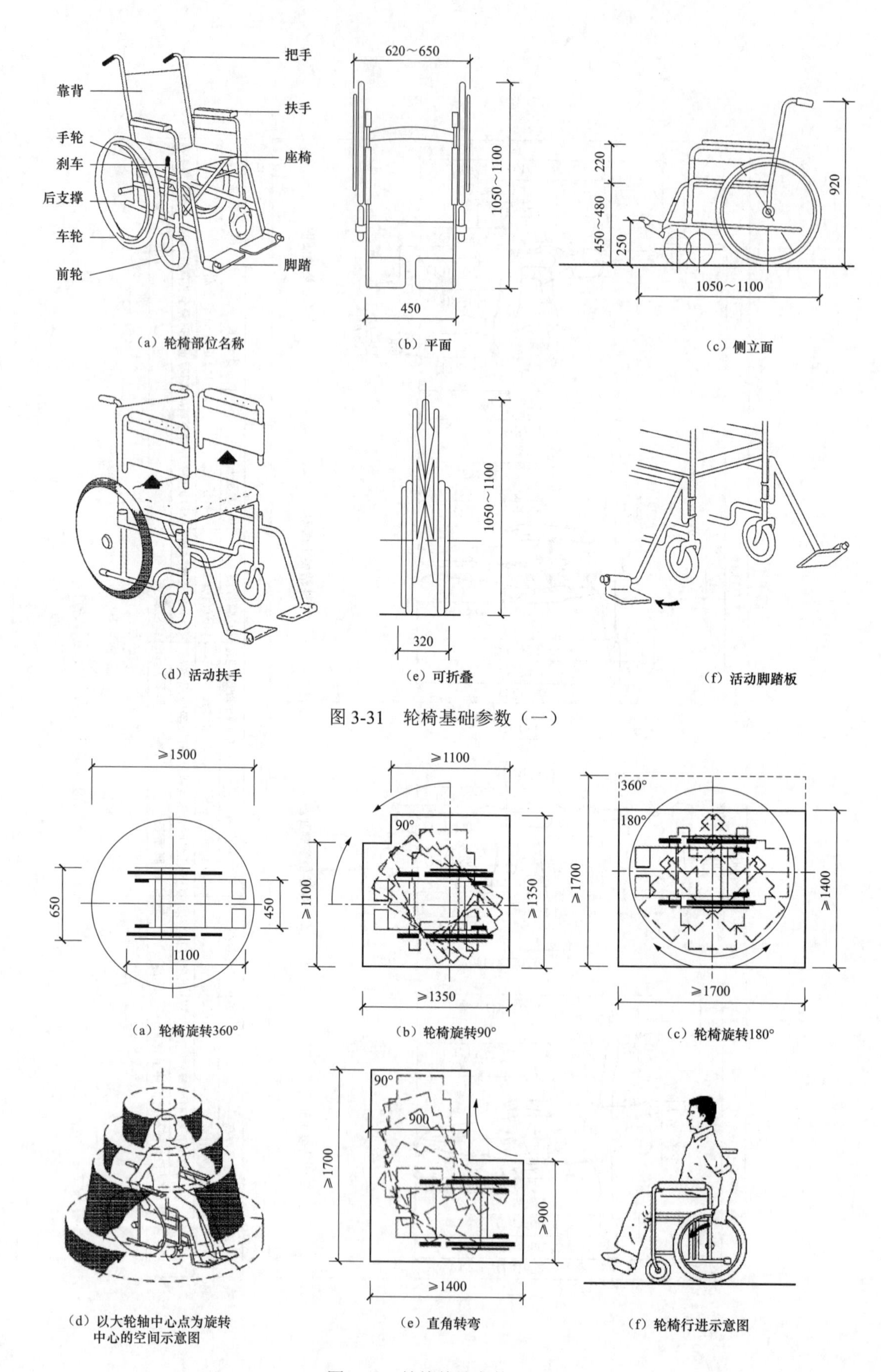

图 3-31 轮椅基础参数（一）

图 3-32 轮椅基础参数（二）

轮椅尺寸表 mm

名称	长度	宽度	高度	备注
手动轮椅	1050～1100	625～650	920～950	单双手操纵
电动轮椅	855～1100	570～650	910～925	
机械轮椅	1610～1800	700～800	910～925	室外用

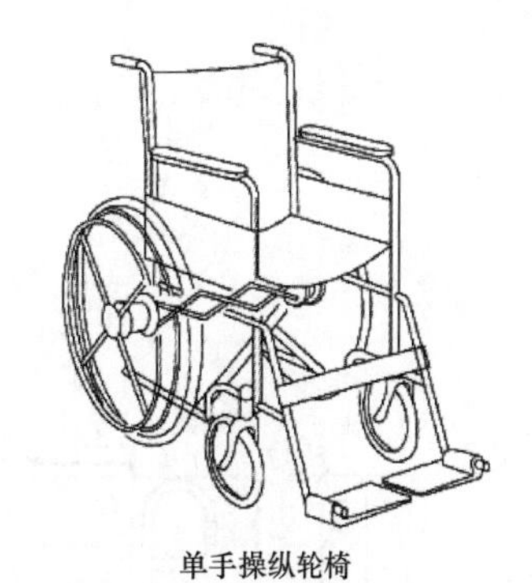

单手操纵轮椅

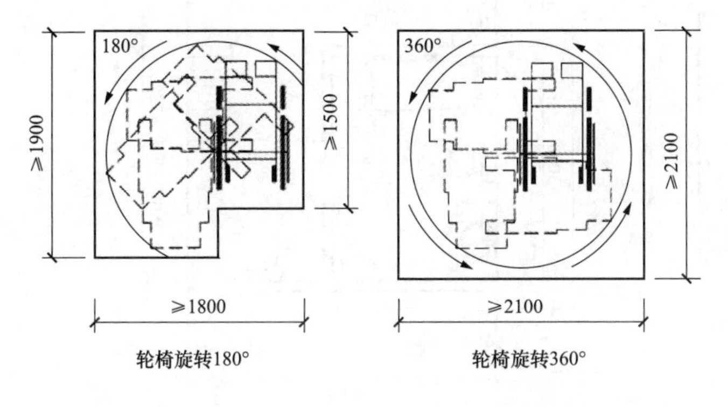

轮椅旋转180°　　轮椅旋转360°

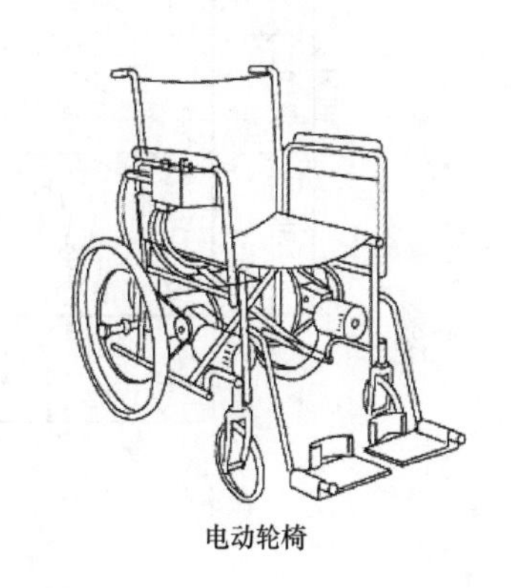

电动轮椅

图 3-33　轮椅基础参数（三）

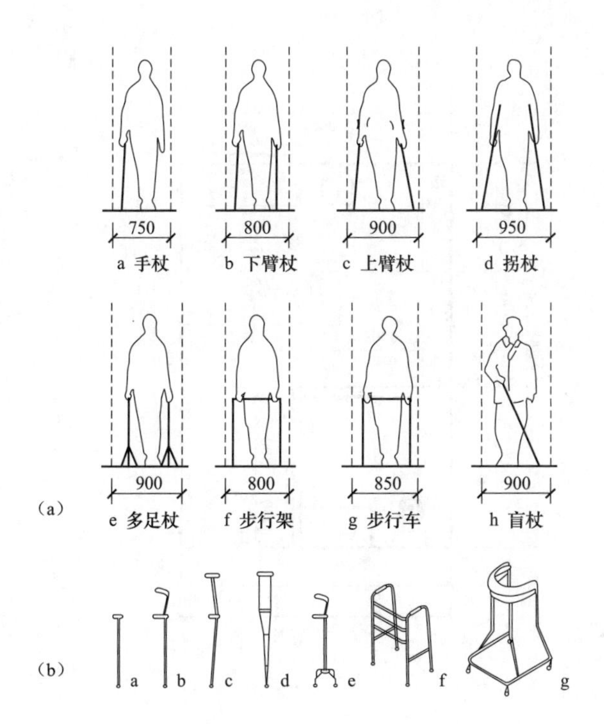

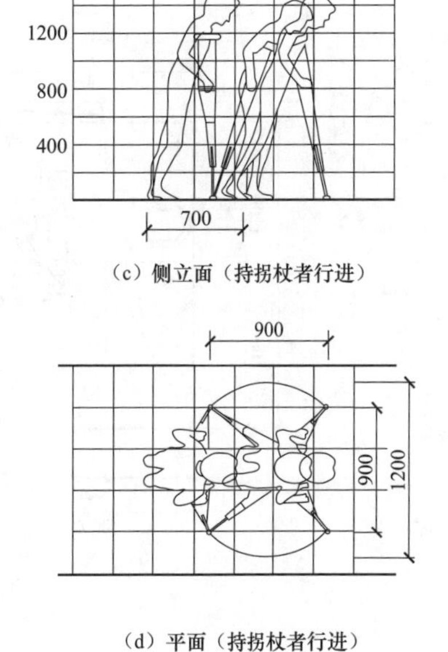

（c）侧立面（持拐杖者行进）

（d）平面（持拐杖者行进）

图 3-34　拄杖基础参数

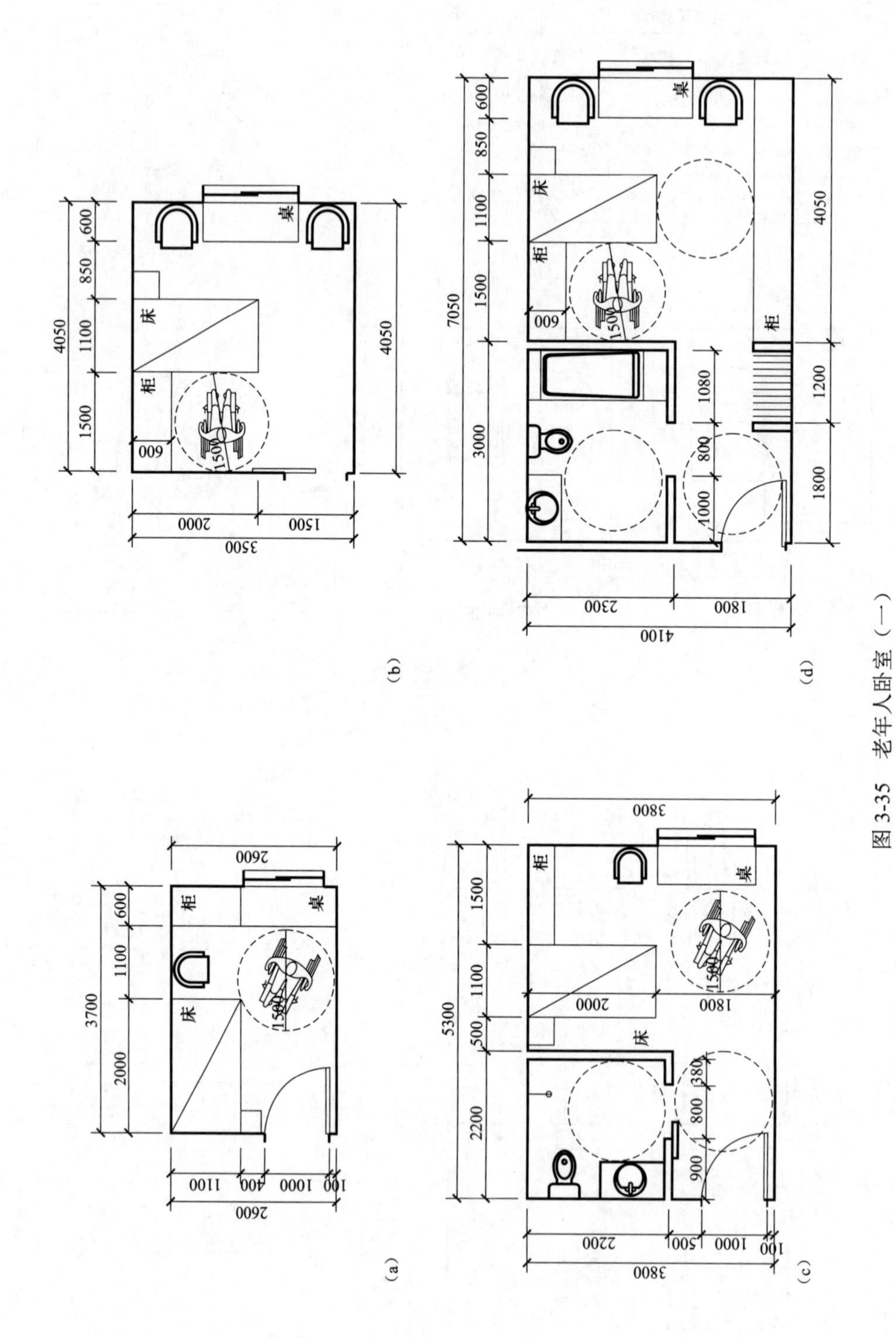

图 3-35　老年人卧室（一）

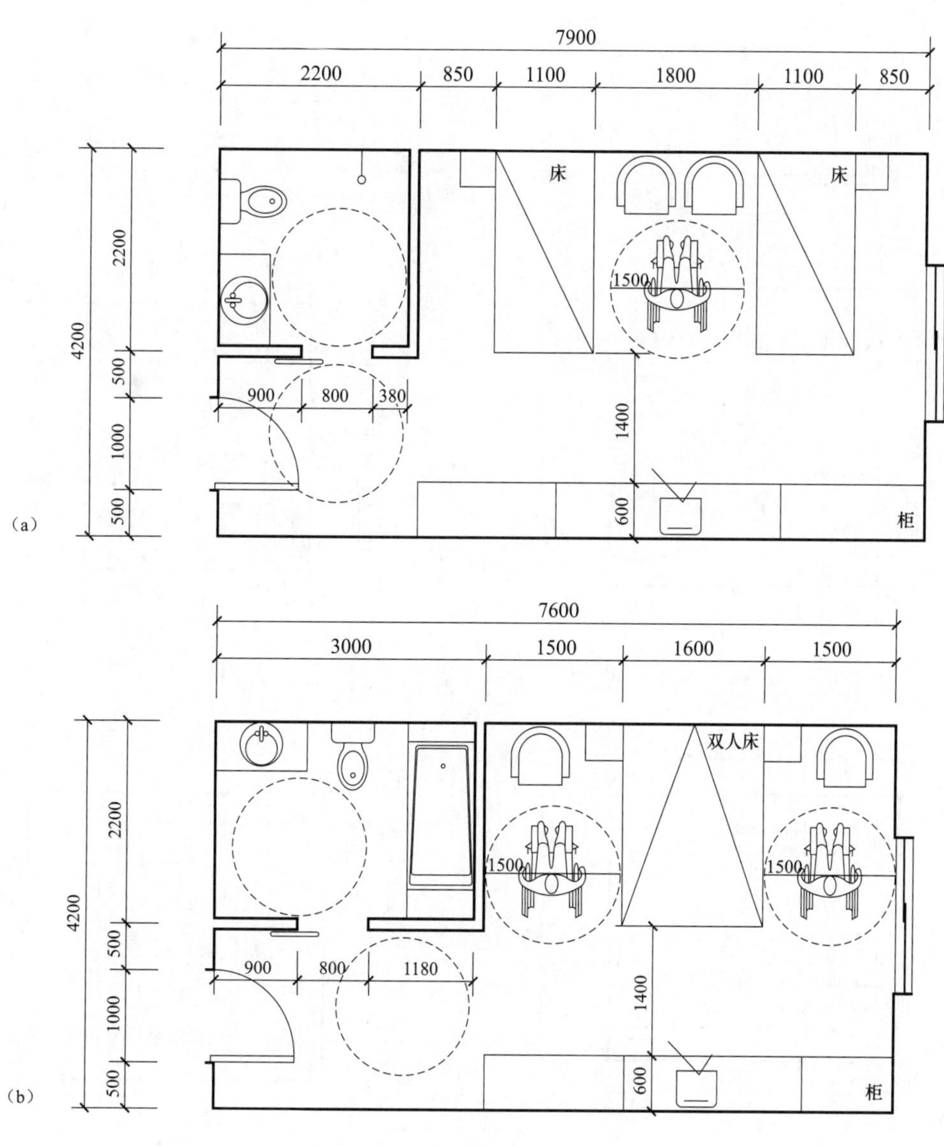

7900
2200
850
1100
1800
1100
850
床
床
1500
4200
2200
500
900
800
380
1000
1400
500
600
柜
(a)
7600
3000
1500
1600
1500
双人床
1500
1500
4200
2200
500
900
800
1180
1000
1400
500
600
柜
(b)

图 3-36　老年人卧室（二）

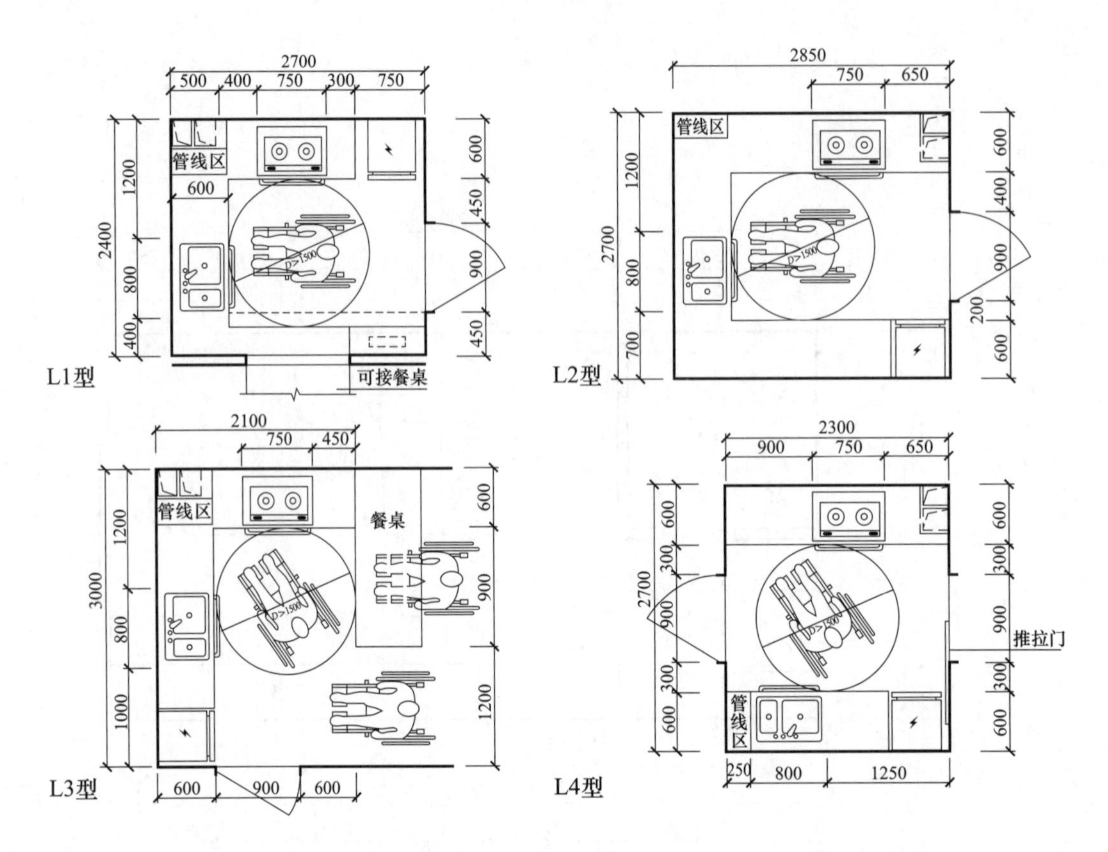

图 3-37　老年人厨房（一）

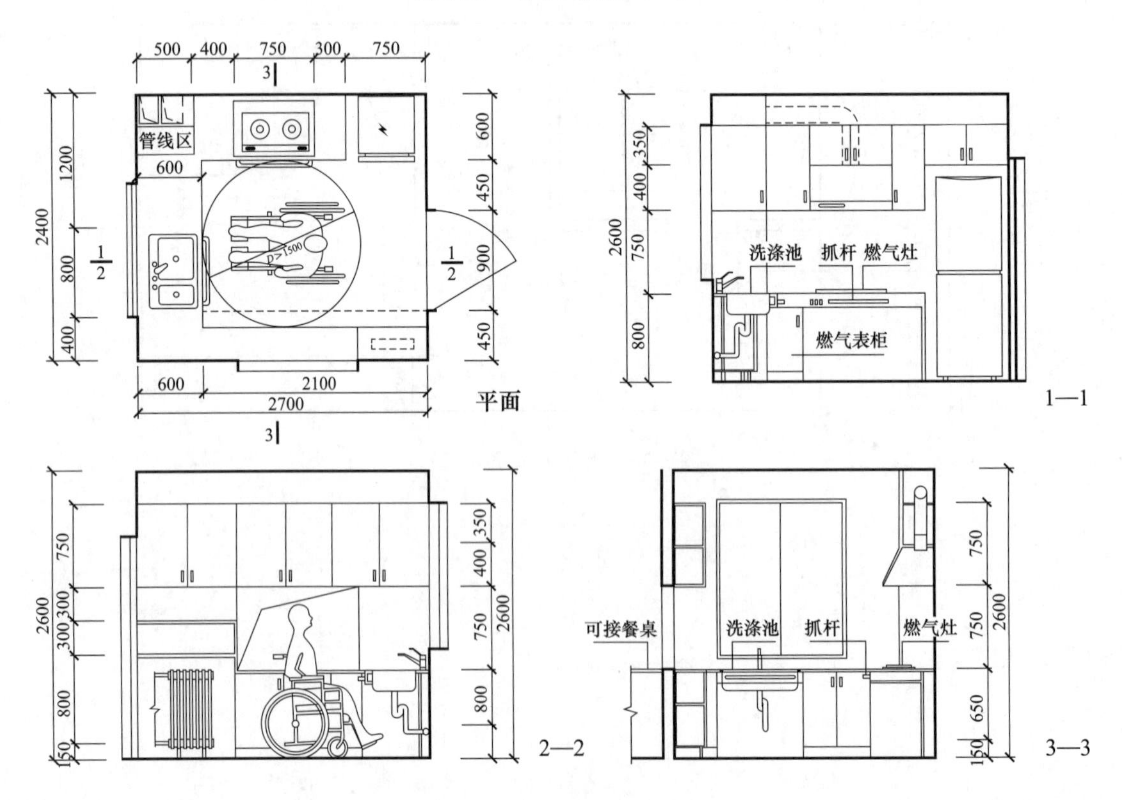

图 3-38　老年人厨房（二）

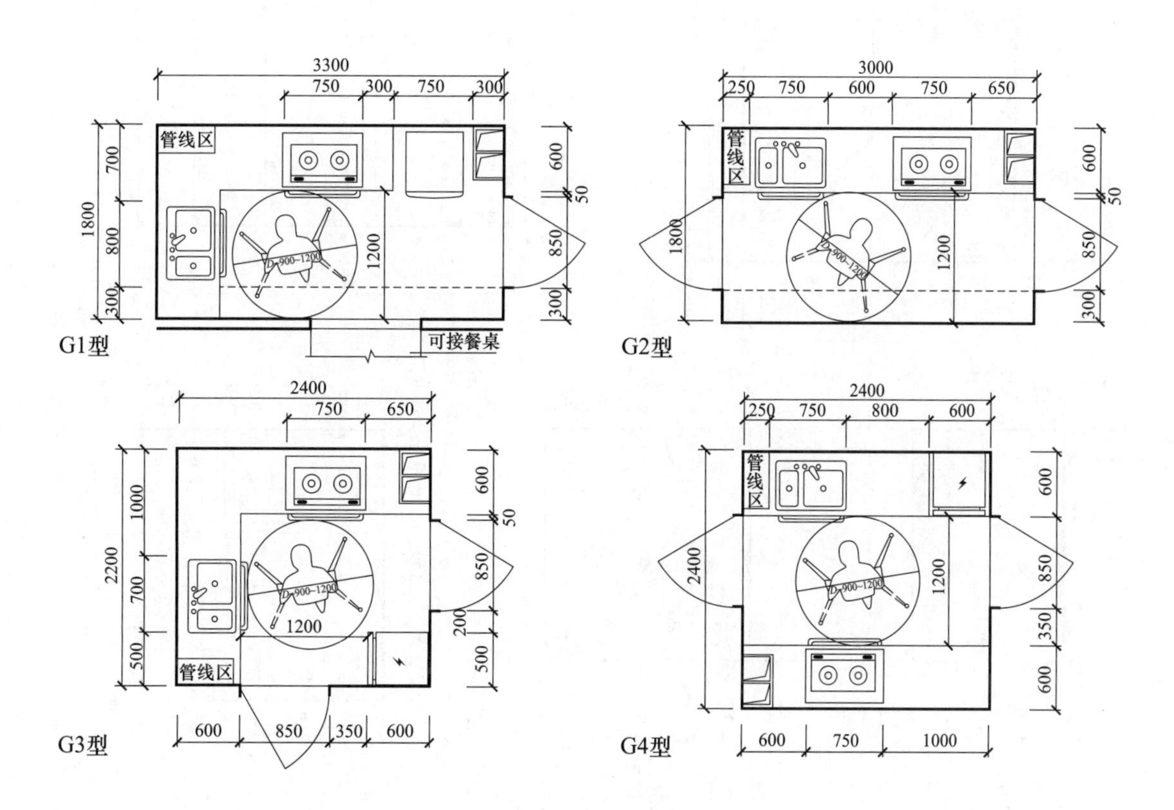

图 3-39　老年人厨房（三）

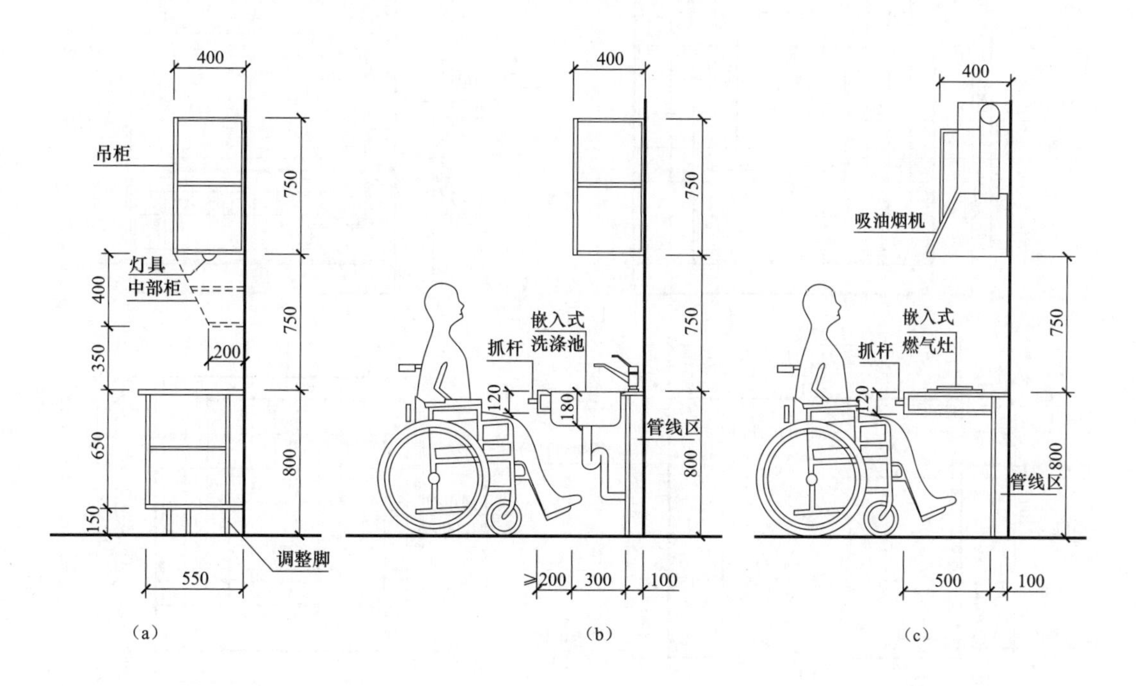

图 3-40　老年人厨房（四）

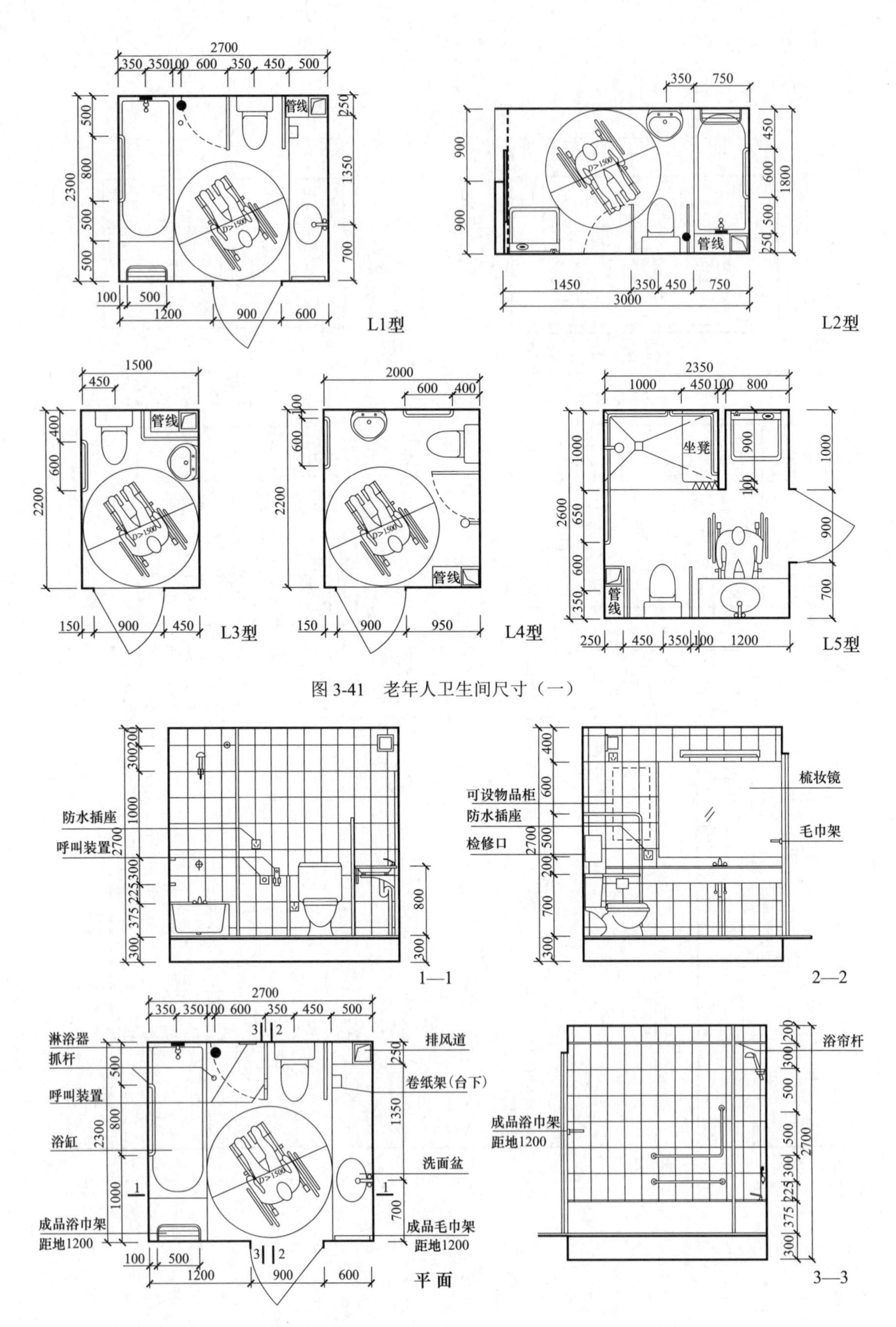

图 3-41 老年人卫生间尺寸（一）

图 3-42 老年人卫生间尺寸（二）

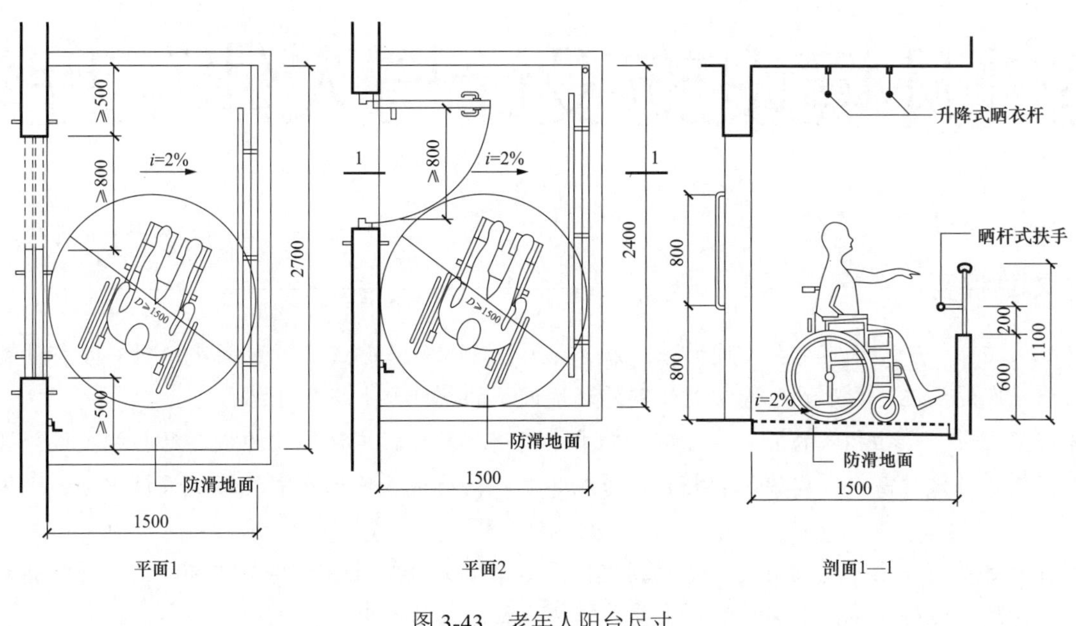

图 3-43　老年人阳台尺寸

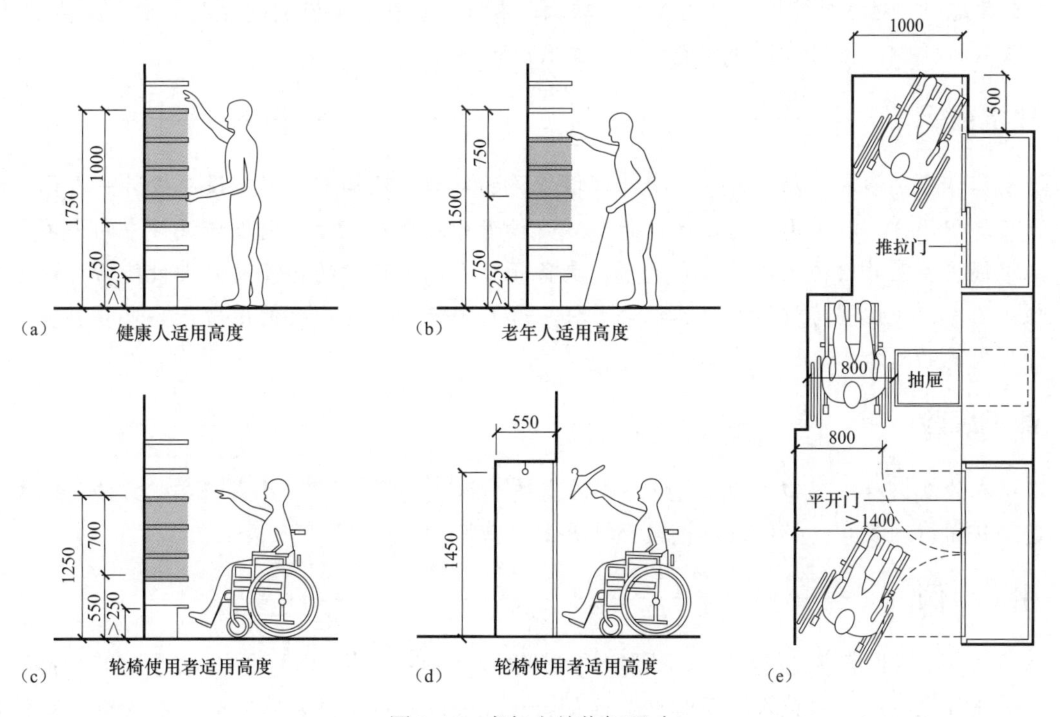

图 3-44　老年人储物柜尺寸

第四章

室外环境设施设计与人体工程学

本章提要

环境设施，一般指城市公共空间的基本服务设施。本章从人体工程学的角度，针对步行设施、服务性设施、交通设施、游乐设施等常见的室外环境设施的设计要点进行介绍。

室外空间里，植物和人的关系非常密切。本章以道路绿化、广场绿化为例，结合相关设计规范，介绍了植物种植设计需要考虑的设计要点。另外，对植物质地和色彩在室外环境设计中如何运用也做了介绍。

随着社会发展，无障碍设施越来越受到重视。本章依次介绍了通行类无障碍设施、功能类无障碍设施、导识类无障碍设施，以及对室外主要无障碍设施的设计要求。

另外，考虑照明对室外空间的使用关系比较大，本章对室外主要空间的照明提出了主要设计要求，最后以建筑入口为例，探讨建筑外环境与人体工程学的关系。

教学目标

通过本章学习，读者可以了解常见室外环境设施的类型，理解室外环境设施设计中人体工程学的相关原理与知识，并灵活运用。通过调研与实践，读者可以感知室外环境设施设计中的公共意识和人文关怀，掌握主要室外设施人体工程学尺寸，具备符合人体工程学的环境设施设计能力。读者需要明确设计以人为本，关注弱势群体，培养社会责任感和人文精神。能正确使用规范，求真务实，树立严格执行行业规范的观念。

课程思政

坚持以人为本，始终贯彻“以人民为中心的发展思想”；求真务实，养成科学的方法论；关注弱势群体，贯彻科学伦理教育；坚信设计报国，培养爱国情怀。

引　例

2018 年 9 月，《北京市无障碍系统化设计导则》（以下简称《导则》）发布。《导则》对接国际一流标准，不仅关注老年人、残疾人，同时也关注妇女、儿童以及有无障碍需求的所有人群，如提拉杆旅行箱出行的人群。这充分体现了通用和共享的原则，有利于提升城市整体环境品质，方便广大群众出行。同时，《导则》突出了本市城市公共空间、建筑场地以及建筑内部空间三者之间无障碍设施的系统性，强调在城市设计、场地设计、建筑设计、室内设计、标识设计和器具设计等不同阶段，无障碍深化设计和精细化设计的系统性目标，推动无障碍设施由“点”到“线和面”的全面提升。

“环境设施”这一词条产生于英国，英语为 Street Furniture，直译为“街道的家具”，简略为 SF，类似的词条还有 Urban Furniture。在欧洲称为 Urban Element，直译为“城市配件”或“城市元素”。在日本，被理解为“步行者道路的家具”或者“道的装置”，也称为“街具”。在我国可以理解为“环境设施”，也称“公用设施”或者“城市环境设施”。多种多样的环境设施有力地支持着人们的室外生活，例如作为信息装置的标识牌和广告塔等，交通系统的公共汽车候车亭、人行天桥等，为了创造生态环境而设置的花坛、喷泉等。在城市街道、公园、商业开发区、地铁站、广场、游乐园等公共场所设置各种环境设施，将充实社会整体环境的现代气息，体现对人们户外生活的悉心关怀。

从人类环境的时空出发，通过系统分析、处理，整体把握人、环境、环境设施的关系，使环境设施构成最优化的“人类——环境系统”。因此，室外环境设施必须与室外环境条件，如人在室外环境中的各种行为特点和自然、气候等条件相适应、相协调，以人们生活安全、健康、舒适、效率为目标。

第一节 步行设施与人体工程学

步行设施与人的关系最密切，它所构成的交通与活动环境是城市空间和环境设施系统中的重要内容。特别是随着人们物质生活水平的不断提高，步行作为一种健康的生活方式，越来越受到人们的欢迎。我国从2012年以来出台的一系列政策也凸显了发展步行出行的必要性。因此，步行设施的优化与改善，不仅为人们提供了便利，保证了安全，提高了运行功效和地面利用率，而且对丰富人民生活、维护城市生态、美化城市环境起着重要作用。可以说，步行设施的设计与施工水平、完美程度以及管理水平等是反映城市文化、时代和社会观念的镜子（见图4-1～图4-3）。

一、步行距离与宽度

一般认为，成年人步行的适宜距离为500～700m。但步行距离的长短受主、客观多种因素影响，如老年人步行距离存在一定的局限性，一般老年人的步行疲劳极限为10分钟，距离约450m。

图4-1 小尺度的地面铺装

步行宽度是满足步行舒适和安全方面的基本保证。对城市而言，人行道宽度是步行空间最基本的要素之一。目前国内多地对人行道的宽度进行了明确限定，一般将宽度最小值设定为2m，而且只有在空间困难的情况下，才可采用最小值。其中，支路上设置的人行道宽度最窄不得小于2m；学校、医院、商业等公共场所集中路段上设置的人行道宽度最小值为4m。城市道路以下等级的胡同、街坊路等道路，有机动车通行的，供行人通行的道路宽度不宜小于1.5m。城市绿道中的人行道宽度不宜小于2m。

公园等绿地内，步行宽度不应小于1.2m，需要轮椅通行的园路宽度不应小于1.5m，另外还有一些不常使用的地方，路面宽度可设计为0.6～1m或设汀步。

二、踏步、汀步与坡道

在城市空间环境中，由于地势原因或功能需要，常常要改变地平面的高差。而踏步与坡道是连接地面高差的主要交通设施。一般当地面坡度超过12°时就应设置踏步，当地面坡度超过20°时，一定要设置踏步，当地面坡度超过35°时，在踏步的一侧应设扶手栏杆，当地面坡度达到60°时，则应做蹬道、攀梯。

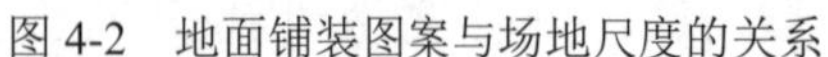
图 4-2　地面铺装图案与场地尺度的关系

图 4-3　地面铺装

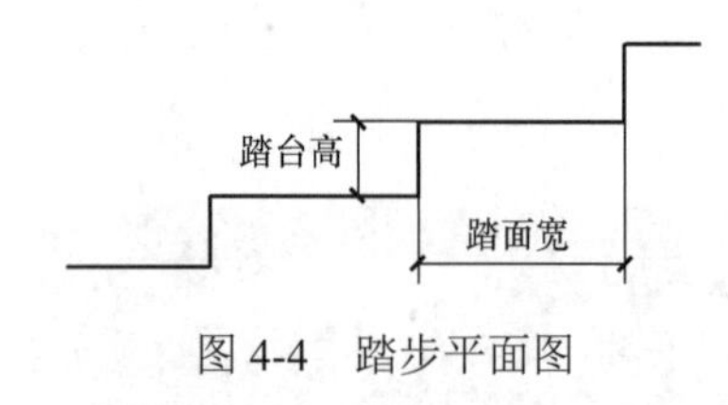

图 4-4　踏步平面图

在设计踏步时，我们应知道和使用一些专用名词，踏面、上升面以及休息平台这几个术语。所谓踏面是指人们踏脚的水平面，一般人就叫它为“阶层”。“升面”则是指一个梯级的垂直部分，或叫踏台高如图 4-4 所示。一般说来，在一组台阶中，升面总是多于踏板一个。“休息平台”是指两组阶梯之间比较大的平面间隔，平台的主要作用是供人休息和充当缓冲的区域，并起到视觉上的调和作用。

在设计确定踏步的舒适度和安全感方面，其踏面与升面之间的大小比例关系是一关键性因素。一般说来，一组踏步的升面的垂直高度应保持一个常数。如果其高度每层都在变化，那么，顺阶而上的人就得不停地注意自己每一步的落点，经常调整步伐，这就分散了人们的注意力，无形中增加了事故发生的可能性。另外，在升面的底部使用阴影线，可以提醒行人注意，如果在升面的底部留一缩口，就形成阴影，这种阴影线可以强调台阶的形状，使台阶在远处就很明显易见。但是，阴影线的缩口不宜设计得太高或太深，否则它会使行人的脚被绊住或陷入其中被夹住。在考虑室外踏步的升面与踏面的大小比例时，有几点必须记住，首先，室外空间比较宽阔，容易使物体看起来较小，所以室外踏步比室内的台阶，在尺寸上应该稍大一点；其次，不同的气候因素，会直接影响到安全问题，例如雨、雪和冰等因素致使人们在室外行走比室内行走更危险。因此，室外的踏步应做得较宽阔而且平缓，如图 4-5 所示。

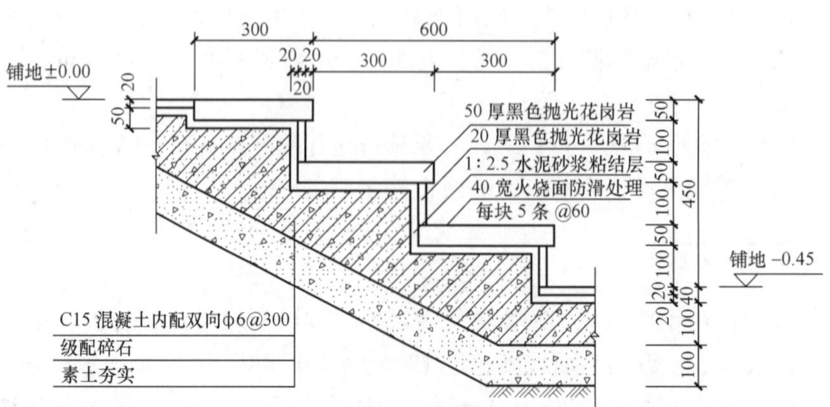

图 4-5　室外踏步构造

在设计踏步时，我们除了应考虑升面的大小外，还应考虑到升面的数量，这种数量必须在一特定的踏步中确定下来。一般一组踏步绝不能只有一个升面，这是因为，在行走的路面上只有一个升面的高度变化，不易被人察觉，从而会使人拐脚和绊跤。尤其是建造踏步的材料与毗邻的铺装材料相同时，踏步在视觉上与周围环境易混为一体，使人更难以察觉踏步的存在。因此，行走地面的高度变化应当显而易见，才使行人有时间调整自己的步伐和落脚点。一般来讲，一组踏步最少应有 2～3 个升面，如图 4-6 所示。在一组踏步中垂面的最大值应符合这样一个关系，即两平台之间的全部升面高度之和不大于 122cm，这是对无扶手、护墙等保护设施的踏步而言。对于有保护设施的踏步最大值不得超过 183cm。凡超过这一限制的踏步，不仅比较危险，而且要走完它也很累，特别是那些行动困难的人感觉更为深切。其次，一条又长又高的踏步，从下仰望上去，在视觉上和心理上很容易产生高耸巨大的感觉，看到这么一条踏步，还没走就已觉得累和无力攀登，现实中有许多人常会因台阶过高而转身离去。

图 4-6　踏步

1．踏步设计要点

（1）通常，设计城市室外空间环境中的踏步时，适当地降低踏面高度，加宽踏面，可提高台阶的使用舒适性。

（2）踢面高度（h）与踏面宽度（b）的关系如下，$2h+b=60\sim65$cm。假设踏面宽度定为 30cm，则踏面高度为 15cm，若踏面宽增加至 40cm，则踏面高降到 12cm 左右。一般室外踏面宽度不宜小于 30cm，高度不宜小于 10cm，或者行人容易磕碰。通常踏面高在 13cm 左右，踏面宽在 35cm 左右的台阶较为合适。如不能满足这一数值，则应提高台阶上、下两端路面的排水坡度，调整地势，将踢面高度设在 10cm 以上，或者取消台阶，也可以做成坡道。

（3）如果台阶长度超过 3m 或者需要改变攀登方向，为了安全，应在中间设置一个休息平台，通常平台的深度为 1.5m 左右，如图 4-7 所示。

（4）适宜的坡度在 1:2 至 1:7 之间，级数以 11 级左右较为适宜，最多不得超过 19 级。

（5）踏面应设置 1%左右的排水坡度。踏面应作防滑处理，天然石台阶不要做细磨饰面。落差大的台阶，为避免降雨时雨水自台阶上瀑布般跌落，应在台阶两端设置排水沟。

图 4-7　台阶

在地面坡度较大时，本应设置踏步，但踏步不能通行车辆，因此在室外主要交通道上，不适宜设置踏步。考虑到老年人、儿童和残疾人的童车、轮椅的行驶，在条件允许的情况下，尽力为他们提供便利，将这些地方设计成坡道。当坡度较陡，地面易滑时，可在主干道的中间做成坡道，而在两侧做成台阶。如果是次要道路，可在台阶的一侧做成坡道，使童车、轮椅等得以通行。当坡面较陡时，为了防滑，可将坡面做成浅阶的坡道，如图 4-8 所示。

图 4-8　坡道

2．汀步设计要点

汀步是步石的一种类型，指在浅水中或草坪上按一定间距布设块石，让人跨步而过。汀步的道路形式有时可以避免或减少道路对绿地、砂石或水面造成的割裂感，增强景观的完整统一性，有时还可以通过其韵律感起到景观作用。

汀步分规则式汀步和自然式汀步（见图 4-9 和图 4-10）

（1）规则式汀步，步石形状规则整齐，并常按规则整齐的形式铺装成园路。规则式汀步步石的宽度应在 40cm 左右，步石与步石之间的净距小于 0.15cm。在同一条汀步路上，步石的宽度规格及排列间距都应当统一。

（2）自然式汀步，步石形状不规则，其步石的形状、大小可以不一致，布置与排列方式也不能规则整齐，要自然错落地布置。步石之间的净距也可以不统一，可在5cm和20cm之间变动，但相邻汀步之间的高差不应大于25cm。

图4-9　规则式汀步

图4-10　自然式汀步

如果汀步设置于公园等休闲场所，使用者多以休闲漫步的形式行走，则汀步中心间距一般为50～60cm，石板间缝宽一般为10～15cm。

在某些特定环境，需要汀步承担常速行走功能时，草坪汀步从原先的60cm间距适当加大间距值至70cm是比较理想的解决方案。

3．坡道设计要点

（1）城市道路的坡道设置与无障碍设计相关，坡道的标准最小宽度宜为1.20m。如果考虑轮椅与行人通行的方便与舒适，坡道的最小宽度应设定在1.50m，轮椅会车的地方最小宽度为1.80m。为防止轮椅不慎滑落，坡道两侧应设置高度5cm以上的路缘石。坡面需做防滑处理，地面水应向路面的两侧排放。

（2）坡道的坡度设计在6%以下，最大纵坡8.5%。坡道的上下两端，应设置深度在1.80m以上的休息平台。

（3）长的坡道应考虑使用带坡的踏步，在两段斜坡之间设三至四级踏步。踏步突沿必须明确显示，以保证使用者能看到踏步。对于长距离的斜面来说，每隔9m应设计一个平台。

（4）坡道上应设置扶栏，栏杆长度应在距坡道起、终端45cm处作连续设置。若只设置1组栏杆，其标准高为80～85cm，若设置2组，则栏杆的高度应分别为65cm和85cm。

台阶与坡道的地面铺设，应保证铺设材料的强度要求，注意毛面与光面的搭配使用，做到任何时候都能防滑与顺利排水。有地灯设施时，要充分注意管线与电路的配置。

第二节　服务性设施与人体工程学

在城市环境中，服务性环境设施是不可缺少的，它们为人们的户外生活提供了便利。常见的服务性环境设施有休憩设施（坐具、亭、廊架等）、电话亭、标识牌、垃圾箱等。

一、坐具

坐具是公共设施中最为常见的一种服务性设施，人们在室外环境中休憩、交谈、观赏都离不开坐具。我们通常称可以支撑人体重量的物品为坐具，主要分为显性的坐具与隐性的坐具，显性坐具多指传统意义上的凳、椅，隐性坐具是在近现代逐渐兴起，如花坛、种植池、置石等，同时兼有休息功能的小品，如图 4-11 和图 4-12 所示。

图 4-11　显性坐具

图 4-12　隐性坐具

（一）坐具的设计

设计坐具时首先要考虑的因素是舒适度，不同区域内的座椅需要不同的舒适度。例如，位于商业步行街上的座椅和位于公园上的座椅，它们对舒适度的要求是不一样的。步行街上人头攒动，人们行色匆匆；公园里的人们悠然自得。另外，舒适度也和其他一些因素有关，如在某一区域内座椅的使用者主要是青少年，而孩子们通常会坐在座椅的靠背或扶手上，那些由宽大且厚重的木板构成的座椅更适合孩子，因为它们沉重而结实。

一般情况下，根据人体工程学的一些原理，以下一些座椅的设计原则可供我们参考。

1．座面部分

（1）为了使座椅更舒适，靠背与座面之间可以保持95°～105°的夹角，而座面与水平面之间也应保持2°～10°的倾角。

（2）对于有靠背的座椅，座面的深度可以选择30～45cm，而对于没有靠背的座椅，座面的深度可以在75cm左右，45cm的座面高度可以提高座椅的舒适度。

（3）座面的前缘应该做弯曲的处理，尽量避免设计成方形。

（4）令人感到最舒适的座面材料是木材，它富有弹性，在室外不冷也不热，令使用者备感舒适。

（5）座椅的长度视具体情况而定，一般为每位使用者60cm的长度。如图4-13所示。

2．靠背部分

（1）为了增加座椅的舒适度，座椅的靠背应微微向后倾斜，形成一条曲线。

（2）座椅靠背的高度可以保持50cm，这样不仅可以让使用者的后背得到支撑，连肩膀也会感到有所依靠。

（3）没有靠背的座椅应该允许使用者在两边同时使用。

3．椅腿部分

椅腿不能超出座面的宽度，否则人们极容易被绊倒。

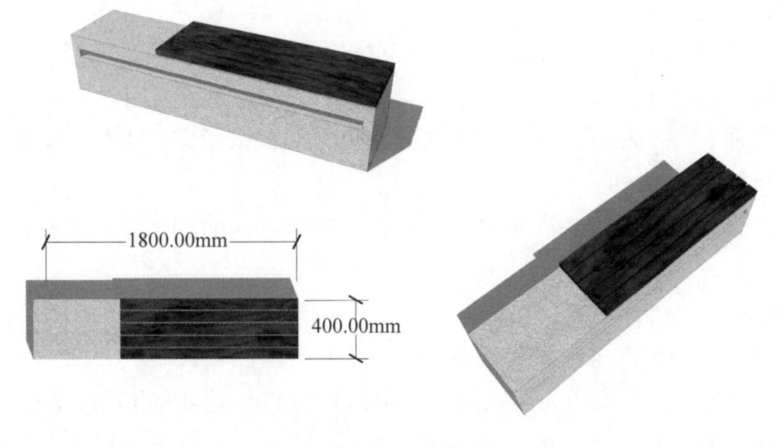

图4-13 座椅

4．扶手部分

扶手的边缘不应超出座面的边缘，它的表面应该是坚硬、圆润且易于抓握，如图4-14所示为常见座椅尺寸。

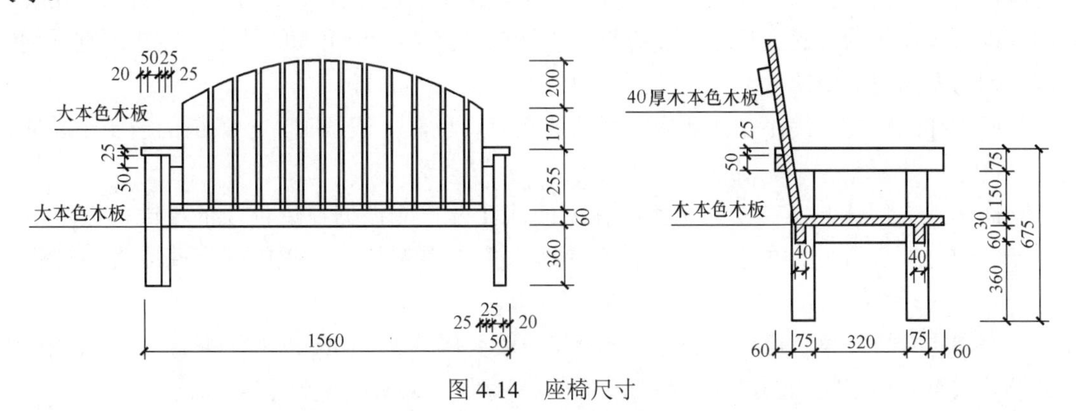

图4-14 座椅尺寸

（二）坐具的布置

坐具的布置需要精心规划，以满足人们休息、观景和交流的需要。主要包括两方面，即座位的布局与朝向。

1．坐具的布局

坐具的布局必须在通盘考虑场地的空间与功能质量的基础上进行。座椅完全随意布置的，缺乏仔细的推敲，在公共空间中自由“漂浮”的灵活布局也不鲜见。每一条座椅或者每一处小憩之地都应有各自相宜的具体环境，置于空间内的小空间中，如凹处、转角处等能提供亲切、安全和良好微气候的地点，这是一条规律。边界效应在人们选择座位时常可以观察到，沿建筑四周和空间边缘的座椅比在空间当中的座椅更受欢迎。人们倾向于从物质环境的细微之处寻求支持物。位于凹处，长凳两端或其他空间划分明确之处的座位，以及人的背后受到保护的座位较受青睐，而那些位于空间划分不甚明确之处的座位则受到冷落。

在城市公园环境的规划设计过程中，设计师应尽力使座椅的布置更具灵活性，而不仅是简单地“坐排排”布置，例如曲线形的座椅或成角布置的座椅就是一种明智的选择。当座椅成角布置时，如果坐着的人都有攀谈的意向，搭话就会容易一些。如果不愿交谈，从窘况中解脱出来也较方便。而成套的桌子为进入空间做事和吃点心等提供了有利条件，这样，座椅布置巧妙的休息区域就具有了一系列的功能，远不止于只是让人们小坐一会儿。

2．坐具的朝向

朝向与视野对于座位的选择起着重要的作用。有机会观看各种活动是选择座位的一个关键因素。朝向的多样性很重要，这意味着人们坐着时能看到不同的景致，因为人们对于观看行为、水体、花木、远景、身边活动等的需要各不相同。阳光和风的方向也必须加以考虑，人们会根据季节的不同来选择阳光的需要量和对风的趋避。

提供多种座位组合，可以吸引各种年龄、性别的人就座，从而创造了引发交谈，娱乐等丰富活动的可能。

3．坐具的布置要点

根据长时间的观察和分析，得出坐具需要考虑以下几方面的设计要点。

（1）休息椅凳的设置方式应考虑人在室外环境中休息时的心理习惯和活动规律。一般以背靠花坛，树丛或矮墙，朝开阔地带为宜或结合桌、树、花坛、水池设计成组合体，构成人们的休息空间。

（2）供人长时间休憩的椅凳，应注意设置的私密性。以单座型椅凳、高背分隔型座椅或较短连座椅为主，可将几张座凳与桌子相结合，以便于人们较长时间地交流和休息。

（3）人流较多供人短暂休息的椅凳，则应考虑设施的利用率。根据人在环境中的行为心理，常会出现七人座椅仅坐三人或两人座椅只能坐一人的情况，所以长度约为 2m 的三人座椅的实用性被证明是较高的，或者在较长的椅凳上适当画线分格，也能起到提高其利用率的效果。在街道宜采用没有靠背的座凳，因为人们不会坐得太久，在较开阔的地方可以设置靠背。

（4）座椅的样式首先要满足功能要求，然后要具有特色。一般来说，一条街的设施小品应该具有一个统一风格。

（5）座椅是供人们休息、交谈、眺望时使用的。其设置应根据使用性质的不同，按照设计放在街道、广场、购物中心等固定位置上。供休息的座椅多放在路边，供眺望的座椅应设在有景可观的地方。

（6）为保持环境的安静，且互不干扰，座椅间一般要保持 5～10m 以上的距离，还可以利用地形、植物、山石等适当分隔空间，创造一些相对独立的小环境，以适应各类人群的需要。

（7）座椅周围的地面应进行铺装，或在座椅的前面安放一块与座椅等长、宽 50cm 的踏脚板，以保持卫生。

（8）室外景观环境中的台阶、叠石、矮墙、栏杆、花坛等也可以设计成兼有座椅功能的景观。

二、亭、廊、花架

亭、廊、花架均是室外环境中常见的休憩设施。

对于规模较小的庭院，在设计时要注意视觉规律：一般情况，在各主要视点赏景的控制视角为 60°～90°，或视角比值 *H*（*H* 为景观对象的高度，包括房屋的高度，构成画面中的树木、山丘等配景的高度，*D* 为视点与景观对象之间的距离）为 1:1～1:3，如图 4-15 所示。若在庭院空间中各个主要视点观景，所得的视角比值大于 1:1，则将在心理上产生紧迫和闭塞的感觉；如果都小于 1:3，这样的空间又将产生散漫和空旷的感觉。

图 4-15　合适的观景视角

对大型园林风景区组景所希望取得的景观效果，因是以创造较大范围的艺术意境为目的，目之所及的各种景物无拘远近均可入画，空间尺度灵活性极大，不宜不分场合硬套一般视角大小的视觉规律。此外，处理园林建筑尺度，还要注意整体和局部的相对关系，如果不是特殊的功能和艺术思想需要，一般情况，处于小范围的室外空间建筑物的尺度宜适当缩小才能取得亲切的尺度感受；同样，在大范围的室外空间中的建筑物尺度也应适当加大，才能使整体与局部协调而取得理想的尺度效果。

加大建筑的尺度，一般可采用适当放大建筑物部分构件的尺寸来达到，但如过分夸大把它们一律等比例放大，则会由于超越人体尺度使某些功能显得极不合理，并予人以粗陋的视觉印象。古代匠师处理建筑尺度方面的经验是十分宝贵的，如为了适应不同尺度和建筑性格的要求，房屋整体构造有大式和小式的不同做法，屋顶有歇山、悬山、硬山、单檐、重檐的区别。为了加大亭子的面积和高度增大其体量，可采用重檐的形式、以免单纯按比例放大亭子的尺寸造成粗笨的感觉，这些经验，今天仍给设计者对空间尺度的探索以良好的启示。

亭的体量尺度：亭的开间 3～5m 为宜。檐口下皮高度一般取 2.6～4.2m，可视亭体量而定；重檐的话，檐口标高 3.3～3.6m。如图 4-16 所示。

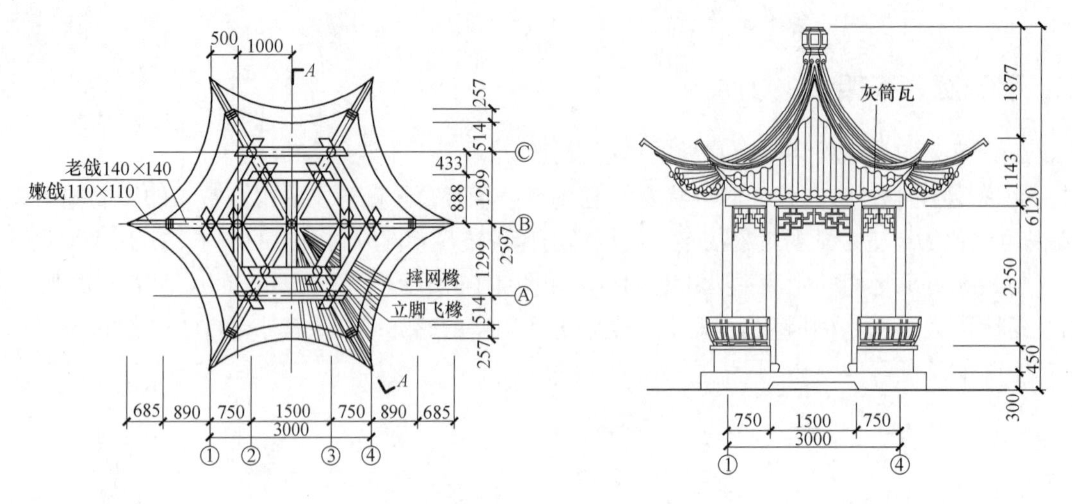

图 4-16　六角亭

廊的体量尺度：廊的开间不宜过大，宜在 3m 左右，柱距 3m 上下。一般横向净宽在 1.2～1.5m，但为适应游人客流量增长的需要，现在一些廊宽在 2.5～3.0m。檐口底皮高度为 2.4～2.8m。廊柱一般柱径 d=150mm，柱高为 2.5～2.8m。如图 4-17 所示。

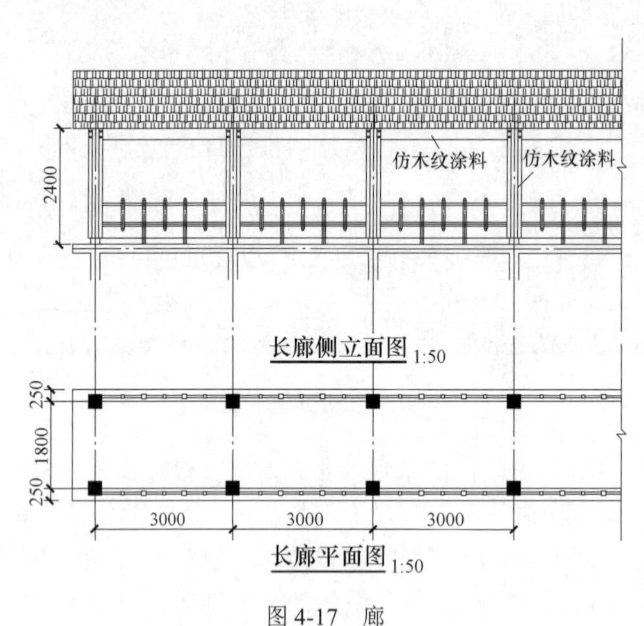

图 4-17　廊

花架的体量尺度：花架的高度控制在 2.5～2.8m，有亲切感，一般用 2300、2500、2700mm 等尺寸。花架开间一般设计在 3～4m，进深跨度通常用 2700、3000、3300mm。如图 4-18 所示。

三、电话亭

公共电话亭的形态主要有两大类，封闭式与半封闭式。封闭式电话亭是指四周和上下都完全与外界分隔的电话亭，材料的选择上一般采用玻璃和铝合金或钢的结合。半封闭式电话亭是指没有门，又不能遮蔽使用者全身的电话亭。

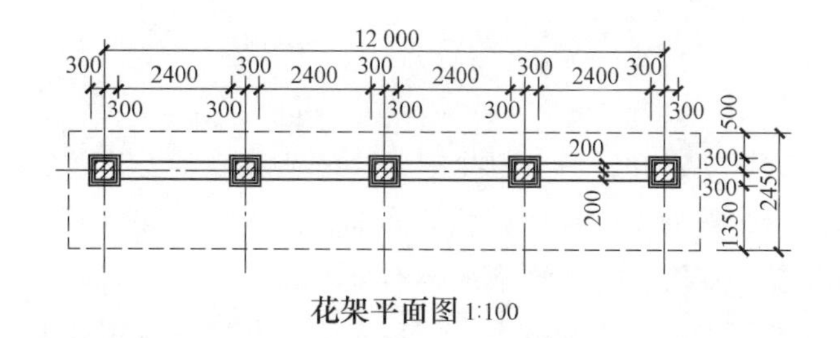

花架平面图 1:100

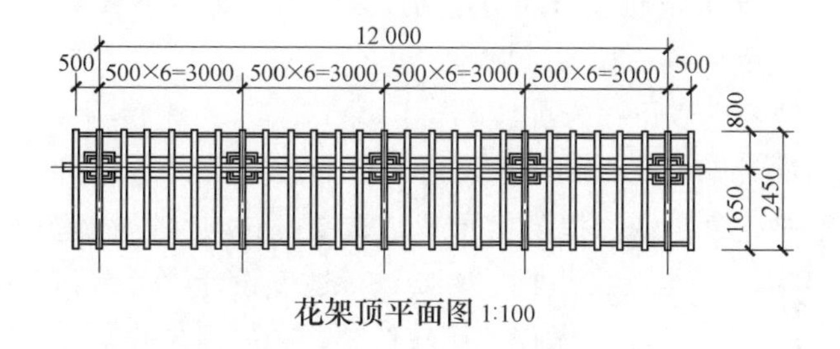

花架顶平面图 1:100

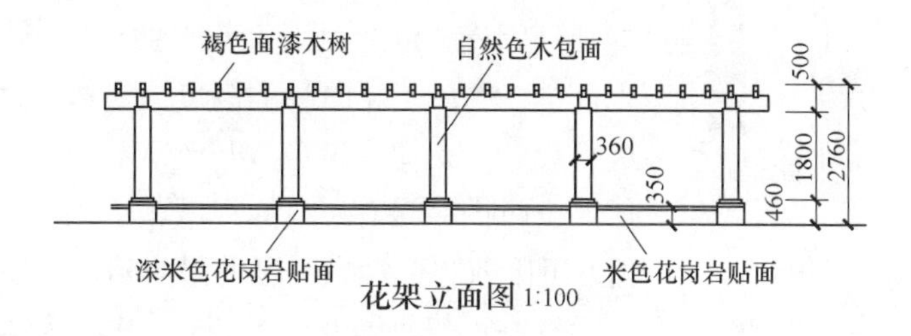

花架立面图 1:100

图 4-18　单臂花架

在电话亭的设计中，研究分析使用者的行为是很重要的。研究表明，人们对电话亭的使用需求有以下几点：

（1）电话机的放置高度必须适宜，需要考虑残疾人、老年人和儿童的要求；

（2）电话机面板的设计必须简洁明了，并能清楚地解释各项功能；

（3）使用者可以放置随身携带的物品，如设置挂手提包或雨具的挂钩；

（4）使用者可以进行电话记录，如设置书写板等构件；

（5）电话亭要有较好的挡雨和透风性能。

封闭式电话亭的尺寸一般高度为 2.04～2.4m，面积 0.8m×0.8m～1.4m×1.4m，残疾人使用的电话亭面积略大。设计封闭式电话亭时要注意以下几点，使用透明的材料，如玻璃门等，亭内不设门搭扣，门必须朝外开启，要有通风及照明装置。

半封闭式电话亭一般有顶棚顶盖，以防风遮雨，左右有遮拦板，以划分界线，加强空间的私密性。其尺寸一般为高 2m，进深 0.7～1m。有的半封闭式电话亭考虑到残疾人使用的方便，电话机放置的位置较低，距地面约 50cm，即使正常人使用也无大碍。设计时注意单体柱式的半封闭式电话亭不宜太高，以免使人感觉压抑，设置一个台面，以方便摆放黄页等，同时方便使用者抄写记录，如图 4-19 所示。

图 4-19　电话亭

四、信息系统

信息系统是城市环境信息的媒介，给人们生活带来舒适和便利。随着经济的发展，现代城市生活的节奏也越来越快，信息系统作为城市环境设施的一部分，显示出其重要性，它对于促进快捷安全地使用交通设施和商贸的发展以及信息的交流都是必不可少的。

一般而言，信息系统的基本功能主要有三点，首先是帮助使用者顺利地通过一个空间或者到达某处目的地，如图 4-20 所示。其次是通过识别、导向以及告知等方式从视觉上增加某一环境的价值或吸引力，第三是保护公众的安全。

信息系统的设计，主要考虑以下三方面。

（1）距离。一般导向性设施会在目的物的附近或前后放置，它与目的物距离与导向内容有关，也与行驶速度有关。一般行驶速度越快，提供信息越是重要，导向性设施越是靠前。在一些公园里的景点标志，要进行适度设计，考虑到使用者是行路人，所以标志做得应比较低矮，在进行公共交通导向设计时，对导向标牌具体尺寸的确定，应考虑人体尺度和人在不同空间与围护状态下的活动因素，以及对大多数人的适宜尺寸，并强调其中以安全为前提。例如，导向牌的高度应考虑人体的身高和人眼的视域进行设计。人体高度应取男性人体高度的上限，并适当加以人体动态时的余量。人眼的视域其上限应取女性视域高度的最大值，下限取男性视域高度的最小值。此外还应充分分析其视点，以远近、正偏、高低分类，确定其主要与次要，使其在主要的视域内均保持恰当的视觉效果。导向性标牌的尺度应符合交通环境中人行动、使用、查找、观看的安全、舒适与方便，这也是设计中较为难把握但又十分重要的问题。

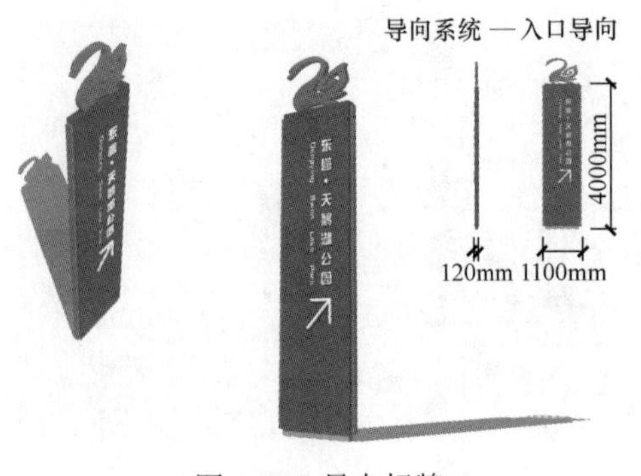

图 4-20　导向标牌

（2）识别度。设施阅读面的大小、文字的形式、色彩均与阅读需要有关。与距离问题相似，一般越是重要的信息、越是需要快速阅读的标牌，需要做得越大、越醒目、越简洁。特别是高速公路上的标牌，对于标牌的尺寸大小、字体和图形的形状及内容在较远的距离下可以阅读，大气变化以及阳光反射角度等都要详细调查论证，这对确保行车安全至关重要。

（3）信息表达方式。信息表达方式可以用文字、图表，根据实际情况而定，但尽量采用人所共知的图形，这样可以使人一目了然，印象深刻，如图 4-21 所示。使用文字时，字体要容易阅读，且要具有统一性。如现代交通导向系统趋向于国际化统一标准，一般高速公路标牌以绿底白条为主，一般道路以蓝底白条为主，这样，在一般公路上找高速公路入口，只要找到蓝色标牌中的绿色色块的标牌就能提醒驾驶者。

五、垃圾箱

垃圾箱被公认为是反映一个城市文明的标志，体现一个城市和所在居民的文化素质，并直接关系到城市空间的环境质量和人们的生活与健康水平。它既是城市生活中不可缺少的卫生设施，又是环境空间的点缀，如图 4-22 所示。

垃圾箱的设计要点。

垃圾箱的设计应以功能为出发点，具有适度的容量、方便投放、易于回收与清除，而且要构思巧妙、造型独特。

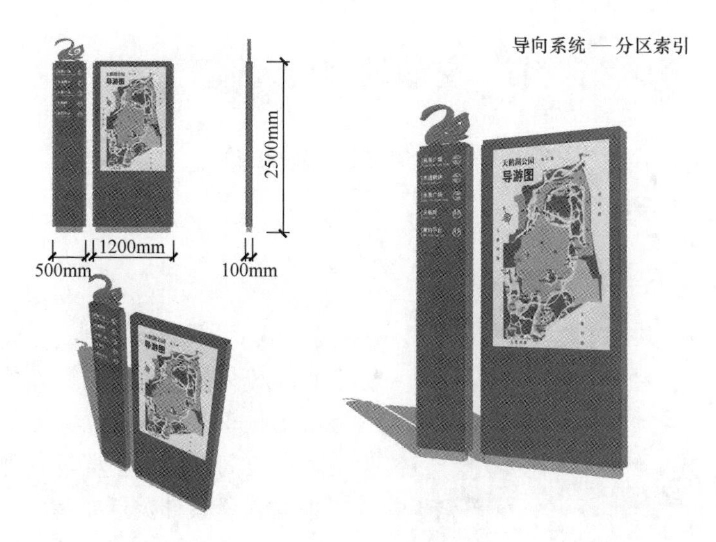

图 4-21 导向图

（1）垃圾箱应设置在路边、休憩区内、小卖店附近等处，设置在行人恰好有垃圾可投的地方以及人们活动较多的场所，例如公共汽车站、自动售货机、商店门前、通道和休息娱乐区域等。

（2）垃圾箱在具体环境中的位置应明显，要具有可识别性，而又不要过于突出。同时，要考虑清洗和回收时的方便性。

（3）垃圾箱应与座椅保持适当的距离，避免垃圾对人造成影响。

（4）垃圾箱周围的地面应做成防水的硬质铺装，铺地可略高出周围地面，以便于清洗，因此垃圾箱不宜设在草坪上。

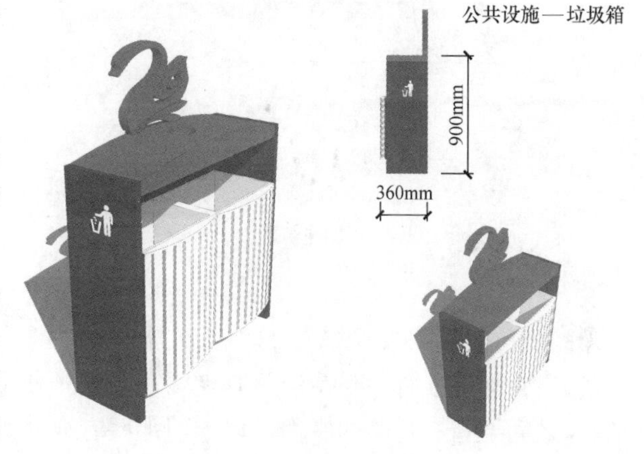

图 4-22 垃圾箱

（5）经常性清除的垃圾箱可无盖，在箱体内可悬挂塑料回收袋，以方便换取。

（6）垃圾箱造型的尺度高低，要依据人体工程学的计测尺寸而确定，即从如何方便人的操作使用为出发点出发，造型容积的大小，则根据使用场所与所收集垃圾的容器和数量而定。垃圾箱的投口高度为 0.6～0.9m。

（7）垃圾箱位置和数量的设置，要与人流量、居住密度相对应。安放距离不宜超过 50～70m，间距一般为 30～50m。

（8）垃圾箱的容量，应根据垃圾量、垃圾箱的数量和每天清洗回收的次数来确定。目前城市垃圾箱的容量多为 40～80L（0.04～0.08m^3，每升垃圾重量约为 1.5kg），垃圾箱的充满度为 0.85～0.9m。垃圾在箱内储存的期限最好为 1～2 天。

（9）垃圾箱的防水设计非常重要，应不灌水、不渗水以免造成大面积污染，应便于移动、倒空与清洗。因此，垃圾箱做成圆柱形居多，垃圾箱的投口不可太小，其上部可略微扩大以使投物方便。

第三节　交通设施与人体工程学

城市中各类交通环境中候车亭、人行架空天桥、连廊、路障、防护栏、停车场（库）等都属于交通设施，用以保障行人、车辆的交通秩序与安全。

一、候车亭

候车亭是等候乘坐公共汽车时的停留空间，其配置应考虑行人的使用，并提供安全、方便、易于辨识、可休憩的人性化候车空间，如图 4-23 所示。标准的候车亭一般是由站台、信息牌、顶盖、隔板、支柱、夜间照明、座椅等几部分组成，在设计中可以根据地段条件灵活掌握。

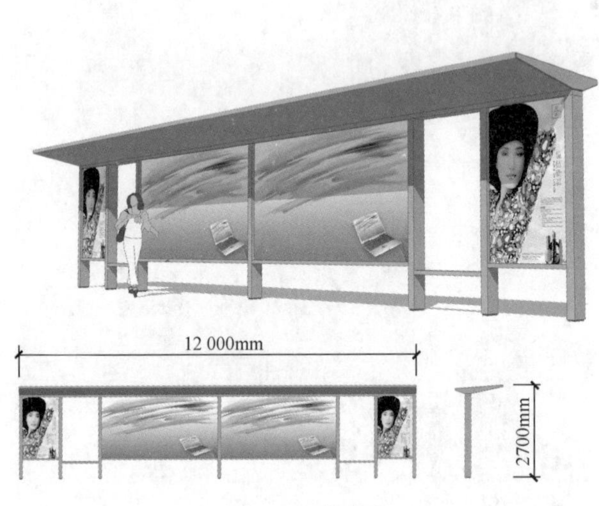

图 4-23　候车亭

对于使用者来说，设计优良的候车亭应具有以下特点。

（1）明视度高。在候车亭内的人们可以清晰地观察车辆是否即将进站。因此，隔板可以选用清晰明亮的玻璃材质，车进站方向的一面可以不设置隔板，如果设置隔板也应采用透明材质。

（2）方便乘客上下车。对于多数候车者来说，这是他们对候车亭的设计最关心的地方。人们总是希望自己尽可能地接近上客车门的位置，所以候车亭的设计不能阻碍人们上车的过程。

（3）舒适和便利。候车亭应为人们提供坐的地方，座椅的数量要视候车人数及候车时间的长短来定。如果乘客等候时间长或经常有老弱病残人士使用候车亭，应相应增加座椅的数量。在座椅的两端与侧板之间要留有足够的空间，以方便那些有婴儿车的乘客或坐轮椅的人。靠杆是对座椅的一种有效补充，在可能的情况下应尽量设置。靠杆的高度要视人体工程学数据来决定，在选择靠杆的材料时，应注意其表面与人体接触的部分要力求舒适。在气候条件恶劣的地方，最好在两侧都设置隔板，使候车者得到最大程度的保护。同时应设置夜间照明，特别是候车区域和上车区域，要保证一定的照度，以确保候车者的安全。

（4）有充分的换乘信息。人们希望了解公交车的时刻表、发车间隔、停靠站点及城市地图等。

二、护栏与护柱

护栏的美观是和道路的景观设计联系在一起的。护栏的存在，应该给道路使用者增加舒适感和安全感，还应照顾到行驶中驾驶员或行人的视觉和心理反应，能在视觉上自然地诱导驾驶员或行人的视线，保持道路线形的连续性。对一些会使道路使用者产生恐惧心理的危险路段，在选择护栏形式时，宜采用遮挡视线的梁式护栏、混凝土护栏，如图 4-24 所示。

三、防眩设施

当夜间在道路上行驶的车辆会车时，前照灯（大灯）的强光会引起驾驶员眩目，致使获得视觉信息的质量降低，造成视觉机能的伤害和心理的不适，使驾驶员产生紧张感，也是诱发交通事故的潜在因素。防眩设施就是防止夜间行车受对向车辆前照灯眩目的构造物，其一般设置要求如下。

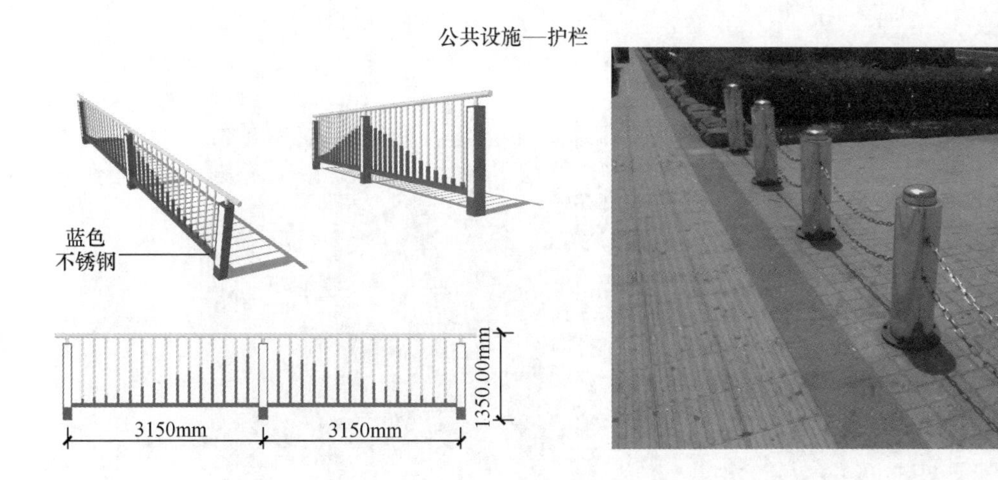

图 4-24　护栏与护柱

（1）防眩设施的设置应注意连续性，避免在两段防眩设施中间留有短距离的间隙，这种情况会给毫无思想准备的驾驶员造成潜在的眩目危险。

（2）长区段设置防眩设施时，应考虑在形式或颜色上有所变化，可把植树和防眩板交替设置。一般每隔 5km 左右宜适当改变形式或颜色，以给驾驶员提供多样化的景观，克服行车的单调感。

（3）防眩板的宽度应根据中央分隔带宽度确定，并注意与道路景观相协调。如某公路的防眩板板宽 0.70m，而中央分隔带宽仅 1.00m，防眩板边缘紧靠行车道，既容易被车辆刮倒，也使驾驶员有压迫感，防眩板给人的感觉就像一面面又大又笨的铁扇排立在道路中央，非常难看。且由于板宽，两板间的距离大，驾驶员驱车经过时感到一晃一晃的，昼夜对驾驶员视觉的刺激很大，影响了行车质量。

（4）防眩设施与各种护栏结构组合设置时，要根据不同地区的情况结合防风、防雷、防眩、景观等多方面的综合要求，考虑设置组合结构的合理性。

（5）防眩设施的高度应与车辆前照灯高度、驾驶员视线高度、道路纵断曲线及前照灯的最小几何可见度角、配光性能等因素密切联系。从现阶段行驶的车辆看，货车驾驶员的视线在不断增高，小车司机的视线高度有逐渐降低的趋向。防眩设施的高度一般只要使组合频率较高的小车与小车、小车与大车相遇时具有良好的效果即可。据交通部门研究，不同车辆组合时的防眩设施最小高度为 1.09～1.68m，故建议在平直路段防眩设施高度采用 1.60～1.70m，如图 4-25 所示。

四、人行立交

人行立交是指在城市交通繁忙混杂的路段或交叉口，为保证行车和行人安全而设置的行人过街设施。人行立交包括人行天桥和人行地道两类，其设置要求如下。

（1）人行天桥和人行地道应分别满足车行、人行交通的净空限界要求。

（2）人行立交道通道宽度应根据规划人流量规划确定，并不得小于 3m。人行立交通道宽度见表 4-1。

（3）人行立交一般采用梯道方式解决垂直交通，梯道口附近应留有足够的人流集散场地和醒目的标志，梯道占用部分人行道面积时，不得影响人行道的正常使用。

图 4-25　防眩设施

表 4-1　人行立交通道宽度表

规划步行流量（人/min）	通道宽度（m）	步行带数（条）
120～160	3.00	4
160～200	3.75	5
200～240	4.50	6

（4）人行立交不宜考虑自行车骑行，但应考虑轮椅、童车的推行，单独或结合梯道设置缓坡道或推行坡道，缓坡道坡面的最大斜率不大于 1:7，推行坡道坡度应与梯道一致，一般不大于 1:4。

（5）在地震多发地区的城市人行立交应采用地道形式。

五、停车设施

（一）机动车停车设施的标准

1. 机动车停车设施的标准车分类及回转轨迹

停车设施设计的机动车标准车类型及净空尺度要求见表 4-2，车辆安全净距如图 4-26 所示。

表 4-2　停车设施标准车型及净空要求（单位：m）

车型	总长	总宽	总高	车辆安全距					
				纵向净距	横向净距	车尾间距	构筑物纵距	构筑物横距	净高
微型汽车	3.2	1.6	1.8	1.2	0.6	1.0	0.5	0.6	2.2
小型汽车	5.0	1.8	1.6	1.2	0.6	1.0	0.5	0.6	2.2
中型汽车	8.7	2.5	4.0	2.4	1.0	1.5	0.5	1.0	2.8
普通汽车	12.0	2.5	4.0	2.4	1.0	1.5	0.5	1.0	3.4
铰接车	18.0	2.5	4.0	2.4	1.0	1.5	0.5	1.0	4.2

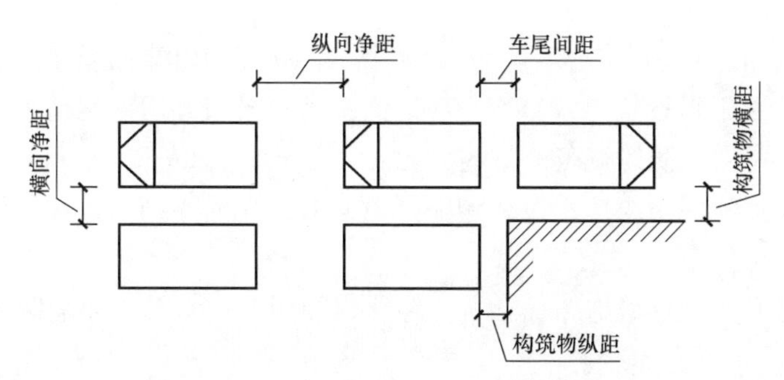

图 4-26　机动车停车安全净距示意

2．机动车回转轨迹

汽车在停车设施内转弯时的回转轨迹如图 4-27 所示，各种车辆回转计算参数见表 4-3。

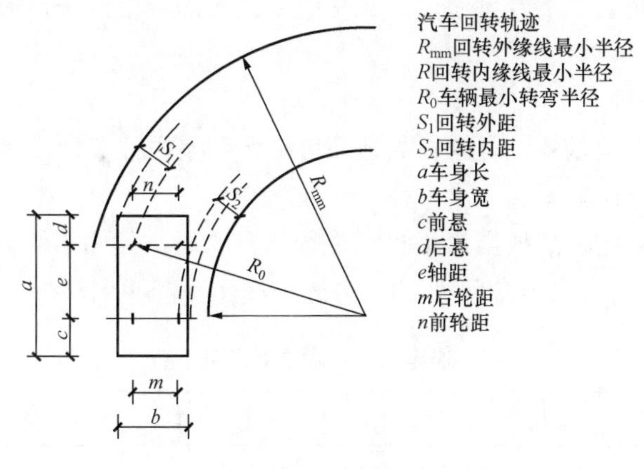

图 4-27　汽车回转轨迹

表 4-3　各种车辆回转参数（单位：cm）

车　　类	车　　型	a	b	R_0	R_{mm}
2t	BJ 130	471	185	570	630
4t	CA-10B	667	246	920	980
5t	CA 140	689.5	243.8	800	860
8t	JN 150	760	240	825	880
9t	CA 150	777.5	249.4	1100	1160
越野车	BJ212	386	175	600	660
小客车	SH760	478	177.5	560	620
小客车	CA770A	598	199	750	810
中客车	BJ630	585	195	680	740
大客单车	BJ640（解放）	855	245	900	960
大客单车	BJ651（黄河）	1050	245	1150	1210
大客铰接车	BK661（解放）	1380	245	1130	1190
大客铰接车	北京 I 型（无轨）	1500	245	1190	1250
大客铰接车	BG660（黄河）	1688	250	1250	1310

（二）机动车停车设施设计

1．设计原则

（1）按照城市规划确定的规模、用地、与城市道路连接方式等要求及停车设施的性质进行总体布置。

（2）停车设施出入口不得设在交叉口、人行横道、公共交通停靠站及桥隧引道处，一般宜设置在次干道上，如需要在主要干道设置出入口，则应远离干道交叉口并用专用通道与主干道相连，停车设施出入口设置的数量应符合消防等规范的规定。

（3）停车设施的交通流线组织应尽可能遵循“单向右行”的原则，避免车流相互交叉，并应配备醒目的指路标志。

（4）停车设施设计必须综合考虑路面结构、绿化、照明、排水及必要的附属设施的设计。

2．停车设施类型及规划指标

城市公共停车设施分为路边停车带和路外停车场（库）两大类。

（1）路边停车带

一般路边停车带设在车行道旁或路边，多是短时停车，随到随停，没有一定规律。通常路边停车带采用单边单排的港湾式布置，不专设通道。在交通量较大的城市次干道旁设路边停车带时，可考虑设置分隔岛和通道。

（2）路外停车场

路外停车场包括道路用地以外设置的露天地面停车场和室内停车库。停车库又包括地下或多层构筑物的坡道式和机械提升式停车库。

停车设施停车面积规划指标是按当量小汽车进行估算的。露天停车场为 25～30m²/停车位，路边停车带为 16～20m²/停车位。室内停车库为 30～35m²/停车位。各种车型的换算系数见表 4-4。

表 4-4　　停车设施车辆换算系数

车型	微型汽车	小型汽车	中型汽车	普通汽车	铰接车
换算系数	0.6	1.0	1.2	2.0	4.0

3．车辆停发方式

车辆停车、发车有三种方式，要根据停车设施的性质和功能要求选择不同的停发方式，如图 4-28 所示。

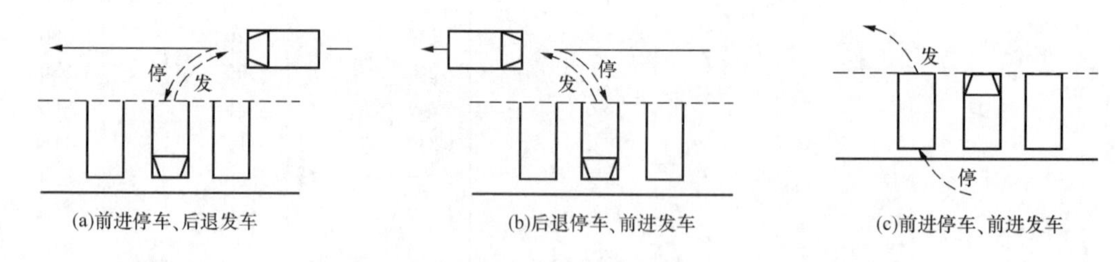

图 4-28　停车、发车方式

（1）前进停车、后退发车。车辆就近停车迅速，但发车较为费时，不易做到迅速疏散。常用于斜向停车方式的停车设施。

（2）后退停车、前进发车。车辆就位较慢，但发车迅速，是最常见的停车方式，平均占地面积较少。

（3）前进停车、前进发车。车辆停、发均能方便迅速，但占地面积较大，一般很少采用，常用于倒车困难而又对停发迅速要求较高的停车设施，如公共汽车停车场和大型货车停车场等。

4．车辆停放方式及停车技术数据

车辆停放方式有三种。

（1）平行停车方式。车辆停放时车身方向与通道平行，是路边停车带或狭长场地停放车辆的常用形式。平行停车方式的停车带和通道均较窄，车辆驶出方便、迅速，但单位车辆停车面较大。

（2）垂直停车方式。车辆停放时车身方向与通道垂直，是最常用的一种停车方式。垂直停车方式的停车带宽度以车身长度加上一定的安全距离确定，通道所需宽度最大，驶入驶出车位一般需倒车一次，较为便利，用地比较紧凑。

（3）斜向停车方式。车辆停放时车身方向与通道成30°、45°、60°或其他锐角斜向布置，也是常用的一种停车方式。斜停方式的停车带宽度随停放角度和车身长而有所不同，车辆停放比较灵活，驶入驶出车位均较方便，但单位停车面积比采用垂直停车方式时更大。

图4-29是微型汽车和小型汽车的停车图式，表4-5为各相应设计要素的设计指标。

表4-5　微型汽车和小型汽车停车设计图式

停车角度	停车方式	垂直通道方向停车位宽 L(m)		平等通道方向停车位宽 B(m)		通道宽 S(m)		双排停车单位宽度 D(m)		单位停车位面积 A(m²/车)	
		Ⅰ	Ⅱ	Ⅰ	Ⅱ	Ⅰ	Ⅱ	Ⅰ	Ⅱ	Ⅰ	Ⅱ
平等式	前停前发	2.6	2.8	5.7	7.5	3.0	4.0	8.2	9.6	23.4	36.0
30°	前停后发	4.1	5.2	5.2	5.6	3.0	4.0	11.2	14.4	29.1	40.3
45°	前停后发	5.45	6.9	3.7	4.0	3.0	4.0	13.9	17.8	25.7	35.6
45°交叉	前停后发	4.45	5.9	3.7	4.0	3.0	4.0	11.9	15.8	22.0	31.6
60°	后停前发	4.5	6.2	3.0	3.2	3.5	4.5	12.5	16.9	18.8	27.0
90°	后停前发	3.7	5.5	2.6	2.8	4.2	6.0	11.6	17.0	15.1	23.8

注　表中Ⅰ指微型汽车，Ⅱ指小型汽车。计算公式：$D=S+2L$，$A=\frac{D}{2}\times B$。

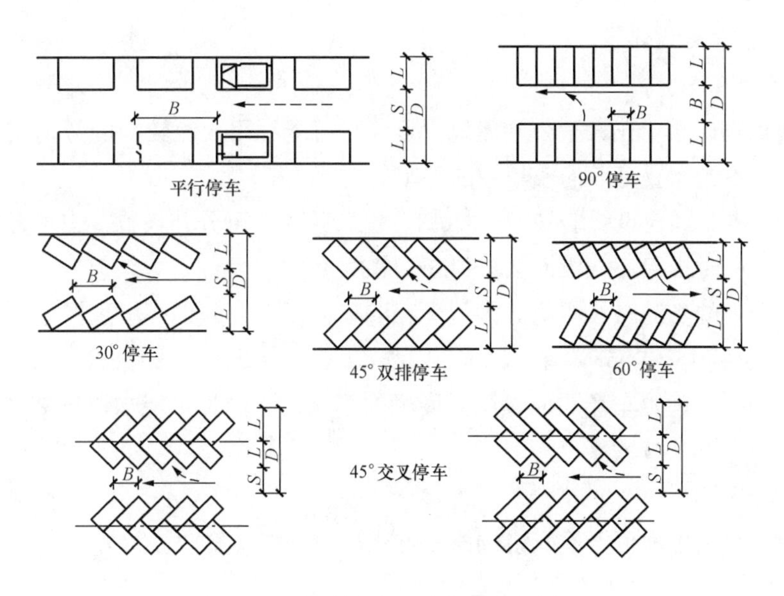

图4-29　微型汽车和小汽车停车图式

图4-30是普通汽车和大型汽车的停车图式，表4-6为各相应设计要素的设计指标。

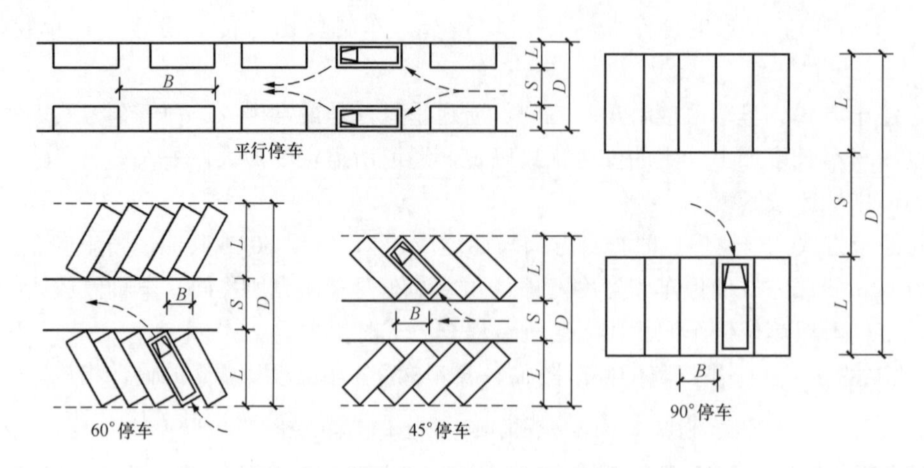

图 4-30　普通汽车和大型汽车的停车图式

表 4-6　普通汽车和大型汽车停车设计指标

停车角度	停车方式	垂直通道方向停车位宽 L(m)		平等通道方向停车位宽 B(m)		通道宽 S(m)		停车单位宽度 D(m)		单位停车位面积 A(m²/车)	
		Ⅲ	Ⅳ	Ⅲ	Ⅳ	Ⅲ	Ⅳ	Ⅲ	Ⅳ	Ⅲ	Ⅳ
平行式	前停前发	3.5	3.5	13.2	16.5	4.5	4.5	11.5	11.5	75.9	94.9
45°	前停后发	9.0	11.3	5.0	5.0	6.0	6.75	24.0	29.4	60.0	73.5
60°	后停前发	9.75	12.6	4.0	4.0	6.5	7.25	26.0	32.5	52.0	65.0
90°	后停前发	9.2	12.5	3.5	3.5	9.7	13.0	28.1	38.0	49.2	66.5

注　表中Ⅲ指普通汽车，Ⅳ指大型汽车，计算公式：$D=S+2L$，$A=\frac{D}{2}\times B$。

（三）自行车停车设施设计

1．设计原则

（1）按规划要求就近布置在大型公共建筑附近，尽可能利用人流较少的旁街支巷口、附近空地或建筑物内（地面或地下）布置分散的或集中的停车场地。

（2）每个自行车停车场应设置 1～2 个出入口，出口和入口可分开设置，也可合并设置，出入口宽度应满足 2 辆自行车同时推行，一般为 2.5～3.5m 宽。

（3）要求停车场内的交通路线明确。为便于存取车辆，可划分小停车区停放，每一个小停车区以停放 20～40 辆车，长度 15～20m 为宜。

（4）固定停车场和夜间停车场均应设防雨防晒的车棚，地面尽可能加以铺装。居住区内可考虑 2 层自行车停放设施。

2．自行车停放方式

自行车停车设施常采用垂直停放或错位停放方式，很少采用斜向停放方式。

3．自行车停车带宽度、通道宽度和单位停车面积

自行车停车场的停车带宽度、通道宽度和单位停车面积见表 4-7。

表 4-7　　自行车停车带宽度、通道宽度和单位停车面积

停车角度		停车带宽度(m)		车辆间距(m) C	通道宽度(m)		单位停车面积(m^2/辆)	
		单排 A	双排 B		一侧用 D	两侧用 E	单排 $(A-D)\times C$	双排 $\frac{1}{2}(B+E)\times C$
垂直停放	并排	2.0	4.0	0.6	1.5	2.5	2.1	1.95
	错位		3.2	0.4		2.5		1.15
斜向停放	60°	1.7	2.9	0.5	1.5	2.5	1.6	1.35
	45°	1.4	2.4	0.5	1.2	2.0	1.3	1.10
	30°	1.0	1.8	0.5	1.2	2.0	1.1	0.95

第四节　游乐设施与人体工程学

儿童游戏属于体育运动的一类项目，也是一种文娱活动，是适合儿童身心发展特点的一种独特的活动形式。儿童的主要活动方式就是游戏。它主要分为智力型游戏和活动型游戏，前者如下棋、搭积木、猜谜语等发展儿童智力的游戏，后者如跳绳、打球等促进儿童的生理发展的游戏。儿童游戏对儿童的发展具有积极作用，一般在游戏中参与者都必须遵守各自的游戏规则。儿童在游戏活动中可以得到身体和活动技能的全面发展，而且还可以培养智力和敏捷、创造性等心理过程和个性品质、也可以培养集体荣誉感和互相合作等优良品质。

探究儿童游戏设施的设计需要结合儿童的年龄特征。表 4-8 为不同年龄段儿童的总体特征，图 4-31 为常见儿童游戏方式。

表 4-8　　不同年龄段儿童的总体特征

年龄（岁）	总　体　特　征
2～3	蹒跚学步幼儿刚刚脱离婴儿期，对外界有着强烈的感知力。他们不仅渴望接受视觉、触觉、听觉，以及嗅觉等各方面的信息，并且也需要在这诸多方面得到健全和发展。总之，他们对万物都充满了好奇
4～5	4～5 岁的孩子和蹒跚学步幼儿一样对世界充满了好奇，但他们也具有更为熟练的行动技能去亲身体验一切。许多儿童可以熟练地操作计算机和玩游戏。男孩女孩逐渐认识到了性别之分，女孩在游戏中要做妈妈，男孩要做爸爸，但不是所有的孩子都喜欢过家家游戏，有些孩子欣然接受这种角色，有的孩子极力摆脱。这个年龄的孩子出现了个人喜好的端倪。他们都喜欢模仿成人动作，所以规模和体验真实情感的设计都比较受欢迎
6～7	6～7 岁的孩子特别活跃。个体表现（包括身体、语言、艺术、感情上的）占据了他们大部分时间。他们小的动作技巧比较灵活，所以，按钮，画蜡笔画，对付一些机械装置如曲柄、杠杆、小玩具等对他们来说十分简单。一些令大人担心的技术，他们反而更感兴趣。不擅长阅读，但他们理解符号语言的能力和认识色彩的能力正在迅速地发展
8～9	随着数学知识的增长，8～9 岁孩子的空间思维能力开始发展。在设计方面，他们能够提出自己的想法，参与这项复杂的活动。这个年龄的孩子也开始积累一定文化信息，这使他们具有幽默感，并能欣赏一些另类的东西。知道什么是对的，使他们能够体验错误的愉悦。为这个年龄段孩子设计冒险性的游戏较多。因为这个阶段的孩子年龄比较小但他们追求的却是比他们实际年龄要大 3～4 岁的东西
10～12	这个年龄群体中的许多孩子身体发育趋于成熟，而其他的孩子却仍停留在童年期。尽管自己以为已经成熟了，但是无论长得多高，他们还是爱玩儿。他们渴望成为更大群体中的一员，而且开始拥有自己的思想并向成人挑战。他们渐渐表现出一些极端的情绪。为这个年龄群体进行设计时应该考虑到生动、明快的色调和鲜明的对比对他们更具有吸引力。适用于成年人的外观设计，虽然做了适合孩子的处理，但仍然感觉更适合于大人

（一）游戏设施设计的要求

（1）满足儿童的需求

游戏设施的选择应该满足儿童的生理和心理特点，既要可以促进儿童的智力发展，又要使儿童身体健康成长。儿童游戏设施应能给予儿童各种感官的接触，如触觉、视觉等。也能给予儿童运动肌体和对经验控制的机会，从中了解物与物、人与人之间的空间位置概念。儿童游戏空间应为儿童提供多样的娱乐体验，要保证设施的多样性，游戏空间中如果缺乏游戏设施或者游戏场地太小，就只能提供有限的活动内容，儿童会很快地感到厌倦，那么这样的游戏空间建设完全是在浪费金钱。

（2）给儿童充分活动的机会

游戏设施应让儿童有选择的余地，能自己做主决定继续向前游戏或采取撤退的选择，避免被动式的游戏。要使儿童在玩过一种游戏后，又有新的挑战在等待他去克服，游戏空间必须能提供一系列游戏活动的可能性。

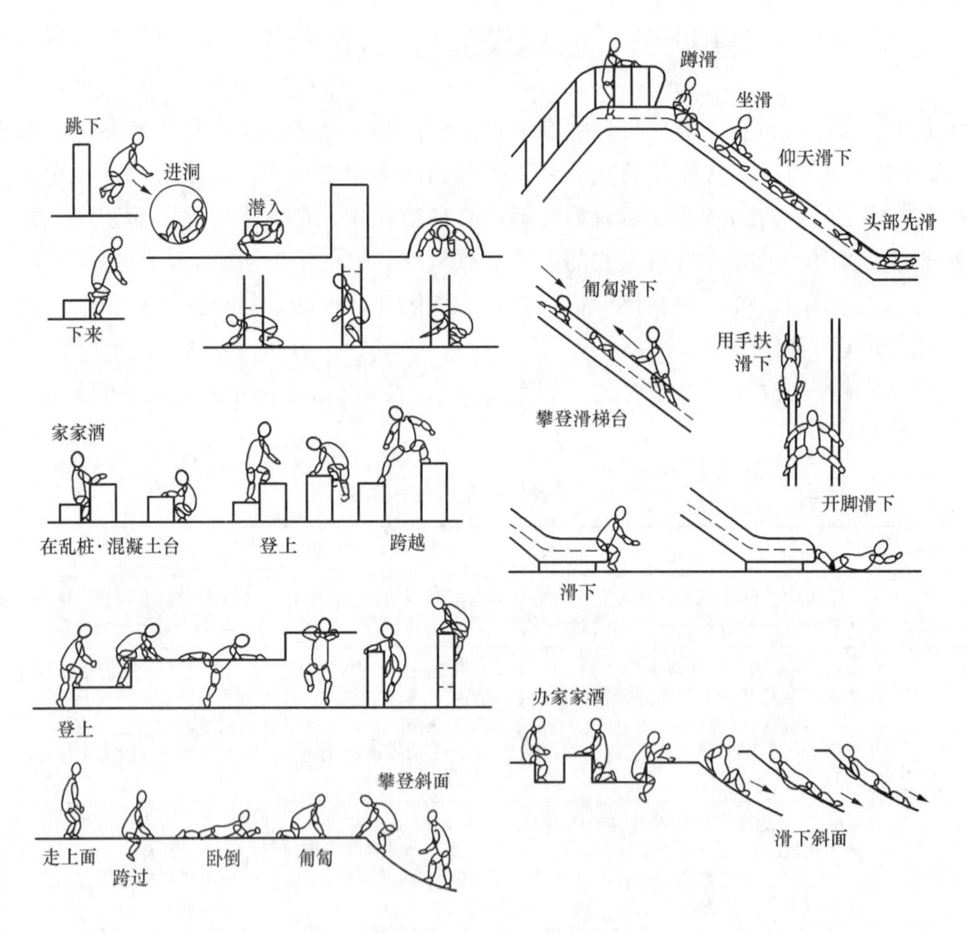

图 4-31　儿童游戏方式

（3）符合儿童的使用半径

游戏设施要符合儿童的尺寸，即设施要按人体工程学的原理与统计资料加以设计，例如儿童攀爬的高度、脚能抬高的尺寸、手握铁管的径粗等。在树丛、草坪、鲜花簇拥的自然游戏场环境中，根据儿童尺度建造的各种游戏设施，加以适当的装饰，再配置一些小家具如桌椅等，将会成为儿童理想中的童话世界，使游戏场真正成为儿童游戏生活的小舞台。

（4）安全的考虑

儿童游戏设施的布置应保证多个儿童进行游戏的安全，设施之间应留有一定空间，并利用绿化、矮墙等适当的分隔，形成相对半封闭的空间，使进行不同游戏的儿童不会相互干扰、碰撞、引起冲突，同时可以保证场地和器械使用的安全。

（5）游戏设施与成人适当隔离

儿童心理喜欢自由，希望有独立行动的能力，父母太接近儿童的游戏，反而会妨碍儿童在游戏中有犯错的机会和游戏的自由，影响儿童生理、心理的发展。

（6）景观要求

游戏场内各种游戏设施的造型应有一定的象征性，可采纳那些容易被儿童接受的民间故事、童话寓言为主题，设施形象要生动，卡通式小屋和动物造型的各类游具都较符合儿童天真活泼的心理特点。色彩可以给人各种感觉，如温度、重量、距离、软硬、时间等，尤其是时间感觉。儿童游戏本身易疲劳，色彩对疲劳有一定的调节作用，如绿色引起疲劳最慢，红色较容易使人兴奋等。同时色彩也有一定的语言，对于儿童来说，游戏设施应多选用橘、黄、红、绿、蓝等颜色，这些色彩容易激发儿童积极参与游戏的欢喜情绪，也较适合儿童热情、活泼愉快的游戏性格。

现代儿童游戏设施和器械的设计已不再局限于单纯性满足儿童玩耍的传统做法，为了培养孩子们对学习和思考的兴趣，大胆探索、体验的特性，对创造性行为的启发和对劳动的热爱，设计者们在自由组装的游戏器具方面花了很多工夫，设计了鼓励儿童按照自己的想法去拼装和操作的游戏形式，同时在游戏器械的造型、功能以及场地的设计上也有意做得奇异和别有特色，使游戏空间和设施都有鲜明的个性。

（二）游戏设施设计中安全舒适性的要求

（1）游戏场地最好用橡胶粒和多氨基甲酸酯的复合材料铺设。若条件不允许，在秋千、摇椅、滑梯和攀爬设备的下面铺设 8～10cm 的弹性覆盖物。美国景观手册上规定保护性地面（木头碎片，覆盖物，沙子或豆粒石等）的最小覆盖物层厚 30mm。

（2）固定设备下方和四周没有异物和障碍物。游乐设施的水泥基础牢固，水泥、坚硬的基础、树桩和岩石不能突出地面。

（3）游戏装置没有锋利的边缘，木质材料的边缘经过打磨或呈圆形。材料经过强度安全测试，采用不容易损坏的物件和不会因挤压变形的组件。

（4）游戏器械固定组件各个方向的落地区（减震材料）的最小半径 1800mm，秋千前后，减震材料的延伸距离应该等于悬挂横梁高度的两倍。秋千座椅要用柔软易弯曲材质，使用儿童感到舒服的座椅，婴儿秋千需要设置安全带。

（5）把手直径，2～5 岁儿童的把手直径在 2.5cm，5 岁以上儿童的把手直径在 2.5～4cm。

（6）游戏场内没有污染水源，没有开放的电源。

（7）围墙高在 1.2m 以上，避免儿童攀爬。

（8）栏杆高度适宜，栏杆采用水平式，垂直形状能引起儿童攀爬的兴趣。

（9）平台和坡度排水良好，避免使用吸水和湿滑材料。

（10）标识清晰，尤其是残障儿童的标识。

（11）设备之间的缓冲空间足够大，游戏器械之间的最小距离为 350cm。

（12）道路坡度 3%～4%，草坪坡度 6%～8%足以排水。

（13）滑梯的滑出段和地面平行最短为 40cm，滑梯的末端离地面 23～38cm，其中 2～5 岁儿童为 18～30cm。儿童不一定如我们希望的方式在滑梯上滑下，滑梯两端阻挡物在 1.2m 以上，较深的滑梯代表较大的安全和较小的意外。金属制的滑梯表面和平台面向北方或在乔木的遮挡下，以免太阳直晒。

第五节　植物种植与人体工程学

一、道路绿化种植

（1）道路交叉口和立体交叉部分要特别注意对视距的影响。为了使驾驶员在交叉口处能看清交会的车辆，能及时地驶过交叉口或必要时及时刹车，这段距离应满足视距三角形的要求。另外，还可通过植物的配置形式提示必要的道路信息。对于弯道外侧的植物应连续种植，视线要封闭，不使视线涣散，并预示道路方向和曲率，有利于行车安全。当车辆快速行驶时，道路两边垂直要素可形成行驶距离和速度的指标，并且会形成“瓶颈”效应，因其眼界变窄，注意力集中到竖向目标上，缩短了道路焦距，使驾驶员减低速度。绿化种植可利用这一特性，在路口附近进入隧道桥区之前或有会车需要减速需要的地段到来之前的路段两侧，种植大乔木，人为地形成“瓶颈效应”，缩短这些危险处所的道路焦距，使驾驶员减速慢行，从而保证行车安全。

（2）道路两侧植物种植。通行机动车辆的道路，车辆通行范围内不得有低于 4.0m 高度的枝条，人行道的栽植应考虑行人的通行，并且以不妨碍通行者的视野为基本原则，人行道宽度较小时，种植乔木、灌木会占据有限的人行空间而妨碍行人通行，故其环境美化应以草皮及蔓性植栽为主。为方便残疾人使用的园路边缘不宜种植硬质叶片的丛生型植物，路面范围内，乔灌木枝下净空不得低于 2.2m，而且乔木种植点距路缘应大于 0.5m。

（3）分车带植物种植。分车绿带的植物配置应形式简洁，树形整齐，排列一致。乔木树干中心至机动车道路缘石外侧距离不小于 0.75m。中间分车绿带应阻挡相向行驶车辆的眩光，在距相邻机动车道路面高度 0.6～1.5m 之间的范围内，配置植物的树冠应常年枝叶茂密，其株距不得大于冠幅的 5 倍。两侧分车绿带宽度大于或等于 1.5m 的应以种植乔木为主，并宜乔木、灌木、地被植物相结合。其两侧乔木树冠不宜在机动车道上方搭接。

（4）高速公路植物种植。

1）视线诱导种植。通过绿地种植来预示可预告线形的变化，以引导驾驶人员安全操作，尽可能保证快速交通下的安全。这种诱导表现在平面上的曲线转弯方向、纵断面上的线形变化等。因此种植时要有连续性才能反映线形的变化，同时树木也应有适宜的高度和位置要求，才能起到提示作用。

2）防眩种植。因车辆在夜间行驶常由对方灯光引起眩光。因此而采用防眩种植的间距、高度与司机视高和前大灯的照射角有关。树高根据司机视高决定，从小轿车的要求看，树高需在 150cm 以上，大轿车需 200cm 以上。过高则影响视界，同时也不够开敞。

3）适应明暗的栽植：当汽车进入隧道时明暗急剧变化，眼睛瞬间不能适应，看不清前方。一般在隧道入口处栽植高大树木，以使侧方光线形成明暗的参差阴影，使亮度逐渐变化，以缩短适应时间。

（5）停车场的植物种植设计要符合下列规定。

1）树木间距应满足车位、通道、回车半径的要求。

2）庇荫乔木枝下净空的标准。大中型汽车停车场枝下净空大于 4.0m，小汽车停车场大于 2.5m，自行车停车场大于 2.2m。

二、广场绿化种植

集散场地种植设计的布置方式，应考虑交通安全和人流通行，场地内的树木枝下净空应大于 2.2m（儿童游戏场枝下净空应大于 1.8m），不应选用在游人正常活动范围内枝叶有硬刺或枝叶形状呈尖硬剑、刺状或有浆果或分泌物坠地的种类，严禁选用有毒植物。如图 4-32 所示。

图 4-32　广场种植

另外，为更出色地发挥植物的作用，要充分运用植物材料的视觉特性，从最直接的人的感受出发，从植物尺度、线条、形状、色彩、叶形、组群、质感等视觉要素入手，了解植物对人视觉心理的影响，并将其运用到设计中。

三、植物材料的质地与环境设计

质地是植物材料肌理的表情，有粗犷、厚重、轻柔或细腻之分。通过对不同植物质地的把握，能够强化所希望得到的空间感受氛围。

首先植物的质地特性能够影响人对空间的尺度感觉。线条粗、叶片大的植物由于其占据的空间与实际空间对比较大，因而使空间显得比实际要小，相反，质地细腻的植物会使所在空间看上去大一些。两种质地对比强烈的植物配置在一起，能够使人明显地感觉到空间气氛的改变，而质地感觉中等的植物材料种植在质地感觉粗糙和质地感觉精细的植物材料之间，可使空间气氛变化自然，不易使人感觉到空间气氛的突变。所以对比和协调的原理在质感设计中非常重要。在复杂多变、错落的空间环境中，应用单纯的质感可使空间产生统一感，例如质感单一的草坪可以作为统一多种花草的基调，以避免景观琐碎，相反，在单调乏味的空间中，应用多样的质感对比，可以活跃气氛，比如质感粗糙的月季花丛能够打破修剪整齐的绿篱的单调感。因此植物材料的质感特性可以作为解决空间气氛转变的要素。

设计师必须注意距离能影响植物质感特性对环境空间的感受。当人和植物之间的距离适当拉开时，人对植物的质感感受就会退居其次，取而代之的是对观赏产生影响的主要是植物的轮廓、色彩等。设计师可以在这一尺度、距离创造开放的或者封闭幽深的空间，同时通过对不同树种个性的观赏要素的把握，营造不同的感受氛围。

其次，在某些情况下，植物材料的质感本身可以作为环境景观中表现的主题。例如将大叶黄杨、小叶黄杨、金叶女贞、紫叶小檗等色叶植物和矮牵牛、月季、菊花等花卉植物在缓坡地上形成生动的波浪形种植平面，并栽植冠形较大的球形、半球形金叶女贞及独杆龙柏球等球形植物在构图上互融衔接。利用不同质感的植物互相搭配，形成观赏性较高的装饰效果。

四、植物材料的色彩与环境设计

植物色彩通过树干、枝条、树皮、叶、花、果等呈现，颜色还有深浅变化，设计时应最先考虑叶色的安排。除少数色叶树种外，大多数树木的叶色都呈绿色，但随树种因四季时间的不同而有深、浅、浓、淡之分。很多落叶植物的叶子在阳光透射下会产生光影闪烁的效果，叶背呈现出嫩黄色，显得轻快活泼。常绿树叶浓密厚重，冬天其色彩过于醒目也会造成重点分散而影响整体布局。景观中的色彩需要组织，要掌握好补色对比及中和色、近似色补色对比的应用，以便形成不同的景观和意境。

首先，运用植物的色彩作用来影响环境空间，使人产生不同的感觉。红色和黄色属于鲜艳的颜色，能够穿透距离迅速作用于眼睛，使人感到物体距离变近而空间变小，蓝色和白色属于冷色，它们会引起距离变远而空间变大的感觉，如果蓝色一点点地变浅，又会使人感觉物体越来越远，而且强光对冷色的影响比对暖色的影响小，冷色在阳光下能产生变远的视觉效果，如果在阴影下，将会变得更远。

其次，花色对比与协调的手法不同，也会对景观空间产生不同的影响，例如草坪上配置的植物宜选择花、果艳丽，花期（果期）较长的树种，如紫薇、石榴、月季、蔷薇、桃、樱花、海棠类、迎春、连翘、棣棠、锦带花等，能够取得明快的对比效果。用草花或其他地被植物及置石等组成一些色彩艳丽、灵活多样的花丛、花镜、模纹及小景，在草坪的边缘或中心，可以疏密相间、曲折有致地进行配置。在这类植物配置中，草花的栽植要根据草坪的空间形式、地形特点灵活掌握。另外要随季节及时更换种类和品种，保证花开不断。

还有，设计师要注重地被花卉色彩的整体效果，如图 4-33 所示。植物开花时给予人们心理上的感觉很难捉摸，只能以开花期间主要色调所引起的感觉为准，所以一种花最好集中成片种植才能产生色块的整体影响，使人们的心理产生联想。尤其是先花后叶植物能够产生景观震撼力，如凤凰木、木棉、连翘、榆叶梅、碧桃、杏、梅等，通过深色植物背景的衬托能够充分体现花色对人的震撼，从而成为景观空间的主景。

图 4-33　植物配置整体效果

第六节　无障碍设施设计与人体工程学

残疾人所需设施的设计，即无障碍设施设计。障碍，是指实体环境中对残疾人和能力丧失者不便或不能使用的物体，不便或无法通行的部分区域。“无障碍设施设计”简称为无障碍设计（Barrier Free Design），就是为残疾人和能力丧失者提供和创造便利的行动及安全舒适生活的相关设计。

人们为了舒适的生活而不断创造了各种环境设施，但是这些环境设施是否能满足人们各种需求呢？为了更好地、有效地组织、推动残疾人参与社会生活，就必须设立适合残疾人使用的各种辅助性的装置或设施，在环境中建立直接为残疾人服务的环境设施。

无障碍设施设计的关键是人与装置的关系，在强调确保安全性和舒适性。使人在较大范围内能够安全地、自由方便地移动，易于理解的环境设施是此类设计必不可少的因素。无障碍设施设计的实施不仅是衡量国家整体物质水平的标志，而且体现了国家的精神文明程度。

一、无障碍设施的基本形式和设置方法

1．肢体残疾分级标准和肢体残疾者的整体功能评价

从残疾者整体来说，在未加康复措施的情况下，从实现日常生活活动（Activities of Daily Living，简称 ADL）的不同能力来评价。日常生活活动分为八项，端坐、站立、穿衣、洗漱、进餐、大小便、写字。以实现一项为 1 分，实现困难为 0.5 分，不能实现为 0 分，按此划分四个等级，见表 4-9。

表 4-9　　肢体残疾分级

级　别	程　度	计　分
一级肢体残疾	完全无法实现日常生活活动	0～2
二级肢体残疾	基本上不能实现日常生活活动	3～4
三级肢体残疾	能够部分实现日常生活活动	5～6
四级肢体残疾	基本上能够实现日常生活活动	7～8

2．视力残疾分级

视力残疾分级见表 4-10。

表 4-10　　视力残疾分级

类　别	级　别	最佳矫正视力
盲	一级盲 二级盲	＜0.02～无光感；或视野半径＜5° ＜0.05～0.02；或视野半径＜10°
低视力	一级低视力 二级低视力	＜0.1～0.05 ＜0.3～0.1

3．视觉残疾者使用的无障碍设施

视觉残疾者使用的无障碍设施主要有在道路十字路口装置的信号机，振动人行横道表示机，点块形方向引导路石，点块形人行横道等。

（1）信号机。一种为盲人使用的音响装置，初期为铃响声，近来改为具有旋律的音乐声。

（2）振动人行横道表示机。高 1m 的柱状环境装置，其柱头紧靠人行横道的方向边，在人行道的

绿坡边设置振动人行横道表示机，发出信号时，柱头盖产生振动而产生有效的引导。

（3）点字块状人行横道。不仅设于人行横道，在道路十字路口也设置点字块形人行横道。利用点字块微微突出地面，刺激盲人的脚底而感知的方法。色彩一般使用黄色，能够使机动车易区别，并易于周围环境色相协调。

（4）点字块状方向引导路石。主要设置于人行道中部，盲人可沿铺装块状步行。

4．肢体残疾人使用的无障碍设施

这类设施主要以轮椅作为对象而设置，肢体残疾人、老人、儿童等均可使用。

（1）在十字路口和人行横道时，为了减少人行道与快车道的段差，方便轮椅的行走，通常有三个方法，三面坡形式缘石坡道，单向坡形式缘石坡道，全宽式缘石坡道。因地制宜地构筑不同形式的缘石坡道，可以方便人们的行动。

（2）人行道。人行道的宽度应具有不妨碍通行的特点，为确保足够的宽度，轮椅的尺寸宽一般为大型椅为 65cm，小型椅为 58cm（日本）；手摇三轮车大型 80cm，手摇四轮椅小型 65cm（中国）。所以人行道净宽应为 200cm，以尽可能通行两台轮椅为宜。

二、其他无障碍设施

街道周围的环境设施，特别是在建筑、广场、公园、车站等场所，应加强无障碍设施的设置，如道路自动扶梯、公用电话、手洗器等。道路自动扶梯设置于室外人行道上，特别在地下铁道、下沉式场所，以及具有地面高差的地区，道路自动扶梯已成了重要的环境设施。公用电话亭中的残疾人专用电话亭，话筒一般离地面距高为 120cm，电话装置的高度一般为轮椅座位视平线相等，约 100～120cm。手洗器的高度一般为 76cm，厕所的出入口尺寸为 80cm 以上，便器的种类、设置位置及拉扶手把等均应仔细研究，以适应残疾人方便使用为原则。

三、无障碍道路设计

城市道路设计对残疾人的方便行动具有极大的影响，因此在道路建设的同时就应努力实施无障碍设计。

1．一般规定

（1）无障碍设施的道路设计，其内容见表 4-11。

（2）非机动车车行道，桥梁和立体交叉的纵断面设计坡度，见表 4-12。

（3）人行道的通行纵坡见表 4-13。

表 4-11　　无障碍设施道路设计

道路设施类别		执行本规范的设计内容	基本要求
非机动车车行道		通行纵坡、宽度	满足手摇三轮椅通过
人行道		通行纵坡、宽度、缘石坡道、立缘石、触感块材、限制悬挂的突出物	满足手摇三轮椅通过，拄拐杖通行，方便视力残疾者通行
人行天桥和人行地道	坡道式	纵剖面 扶手 地面防滑 触感块材	方便拄拐杖者、视力残疾者通行
	梯道式		
公园、广场、游览地		在规划的活动范围内，方便使用者通行	同非机动车和人行道
主要商业街及人流极为频繁的道路交叉口		音响交通信号装置	方便视力残疾者通行

表 4-12 非机动车车行道，桥梁和立体交叉的纵断面设计最大坡度

条　　件	最大坡度
平原、微丘地形的道路	2.5
地形困难的路段、桥梁及立体交叉	3.5

表 4-13 人行道纵坡坡长限制

坡度I（%）	限制的纵坡长度（m）
<2.5	不限制
2.5	250
3.0	150
3.5	100

2．人行道应设置缘石坡道

缘石坡道的类型、适用条件和技术要求应符合下列规定。

（1）三面坡形式缘石坡道（适合用于无设施带或绿化带处的人行道）的设计要求。

①正面坡中的缘石外露高度不大于 20mm。

②正面坡的坡度不得大于 1:2。

③两侧面坡的坡度不得大于 1:2。

④正面坡的宽度不得大于 120cm。

（2）单面坡形式缘石坡道（人行道与缘石间有绿化带或设施带时）的设计要求。

①缘石转弯处应有半径不小于 0.50m 的转角；

②正面坡中缘石外露高度不得大于 20mm；

③坡面坡度不得大于 1:2，坡面宽度不得小于 120cm；

④人行道的宽度不得小于 2m。

（3）在人行道纵向并与其等宽的全宽式缘石坡道（一般用于街坊路口、庭院路出口的两侧人行道）的设计要求。

①坡面中缘石外露不得大于 20mm；

②地面坡度不得大于 1:20。

3．缘石坡道设置的规定

道路是无障碍设施的重要组成部分，是连接各地的动脉。在道路周围的无障碍设施应尽可能齐全，在许多国家的地铁和道路人行道上均设置了盲人专用路线，路面设有规则凸起的白色符号，线状等指示方向。点状由 30cm×30cm 方形地砖构成，示意注意和转变。特别在道路交叉路口、人行横道、街坊路口以及被缘石隔断的人行道均设缘石坡道，重要的公共建筑的出入口附近也应设置缘石坡道。红绿交通信号下设置盲人专用按钮和音响指示设施。

（1）不设人行道栏杆的商业街，同侧人行道的缘石坡道间距不得超过 100m。

（2）缘石坡道的表面材料宜平整、粗糙，同时也应考虑防滑。商业街和重要公共设施附近的人行道应设置视力残疾人引路的触感块材。触感块材分为带凸条形指示行进方向的导向块材和带圆点形指示前方障碍的停步块材。

（3）触感块材应按规定铺置，人行道铺装时应在其中部行进方向连续设置导向块材。路面缘石铺

装停步块材，其宽度不得小于 0.60m。

（4）人行横道处的触感块材距缘石 0.30m 或隔一块人行道方砖铺装导向材料。公共汽车站的停步块材与导向块材应成垂直方向铺装，其宽度不得小于 0.60m。

（5）人行道里侧的缘石，在绿化地带处高出人行道至少 0.10m，绿化带的断口处，以导向块材连续。

（6）缘石坡道宜设置于路口或人行横道线内的相对位置上，街坊路口处的缘石坡道可设于缘石转角处。

（7）人行横道内的分隔带应当断开，道路安全岛内不设高出地面的平台、以便残疾人穿越马路。

四、人行天桥和人行地道

人行天桥和人行地道是用于人们顺利穿越马路而专门设置的交通设施，不仅适用于正常人，更重要的也要适应残疾人的使用。在世界各国这类无障碍设施相继出现，充分体现了社会对残疾人的关心，人行天桥和人行地道相关规定如下。

（1）踏步高度不得大于 0.15m，宽度不得小于 0.30m，每个梯段的踏步不应超过 18 级，梯道段之间应设置宽度不小于 1.50m 的平台。

（2）人行地道和人行天桥的梯道和坡道两侧应安装扶手。扶手应坚固，能承受身体重量、其形状要易于抓握。坡道走道、楼梯为残疾人设上下两层扶手时，上层扶手高度为 0.90m，下层扶手高度为 0.65m。

（3）人行天桥和人行地道的梯道两端，应在距踏步 0.30m 或一块步道方砖长处设置停步块材，铺装宽度不小于 0.60m，中间平台应在两端部各铺设一条停步块材，其位置距平台端 0.30m、铺装宽度不小于 0.30m。

（4）人行天桥的梯道和坡道下部净高小于 2.20m 的范围时，应采取防护措施。

五、建筑物各部分的无障碍设施

1．出入口

出于心理因素，残疾人希望能与健康人共用一个出入口，为此，应在建筑物同一立面上设置专用入口。如美国国家美术馆、美国国会大厦等专门设置长坡道，以供残疾人通过。具体设置情况如下。

（1）坡道宽度一般为 135cm，坡道超过长度的 6 倍应在两侧加设扶手。

（2）供残疾人使用的出入口，应设在通行方便和安全的地段。室内设置电梯时，该出入口应靠近候梯厅。

（3）出入口的室内外地面宜相平，如室内外地面有高差时，应采用坡道连接。

（4）出入口内外应留有不小于 1.50m×1.50m 平坦的供轮椅回转的面积。门扇开启后应留有不小于 1.20m 轮椅通行净距。

2．室内坡道

供残疾人使用的门厅、过厅及走道等，地面有高差时应设坡道，坡道宽度不小于 0.90m。每条坡道的坡度，允许最大高度和水平长度，见表 4-14。

超过以上规定时应在坡道中间设休息平台，其深度不小于 1.20m。坡道的起点、终点及转弯的平台应留有 1.50m×1.50m 的轮椅缓冲地带，坡道两侧应在 0.9m 高度设扶手，两段坡道之间的扶手应保持连贯，坡道起点、终点，扶手应水平连续延伸 0.30m 以上，坡道侧面凌空时，在栏杆下端宜设不小于 50mm 的安全挡台。

表 4-14　　每段坡道坡长、最大高度和水平长度

坡道坡度（高/长）	1/8	1/10	1/12
每道坡道允许高度（m）	0.35	0.60	0.75
每道坡道允许水平长度（m）	2.85	6.00	9.00

3．走道

一般走道的净宽应控制在 1.20m 以上，走道通过 1 轮椅和 1 行人的走道净宽度不宜小于 1.50m，通过 2 辆轮椅的走道净宽度不宜小于 1.80m，走道尽端供轮椅通行的空间，如图 4-34 所示。走道的两侧墙面，应在 0.90m 高度处设扶手，走道转弯处宜为圆弧墙面或切角墙面；走道两侧墙面的下部，应设高 0.35m 的护墙板。

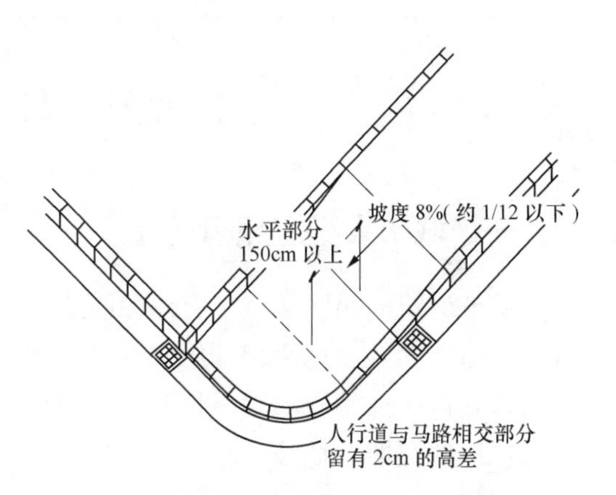

图 4-34　人行道高差的消除标准

4．厕所

厕所是残疾人和能力丧失者事故性死亡的多发区域。专用厕所应设于一般公厕的顶端，公共厕所应设残疾人厕位，厕所内应留有 1.50m×1.50m 轮椅回转面积，见图 4-35 和表 4-15。

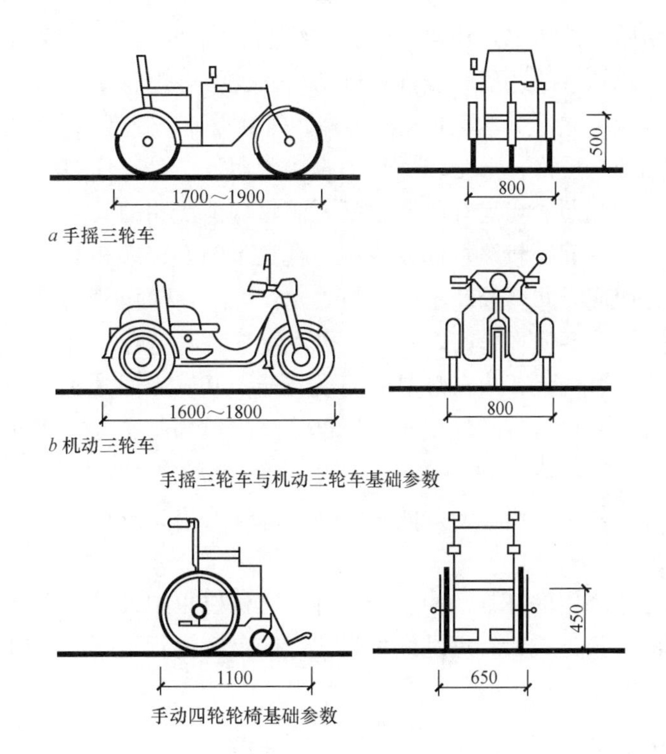

图 4-35　轮椅参数（单位：mm）

表 4-15　　手动四轮轮椅及杖类空间尺寸

<table>
<tr><td rowspan="4">肢体残疾人</td><td rowspan="2">乘轮椅者</td><td rowspan="2">手动四轮轮椅</td><td>空车尺寸</td><td>载人后尺寸</td></tr>
<tr><td>长不应>1.10m
宽不应>0.65m</td><td>长约 1.20m
宽约 0.70m</td></tr>
<tr><td rowspan="2">拄杖者</td><td>单手杖</td><td>水平行进时宽度</td><td>上楼梯时宽度</td></tr>
<tr><td>双拐杖</td><td>约 0.75m
约 0.95m</td><td>—
约 1.2m</td></tr>
<tr><td rowspan="2">视力残疾人</td><td rowspan="2">用导盲杖者</td><td rowspan="2">导盲杖</td><td>水平行进时宽度</td><td>导盲杖摆动波长</td></tr>
<tr><td>约 0.90m</td><td>0.90～1.50m</td></tr>
</table>

第七节　室外照明设施与人体工程学

一、城市人行道照明设计

城市道路的照明是城市交通性照明的一部分，城市人行道的照明是城市步行空间的一部分。但是，城市道路往往是由这两部分组成的，为此，我们应选用不同高度、不同形式的灯具，采用不同形式的照明方式，完成不同的功能性照明。高杆的路灯主要用于机动车道的照明，中等高度的步道灯主要用于人行道的照明，低矮的柱灯主要用于人行交通横道的警示照明。步道灯就是专门用于这类步行空间的照明灯具，设计时可以参考灯具公司提供的光度数据来确定灯具之间的距离。这种灯具的灯杆高度在 3.5～6m 之间，其灯具应结合街景综合设计，如果不是有特别需要，尽量不要将灯具凸显于街道，过分引起行人的注意。防眩光的特殊设计可以避免视线的遮挡和模糊，以免司机不能清晰地判断其他正在行驶的车辆，要注意步道灯的造型和设置对机动车行驶的干扰性。

从道路景观的角度综合考虑，步道灯的光源选择、高度设计、照度水平应与车行道的灯具相协调。人行道的照明实际上分为两个层次，一是步道灯的直接照明，二是路灯的溢射照明。人行道的照度水平控制要考虑到这两部分的光照。步道灯的造型既要满足功能照明的要求，在白天也能构成街景的一道亮丽的风景线。由于设置的间距较路灯间距更小，视觉上的韵律感和节奏感，构成了街道另一景观元素。在商业街区，这种照明方式可以产生夺目的"光芒"，活跃商业气氛。

现代步道灯的设计可谓是多姿多彩，灯具本身更注重与时尚结合，如加入霓虹环形装饰，LED 以及光纤的使用。但是要注意时尚元素应在灯具的表现部分，其发光部分的亮度和造型应与环境照明取得平衡。裸露的光源或发光的白球灯头，由于灯罩部分产生过高的亮度，严重分散了行人对其他视觉中心的兴趣点。

灯具附加的遮光百叶有两个作用，一是防止眩光，二是对出光进行重新分配和限定，将绝大部分的光照直接投向人行步道。

人行步道还有一种经常使用的灯具，叫安全岛灯。它可以单独设置，也可以结合人行指示标牌，综合设置。在人行交通的转换处或人行斑马线处设置，或是在人行地下通道的出口到城市干道的结合处，提醒着人们注意方向的改变。

二、居住区步道照明设计

没有比居住区的照明更加注重安全性和安全感的了。在这里，照明的功能性是第一位的，缺少基本道路照明或照度水平低于标准，居民将会失去安全感，犯罪和交通事故的多发率就会增加。

居住区内的道路除了水平照度之外，垂直照度和半柱面照度也应该达到相关标准和要求。否则容易造成人的面部识别不清，很难分清行人意图。再者，照明的同时要防止直接射向住户窗户的光线，减少光侵犯、眩光，有效防治光污染。

照明设计的控制指标为照度水平、均匀度、眩光、光色。

三、滨水步道照明设计

位于滨水地带的步道，其垂直界面与其他类型的步道有很大区别，其中的一侧界面是水系。靠近水面的一侧设置较宽的步行道，行人可以驻足眺望对岸的景观。在这种滨水步道行人的移动速度较慢，人流也相对较为集中。城市的滨水区域一般呈带状结构，地面沿断面方向有高差变化，加之开阔的水面上没有强烈的光照，背景是大片黑色的天空，这种步道的照明设计要求与其他的步道会有许多不同之处，其重点在于：

（1）步道灯选型与对岸观景；

（2）水中倒影和中间层次的光点韵律；

（3）安全照明与景观性照明。

四、商业步行街照明设计

东京的银座、巴黎的香榭丽舍、上海的南京路、北京的王府井等商业街在某种意义上讲，已不仅仅是商业名称，而是代表了一种城市文化，是解读城市的一种载体。

商业步行街照明历来是城市整治改造的一项重要内容，其步行系统的照明好坏直接影响着商业形象。步行空间是商业街的灵魂，除了专门的步道照明外，街景照明还受到建筑物照明及商业街其他照明要素的影响。建筑物的外观照明、店头、橱窗、标识、广告的灯光，均对步行街的整体光环境产生不同程度的影响。

1．设计要点

商业街与众不同的地方是它在夜晚的使用率较高，因而夜晚的形象十分突出。它的规划与设计应充分利用照明科技和灯光艺术的手段，营造活跃的商业气氛，为人们提供环境幽雅、舒适方便、安全高效的购物与休憩空间。

2．商业步行街夜景构成

现代社会人们的思想观念、生活内容、行为模式较之以往发生了若干变化，社会交往频繁、生活节奏加快、工作时间缩短、休闲娱乐时间增加等。因此，商业街的定位也从以往单纯的购物功能发展成集购物、娱乐、休闲、旅游、观光等于一体的综合功能。以人为本的外部环境，其照明质量应该注重的是大众的视觉体验及公共非营业场所的光环境设计。外部空间的景观要素如建筑外形、道路、广场、户外广告、绿化景观、公共设施及灯具本身等，通过照明这一媒介，构成了充满生机和活力的商业街夜景，光变成了重新诠释建筑师和规划师设计理念的另一表达工具。在商业建筑中，建筑物轮廓、橱窗设计、店名与标识，运用一些新的照明设计方法，则会富有更强的艺术感染力和表现力。道路与广场除了强调功能照明外，灯具选型对街景照明效果发挥着至关重要的作用，绿化景观与公共设施的照明，可以渲染夜间商业街光环境的气氛，也可为商业街增添活跃而耐人寻味的生活情致；户外广告照明对商业街的视觉景观影响很大，设置的位置、形态、色彩、表面亮度都应有具体的限定，需在夜景规划中作统筹考虑。

3．街景照明与灯具选择

街景照明是由街道照明、节点照明和绿化小品照明三部分构成的，分别使用步道灯、埋地灯、水下灯、树池灯、光纤等照明灯具。

4．商业建筑物照明设计

商业建筑物的外观照明设计更加注重商业气息，除了根据建筑物本身的结构特点加以美化和亮化之外，照明的方法和手段可以多种多样，动态照明和彩色光的适当使用则更能突显热烈气氛。

5．照度水平及亮度分布

照度水平及亮度分布一方面是指建筑物本身，另一方面是指整条大街的照明平衡。这里面包括保证道路的功能性照明和购物人群活动所需的照度水平，从而满足游人的视觉需求。

6．橱窗设计

橱窗照明的布光方式及光色选择主要与商品的展示方式、色调以及装饰有关，保证光源的良好显色性在此尤为重要。商业街的橱窗形式基本上分为开敞式、封闭式和半封闭式。大面积的透射玻璃，将室内人潮涌动的景象展现给街上的行人，并与建筑立面本身一起构成整体的夜景。为了吸引顾客，营业厅的平均照度应不小于 500lx。封闭式的橱窗采取集中展示商品的形式，将顾客的视线集中于橱窗内的展品上，因此橱窗内应有良好的照明，基本的照度水平在 1000lx 左右，重点照明可达 2000～5000lx。

7．商业街夜景其他视觉要素处理

除了街道照明和建筑物照明之外，入口处、店名的标识照明及户外广告在商业街夜景观中也构成了十分重要的视觉要素。

突出一些商铺的入口，有着很好的诱导性。店名与标识对于顾客的心理影响较大，它能与人建立一种特殊的相互交流的关系，在此可结合店面装修，选择字体背部发光、投光、灯箱和霓虹灯等多种照明形式，发扬商店个性的创意，避免雷同效果的出现。

五、广场照明设计

广场是城市中人流相对集中的地方，广场夜间的使用多半是为了休闲和集会。广场的照明应该归属于场地照明，但也因其周边界面的光环境如建筑物、道路、景观的照明共同作用会产生综合的视觉效果。

1．视觉认知

广场照明应该强化步行者对开阔空间的认知，灯具的布置和尺度应该与广场所在的城市与建筑设计相协调，灯具造型和灯位布置要避免遮挡视线。对于广场的边界可以通过照明手段加以限定，增强空间的围合感。广场中的标志物如喷泉、雕塑、旗杆或标志性建筑物在夜间常被作为视觉焦点，其照明设计应该着力表现这一视觉特征。当人们在广场中步行时，标志物的照明起着导向作用，也是使行人不断更换环境的潜在暗示，因此，照明对环境的认知起到良好的引导作用。

2．照明要求

广场的可见度、亮度分布和气氛照明是塑造广场夜景效果的基本照明要求。

（1）可见度

一定量的光照水平是保证广场可见度的前提，但是过高的照度将导致人们视觉上的兴奋和紧张。

（2）亮度分布

城市中的广场尺度较大，空间区域划分较多，设计元素也较为丰富，因此不会将广场每个部分均匀照亮，而是将不同区域和不同照明元素分等级和分层次进行不同的亮度设计。这样设计的益处在于一方面可以将光有效地照射到有功能性需要的部位，另一方面可以营造高低起伏的照明变化。

（3）气氛照明

光色选择、灯具布置、照明方式将对广场的照明气氛产生直接的影响。暖色调的光线给人以温馨浪漫的感觉，冷白光的高照度可塑造出广场的宏伟，动态的彩色光可渲染节假日广场般的欢乐气氛，广场地面上的发光点设计，营造出如银河中的星光璀璨夺目的效果。

六、人行天桥、人行地下通道照明

人行天桥与人行地下通道的照明应该考虑到白天和晚上两个时段。人行天桥的照明应适当控制亮度，以避免对桥下的交通产生不良的影响，应注意天桥上下行梯段的亮度与均匀度，以保证行人安全。一般情况下，人行天桥的平均照度应维持在 5lx 以上。

对于自然光充足的人行地下通道，如果是较短的直线型，白天可不设照明。在照度水平较低的通道出入口，如附近没有设置路灯，则应设置照明装置，夜间可照亮上下阶梯，白天也可起到指示牌的作用，引导人们走人行地下通道。比较窄的人行地下通道，可在通道的顶棚或一侧墙面上布置一排灯具，比较宽的人行通道，可在两侧墙面上各布置一排灯具或在顶棚上布置两排灯具。通道内的平均水平照度，夜间以 20lx 为宜，白天以 50～100lx 为宜。

七、绿化照明设计

1．灯具与植物位置的关系

当植物影响到灯具对另一植物的照明效果，而它又不能被移开时，就需要调整灯具的位置。当灯具移至距被照植物很近距离时，宜选用瓦数低、配光角度宽的灯具，如若移动到较远的位置就需要选用瓦数较高、配光角度较窄的灯具。

2．植物生长与灯具高度的调节

当使用桩式灯具时应考虑周边植物对照明效果的影响。随着植物的生长，它们可能妨碍照明的效果，这时灯具需要使用可移动的、高度能够调节的或两种功能兼具的灯具，以免被遮挡。

3．树的形态与照明

一棵树的自然形态对照明方式有着很大的影响。当被照对象有着茂密的枝叶、美丽的树冠，同时它的树干又有着特殊的肌理效果时，照明设计应做到除了对树冠进行照明外，还要对树干进行照明，以凸显其质感特征。

4．落叶树与照明

许多落叶树的叶子是看起来最美的部分，但到秋冬季节后树木往往只剩下些枝干，而且看起来并不美观，在这种情况下就可以不再进行照明，而有些落叶树的枝干落叶后仍然具有一定的美感，那么就应继续保持照明。

5．锥状树、柱状树与照明

为了勾勒锥形树的形状，灯具的投光方向应在 15°～40°，如果植物是柱状，则应采用上照光的掠射照明的方式，用窄光束，投射角应保持在 15°之内，以此来强调叶子的质感。

6．球形树与照明

对于茂密的球形树应使用数个灯具，投光角最大不要超过 35°。考虑近距离观赏时，灯具的发光面需要增加附件，避免在数个方向形成眩光。

7．灌木照明

茂密的灌木如果有足够的高度就可以遮挡住灯具，移动灯具位置可以远离树叶，投射角度在 45°～

60°。如果只看到灌木的一侧，一套灯具就可以，如果需要多角度观看，就需要更多的灯具。

8．茂密球形树照明

对于15～25m高的茂密球形树木，使用上照光不仅可以照亮树干，还能照亮球形树木的下部。

9．灯具位置与树内照明

对于3～5m高、树冠在4～6m、有着鲜绿色叶片的树木来说，如果从内部照明，整棵树木会显得晶莹透亮，但在这种情况下至少需要三套灯具来表现树的形态。

10．树冠边缘的照明

如果树的枝叶之间有较大的空隙，树叶生长在树枝的末端，就应将灯具定位于树冠的外边缘，照亮树上的花朵，光也能穿透相对透明的树叶。

11．植物植栽位置与灯具遮蔽

如果枝叶从距地面30cm以上处才开始生长，枝叶就不会遮挡住照亮它们的灯具，投光角在0°～35°的上照光就可避免眩光。将一株小植物放在灯具和被照树木之间，就可遮挡住灯具，这时的投光角可在45°和60°之间变化。

12．投光角控制

对于枝叶之间有较大空隙的大树木，可以将其投光角控制在0°～35°。

13．大树照明

对于姿态优美的大树只用一套灯具是不够的，它只能照亮大树的一小部分，而不能体现整棵树的优美姿态。根据树木的大小，可考虑使用多套灯具。

14．靠近墙面的树木照明

当树高为3m、树冠直径约为1m的树靠近墙面时，使用两组上照光就可满足要求。

15．埋地灯绿化照明

对于几年才长1m的树使用埋地灯可增加光照的数量，从而减少光源对叶片的烘烤。

16．灯具位置移动

灯具的可调节性对于树木生长中的照明是值得考虑的重要因素。当一些树从开始植栽到成熟，尺寸会发生近4倍的变化，如果桩式灯具使用足够长的敷线，那么树的尺寸变化时就可调节灯具位置，以适应树木的生长。

17．照明方案应考虑树木生长过程

未成长的树尺寸变化较快，灯具很快就会被埋没，茂密的树叶就会遮住光。适合于成熟树木照明的方案未必适合于年轻的树木，在这种情况下应进行相应的评估，选出优化的照明方案。

18．面光照明效果

在远离被照表面时，墙面布光灯具提供了均匀的表面照明。光照效果可以是强烈的，也可以是柔和的，表现效果应满足整体上的构图要求。

（1）对于圆球形的树木，建议照明从球冠的外部进行面光的照射。如果从单方向观看树时，可使用两套灯具，投光角为30°～45°。

（2）对于小而茂密的树，下照光是最合适的。将灯具安装在树的前上方，可以创造自然的照明效果。绿篱往往构成一块绿地的边界，柔和的面光照射绿篱，可以与环境中的其他因素进行视觉上的联系，也可加强景观的纵深感。

19．掠射照明效果

掠射的照明强调质感，将灯具放置在比面光照明更靠近树木或灌木的位置，根据树木的尺寸和高度选择宽配光、中宽配光或点状配光的灯具。

（1）对于茂密的柱状树使用掠射的上照光可取得较好的效果，勾勒出它的形状时也强调了其质感。照亮一排正在生长的树，最好在每棵树前放置一套灯具；而对于长成的树，可将灯具远离枝叶放置于两棵树之间，可以减少灯具的数量。

（2）若绿篱种植于树池中，可以暗埋线型光源和灯具，如荧光灯，可沿着绿篱创造出掠射的效果。

20．光晕照明效果

从偏后位置或侧面照亮树干，可创造非常明显的光晕效果。

21．发光照明效果

（1）当枝叶间有较多空隙且树叶透明时，可将灯具放置于树枝的下部靠近或接近地面的位置，创造出枝叶发光的效果。当枝叶高于地面，可使用桩式灯具。

（2）枝叶间有较多空隙，且树叶透明的绿篱也可采用这种照明方式。

22．质感照明效果

质感照明效果和掠射照明效果之间的主要差别在于质感照明效果强调被照表面的一部分，而掠射照明效果强调的是一个平滑的表面照明。

（1）对于有质感树干的树木，在树干前放置灯具，使用上照光或下照光来强调其肌理。

（2）在树木侧边设置灯具，可在树干局部产生强烈的视觉效果，这种方法与其他树干照明的方法结合使用或单独使用效果都会很好。

（3）将灯具放置在绿篱的前面或旁边，窄光束的灯具更能强调出质感。

23．剪影照明效果

这种照明效果与其他照明效果有很大差别，有背景光作衬，表现的仅仅是树木的形状，没有质感、色彩和细节。将灯具置于植物与墙面之间，植物后部的墙面被照成面光或掠射的效果。剪影照明效果适用于植物有非常明确的形状，在整个构图中是主要或相对主要的视觉焦点。

24．落影照明效果

从树的侧面使用上照光照亮树木，能在附近的垂直表面产生影子。这是一个非常简便的方法，可以给一个大而平的墙面增添趣味。

25．月光照明效果

将小型灯具高高地装在大树上向下投光，在地面上产生枝叶的图案。在草地上或步行道上都可使用这种效果。需要注意的是，只有当周围环境保持较低的光照时，才能取得这种月光照明的效果。

26．细节和色彩的照明效果

对植物进行下照光的照明可产生自然的效果，在夜晚能分辨出一组植物的组成、形状、颜色和细节。但需注意眩光的控制，应使用较大的投光角以避免人们看到灯具的发光面。灯具可安装在树上，也可安装在周围建筑的墙面上。

27．树皮的照明效果

向上照明能体现出某些树干的质感，某些树的树皮值得在夜间进行表现。

28．绿化情趣照明效果

秋天的落叶聚集在每棵树下，用灯光从上面照下来，照亮一组组金黄色的枝叶，别有一番情趣。

八、雕塑照明

城市雕塑是一种公共艺术，多设在城市广场、交通路口、公园小区或建筑物前。它不仅点缀着城市空间、构筑城市魅力，同时还是城市精神的体现。对雕塑进行照明或雕塑是否需要照明，应考虑雕塑所在的背景、环境、雕塑的主题、材质、体量、色彩、主要观看的角度和方向。雕塑照明应该以整体的三维效果为出发点，从而决定选择哪个部位照射、亮度梯度如何变化以及哪一部分留作暗部。

雕塑本身带有强烈的个性特征，照明设计是雕塑的二度创作。如何将雕塑的特征通过照明传递给夜间的观察者，如何诠释雕塑的内涵、情感，如何表现其形式、细节和质感，是照明设计的重点方面。

在整体环境中位于视觉中心的雕塑，应该是最亮的部分，景观中其他的要素需要在亮度上逐级有所降低。如果雕塑在构图上属于次要的要素，就要使其光照水平与其他要素相协调。

1．光照方向

照明在夜间赋予雕塑新的形象，光与影能够使雕塑更加艺术化。光照的方向对雕塑的光照图式产生直接的影响。下照光与上照光相比，其照明效果更接近于自然光下的效果。下照光可以模拟日光，揭示细节和形成阴影。但是来自人像雕塑面部前方的上照光或下照光，对雕塑的光照产生完全不同的效果，面部可以从友好的表情一下子变成了令人恐怖的面孔。在照射这类人像雕塑时，要特别留意雕塑的三维立体感，从人脸上方投射的光会扩大影子，影响观察者对面部特征信息的获得。最好是调整灯位，从侧面或远处投光，将面部的影子深度减少。灯具的位置、投射角度、光束的宽窄都将起到关键的作用。

有条件的话可以做雕塑照明的模拟表现，或在现场进行多次实验，这主要是考虑到照明受环境的光照影响太大。

2．高光和影子

三维雕塑由于投光方向的不同会产生高光和影子，从而揭示出其形状和质感。使用不同的光源、滤色片、光束角和投射角度，对雕塑的高光和影子会产生直接影响。例如，古色的青铜在不同的光源照射下，表面会发蓝、绿或灰；方向性强的光照使雕塑的深度立体感加强，高光显著，其余部分保持较暗。影子最能说明雕塑的形式和质感，若保持影子的适当亮度，足以揭示雕塑细节。当然高光也提供了良好的表面特征和视觉线索。但对于高反射率的材料，要注意眩光控制。

3．光照图式

雕塑照明的用光方式可以分为主光（Key light）、辅光（Fill light）、背景光（Back light）三类。

雕塑的观看分两种情况：一是180°视角观看；二是360°视角观看。这主要由雕塑及背景的关系、设计意图和艺术效果决定。

对于需要360°视角观看的雕塑，照明方式的选择似乎面临着较多问题，灯位的选择、投射的角度、光源的遮光是关键。不要让灯具的眩光对观察者产生视觉上的干扰。从另一方面讲，多角度的视觉要求也为照明设计带来了灵活性，“景随步移”，不同的观察角度，可以设计不同的光照图式，更加丰富雕塑的观瞻。要么部分“留黑”，要么雕塑成为剪影，将雕塑的背景照亮。另外，需注意照明的表现不要扭曲雕塑的形象。

第八节　建筑外环境与人体工程学

建筑外环境指的是建筑周围或建筑与建筑之间的环境，是以建筑构筑可见的方式从人的周围环境中进一步界定而形成的特定环境。本节主要以建筑入口的设计为例，探讨建筑外环境与人体工程学的关系。

建筑入口的设计，围绕着人的要素进行。入口的主要作用就是空间转换和过渡，从人的需要出发，入口必须显著，出入的路线安全方便，可达性好。

显著性：入口的显著即需要位置适中，造型突出。其中，位置选择通过空间秩序和差异，给人以“停留感”，帮助人们对入口的判断；而造型在形态风格上要达到“统一中求变化”的效果，既与建筑其他部位区别，又要与周边其他入口相区别，增强入口的可识别性。

除个别园林建筑外，建筑入口的线路应尽量便捷。刻意地迂回曲折来达到所谓“艺术”感的做法并不可取。入口应按照人的行走习惯来选择路线，并根据出入的需要选择路线的宽窄，达到自然、流畅的效果。入口显著，透过空间中直线进程观察曲线的形体，使空间具有连续性及丰富多变的特征。另外，该设计满足行车及停靠需要，也与城市空间相联系，配合城市交通路线，入口位置选择恰到好处，有效地缓解了城市交通压力，较好地分散了人流、车流。

安全性：建筑入口地带相对来说比较复杂，必须注意安全，避免意外发生。商业、影剧院、体育场馆、学校、小区等有大量人流集散或周期高峰人流的建筑的入口宽度形状必须和人流的规模密度相适应；同时入口数量也必须严格控制，满足进入出行需要即可，并不能只求多。否则对建筑的安全性和私密性将是极大的破坏；同时还应考虑入口的间距，设施的牢固及地面防滑处理，从人性化的角度进行构思和设计；而对于入口环境，应设置适当大小的缓冲带和隔离带。通过引导和强制手段，减少出入建筑的人流与城市交通间的冲击。

第五章

人的行为心理与室外环境设计

本章提要

与室内环境相比，室外环境在构成要素、时空存在的多维性、环境评价的主体、用户需求和适应、环境艺术的多重性等方面均有明显差异。

研究人的行为心理，离不开环境知觉。环境知觉是个体对环境中的各种刺激产生感觉，并在已有经验的基础上将其组织成高一级的心理模式的过程。它具有知觉的意匠作用、知觉恒常性、图形与背景、认知容量、对环境的无意识、简化与完形、个体差异、运动方式等八大特点。

室外环境设计，对人的环境行为心理尤其重视。本章对外部空间中人的主要行为、习性进行了归纳，介绍了个人空间的功能以及影响个人空间的因素、领域类型及领域空间层次。从基于行为心理的外部空间设计和室外环境人性化设计两方面概括了环境行为心理与环境艺术设计的关系。

教学目标

通过本章学习，读者可以了解室外环境特点，理解环境知觉的特点。在理解室外环境中人的行为心理的基础上，掌握室外环境人性化设计基本途径。通过理论联系实际，培养以人为本的人文情怀。读者还应具备理解环境知觉的特点，以及人的环境行为心理的基本知识，能掌握室外环境人性化设计基本途径，具备满足人的环境行为心理的室外环境空间设计能力。培养敏于观察，勤于思考，善于综合，勇于创新的精神，从人本的角度开拓设计思路。

课程思政

借助学科交叉，培养学生学科间的交流沟通能力，系统思维能力和创新精神。关注弱势群体，进行科学伦理教育，培养学生社会责任感和人文精神。理论联系实际，解读行为习性，践行社会主义核心价值观。

引　例

结合城市更新，引导学生关注城市社会问题，积极回应城市居民社会心理需求，通过优化提升城市公共空间、加强城市设计和创意、保留和延续城市文脉，增强居民的获得感、归属感和认同感，让人民的生活更加美好。

第一节　室外环境概述

一、室外环境的含义

环境是一个很广泛的概念，一般来说，人们所在的区域就是环境，人身周围的事物也是环境。从心理学范畴而论，环境应包含从外部给予生物体作用的物理、化学、生物学以及社会性的范畴，因此就涉及自然和人工、自然和文化等科学领域。现在又出现了技术环境、文化环境、经济环境、政治环境、社会环境、教育环境、艺术环境等一些与环境有关的用语，极大地深化和拓展了“环境”这个词的静态意义。

从环境的构成角度说，室外环境是人与自然和社会直接接触并相互作用的活动天地。不仅幅员宽广，而且变化万千。阳光、绿化、水、气象、建筑、景观、人的活动、生活事件等都与人产生直接的影响，其季相、时相、气象具有动态的发展变化，有利因素与不利因素共存，目前还难以用人为的手段加以控制，只能在环境设计中扬长避短和因势利导。

二、室外环境的特点

和建筑内环境相比，室外环境更具有复杂性、多元性、多义性、综合性和多变性。

1．构成的多要素

环境，是由自然的与人文的，有机的与无机的，有形的与无形的各种复杂元素构成的，对人产生综合刺激，诸多元素中虽有主次之分，但并非某一种单一元素在起作用，而是反映诸要素的复合作用。其中主要元素决定了环境的性质，次要元素则处于陪衬、烘托的地位，加强或者削弱环境的氛围，影响环境的质量。环境要素越多，设计构思时越需作综合的分析和比较，不能只关注一两个因素而舍弃其他。

2．时空存在的多维性

外部建筑空间，虽然也是人为限定的。但在界域上它是连续绵延、无尽无休，上接蓝天，下接地势，起伏转折，走向不定的连贯性空间，比室内空间更具广延性和无限性。而在时间上的前后相随，除空间序列变化外，外环境在季相（一年四季）、时相（一天中的早、中、晚）、位相（人与景的相对位移）和人的心理时空运动所形成的时间轴，呈现一种历时性的可逆的心理变化。因此，外部空间所具有的多维性往往比室内反应更强烈。

3．环境评价的多主体性

任何一种环境，都无法取得异口同声的褒贬。因为评价的主体不同，评价的原则与出发点则有显著的差别。占有者多从个人的体验和情感反应；其次是经营管理者，多从维护、经济效益等方面进行甄别。其他如城市规划、建筑学、旅行家与一般社会公众等方面的评价也各有侧重。所以表现在整体与局部，雅与俗，当前和长远，经济、社会、环境效益等各种关系综合评价方面，应有全面的分析。

4．用户的多种需求与多方位适应

环境存在着多方位的适应性问题，因为用户是有阶级、阶层、文化素质、欣赏层次、年龄结构、专业实践、活动容量、使用频率、交往形式等差别的。环境设计只有多方位对应才能满足来自不同方位的需求。例如有针对性地创造各种活动内容的场所，按兴趣群和年龄结构层组织环境与空间，以民俗与区域特征从事环境创造等。

5．环境艺术的多重性

环境艺术和其他造型艺术一样，有它自身的组织结构，表现一定的肌理和质地，具有一定的形态和形状，传达一定的情感信息，包含一定的社会、文化、地域、民俗的含义。所以它具有自然属性和社会属性，是属于科学、哲学和艺术的综合。

自然属性，指环境构成要素中包括的物理元素，例如非经人工雕凿修饰的山川地貌、自然风景等。

社会属性，或称作“情感属性”，是人为的，在创造环境中按人们头脑中的创作意象，加入环境中人文成分，如环境的气氛，环境的象征含义，社会风情、民俗、伦理观念和宗教意识，历史传记等。

“环境”和“设计”的相互关系，其最基本的问题是选择主体、客体的方法和对于相互作用的影响力。环境创造了人，人也创造了环境；环境具有支配人类意识的力量，人的意识也具有改变环境的积极因素。环境心理学与环境设计有密切的关系。环境心理学是研究环境与人的心理之间相互作用的边缘性学科，也可以认为“环境心理学是研究人与周围环境之间的关系的学科”。随着社会的发展，人们已不满足于物质生活水平的提高，开始对精神生活提出了新的要求，从而产生了环境心理学。它将人们的生理要求、心理要求，体现在环境设计中，提供给人们的不仅是满足物质要求——安全、健康的生活空间，而是一个尽可能方便、舒适的美的环境，使人们心情舒畅、精神饱满、迅速消除疲劳、最快地恢复精力，以利于人的潜在效能最充分地发挥。

第二节　环　境　知　觉

我们要想在环境中有所行动，所做的第一步就是要了解环境。我们用视觉、听觉、嗅觉、触觉和味觉等感觉接收环境信息。我们观察道路、地物、界限和其他环境特征获取某一地方的信息；我们听掠过树林的风声、沙漠的风沙声、瀑布的水声，可能更多的是各种各样的噪声，譬如大街上的车辆声和熙来攘往的行人声；我们还嗅到树木花草那沁人心脾的清香和大自然的各种气息，有时也嗅到令人恶心的腐烂物的恶臭味。所有这一切都能让我们开始明白一些事物的位置和环境的属性。然而，环境的各个方面是一个整体，各个感官也必须同时起作用。我们观察并倾听各种环境及其各种声响，触摸并体味各种事物。浪花之柔软，尝起来却十分咸涩；苹果很光滑，入到嘴里却是甜甜的；雨丝很冰凉，溜到唇边却是无味的。我们各个感官接收环境不同特性的第一手资料，帮助我们在大脑中建立起一个个环境的画面。盛夏，当我们进入一座教堂时，看到的是充满宗教气氛的祭坛和高旷的空间，伴之以阴森森的感觉和较长的混响时间。如果这三种感觉中缺少任何一个，就会感到不自然。

一、环境知觉的性质

把外界环境的信息通过感官传入大脑，并由大脑对这些信息做出解释，它涉及一系列复杂的心理过程。认知心理学认为知觉是一种解释刺激信息从而产生组织和意义的过程，是人脑对直接作用于它的客观事物各个部分及其属性的整体反映。

环境知觉依赖于两种不同形式的信息：环境信息和知觉者自身的经验。环境知觉包含的过程是：感官从外界获取信息，从外界刺激中抽取广泛的特征，知觉对象的前后关系和背景参与形成人们的知觉。一道实墙上的某些部分被识别出是一道玻璃门的知觉，可以解析为下面三个过程：①感觉登记，即发现了墙体提供的各种信息；②模式识别，发现其中的某些部分是与整体不同的，它是透明的，上面有个把手，形状和高度也有差别等，此过程的主要内容是特征抽取；③知觉加工，我们根据它在墙上的位置（否则可能是窗）以及与行走的关系确定这是一道玻璃门。此过程的特点是加工并联系上下文。

类似于识别一道门这样的过程我们现在是很熟练了，可以在瞬间完成上述的三个阶段，这应该归功于我们的经验。在人类的各种感官中视觉最为重要，人们从外界接收的信息中，有 87%是通过眼睛捕获的，并且75%～90%的人体活动是由视觉引起的。

1．从目标知觉到环境知觉

几十年前当心理学家开始研究知觉时，他们很快意识到摆在面前的任务是艰巨的，很多人相信在知觉研究中必须对日常生活进行简化。简化的方式之一是呈现给观察者一个简单的刺激。典型的知觉实验就是在黑暗的实验室里，被试者把头放在颌托上，蒙上一只眼观看前方的一盏白炽灯，这种研究纯粹是为了发展知识。传统的知觉研究认为，理解人们在简单刺激下的知觉是通向理解复杂刺激下知觉的桥梁。但是一些环境心理学家告别了这种研究方法，他们在工作中故意给被试者呈现多个刺激或是模拟真实的环境，譬如把建筑物或景观作为实验的场景。有时被试者不会被固定在座位上，他们可以在场景中来回走动，他们就是场景中的一部分，这意味着必须以多视点来体验。

2．环境知觉和评价

事实上，我们一切经验的、知觉的和情感的因素都是同时在起作用的。无论是行色匆匆的过路客，还是常住居民，每个环境都是作为一个特殊性质的集合而同时被感觉到的，它们不能被割裂开来。一座山是高的，一个城市是新的，一个房间是小小的，树影是淡淡的，太阳是暖暖的，天空是蓝蓝的。这些一般的定性特征也可以用像“鲁莽的”“高贵的”“悲伤的”和“压抑的”等形容词描述和表达，换句话说环境的物理特征不能与感情的、美学的评价分开，这种社会性的评价依赖于知觉，但在复杂性和重要性方面超出了知觉。

一个环境是好的还是坏的，是漂亮的还是丑陋的，是有意义的还是无意义的，是令人愉悦的还是令人不快的，等等，环境的评价是与知觉紧密相连的。没有比较就没有鉴别，也就不可能去评价。相反，环境的评价，无论是美学的还是情感的，都会改变知觉和以其为基础的心理表象。广义的环境知觉还包括环境的评价，在这里，我们分离它们，以便于研究它们。环境评价涉及人们对环境感受的诸多方面，譬如美学的、质量的和情感的，当人们对环境的这些品质有良好的评价时，我们就会说环境是美观的，它是令人满意的和令人愉快的。

二、环境知觉的特点

照相机会摄下一张质量或好或坏的相片，但无论如何在物理上它是正确的，并与实像完全相同的，知觉却可能包含着错误。譬如，当我们在雾中看物体时会感到它离我们更远，也更大。当我们在水下看世界时，特别是在水色较暗的情况下，也会产生这种效果。球体效应会使登山者把邻近海拔相同的山看得比自己脚下的山高。球体效应也会影响到人们对道路的知觉，有时明明是上坡路看上去却像下坡路。又譬如，在同样面积下，长方形房间的面积看上去比正方形房间大得多。

1．知觉的意匠作用

尽管知觉不是完美的，但知觉是一个主动的过程，它有着重要的意匠作用。航行在大海上，我们知道大海与天空永不相交，虽然看上去是海天一线。同样地，一条笔直的道路，虽然看似两边路缘石的延长线会交在一起，但我们却知道它们是平行的。这些与透视有关的知识可以说明知觉实在是一件探测性工作，经验与心得起着支配作用。所谓经验与心得是我们不断学习的结果。

2．知觉常性

有确切证据表明广泛存在着环境知觉的常性，就像一张方桌子，无论它在视网膜上形成何种图形，它总是被看成方形的。感知桌子的是人，而不是视网膜。人们很小的时候就掌握了一些与距离相关的线索。这种常性不仅指的是与距离有关的知觉，而且，其他与建筑学有关的环境知觉，在很多时候也不会因人而异。譬如，室内整齐地排列着一张张桌子和椅子，前面是一个讲台，墙壁上挂着黑板的房间是教室而不是教堂；大片森林所包围的一片空地，当中有一圈石头，其中燃烧着熊熊篝火的地方是野营地而不是办公楼。诸如此类的，即使教堂在战时成为一个临时医院，或是已经改用作仓库，教堂仍会被看成是教堂；足球场依然会被看成是足球场，而不是图书馆，即使曾用作书市。

3．图形与背景

在一定的场景内，人在感知客观对象时并不能全部接受，而总是有选择地感知其中的一部分。于是感知对象必然区分为图形与背景——有些突显出来成为图形，有些退居衬托地位成为背景，图形最清晰而背景较模糊；图形较小背景较大；图形是注意力的焦点，背景是图形的衬托。同样一棵树，当它和其他的树排列在人行道上时，它不容易被注意到，但当它成为这条街道上唯一的一棵树时，你不注意到它反而是困难的，它或许已经成为这条路上的标志物了。

真实环境中有清晰程度不同的图形——背景关系：有的清晰，有的模糊，有时该清晰的却很模糊，该模糊的反倒清晰，不一定符合使用要求，这就需要经过设计加以调整。所以，在环境设计中强调图形——背景关系，不仅符合视知觉需要，而且有助于突出景观和建筑的主题——观众在随意和轻松的情境中第一眼就发现所要观察的对象。同时，环境中某一形态的要素一旦被感知为图形，它就会取得对背景的支配地位，使整个形态构图形成对比、主次和等级。反之，缺乏图形——背景关系之分的环境易造成消极的视觉效果。

一般说来图形与背景差别越大，图形就越容易被感知。沙漠中的绿洲、大海上的岛屿几乎捕捉了每个人的视线。在复杂的城市环境中如此鲜明的对比较少，但城市中可以作为对比的要素几乎是无限的，如颜色的、尺度的、形式的和空间的等。较为重要的是运动着的图形在静止的背景上往往容易被感知，此点已被研究人员证明了。街道上的人和汽车、公园中的喷泉和人工瀑布，闪烁不止的霓虹灯以及滚动播出的广告牌通常都能抢占人们的视线。

容易形成图形的主要条件包括如下：

（1）小面积比大面积容易形成图形。当小面积形态采用对比色时尤其引人注目，如蓝天上的白云、湖泊中的岛屿、碧波白帆、青山黄瓦、万绿丛中一点红等。

（2）单纯的几何形态容易形成图形。如卢浮宫前的玻璃金字塔，在复杂的建筑环境中以其单纯的几何形态吸引着游人的注意而突显为图形。

（3）水平和垂直形态比斜向形态容易形成图形。

（4）对称形态容易形成图形。

（5）封闭形态比开放形态容易形成图形，大如群山环抱的天池，小如围墙上的漏窗、月洞门等。

（6）单个的凸出形态比凹入形态容易形成图形。对于凹凸连续的形态，图形与背景可以互换，此时，主体的经验及客体所包含的意义常成为判断图底关系的依据。

（7）动的形态比静的更容易形成图形，如广场上的喷泉、活动雕塑或飘动的彩旗等。

（8）整体性强的形态容易形成图形，如园林中或山坡上具有共同特点并成组布置的建筑群。

（9）奇异的或与众不同的形态容易形成图形，如在中国传统风格的街道上出现一座天主教堂，或以现代建筑为主的街道上出现一组仿古建筑，众所周知的悉尼歌剧院就是以其独特的建筑造型在海滨建筑群中显得极为醒目的。

4．认知容量

人类加工信息的容量是有限的，人类的环境知觉受到了这种有限性的影响。这种注意力的局限性对建筑师有很大启示。一个纷繁复杂的街景会让路人看起来混乱不堪，如何把各视觉要素组织在少数几个系统中是城市道路视觉形态设计的关键之一。与此类似，客人第一次来到大楼的门厅，当他发现面前有多条路通向建筑的各个部分时，你可以想象他的困惑。一个明确的门厅路线设计应该是让用户在门厅做出的选择限于合理的数字内，如两个或三个。

5．对环境的无意识

我们有时主动观察环境的某些方面，却同时忽略了另一方面。有时我们可能对环境太熟悉了，因而对周围的事物不太注意。一句成语“熟视无睹”很能贴切地说明人的这一特性，我们的术语称为“对环境的无意识”，用来形容对环境的麻木状态，此情况的发生通常由于在环境的某些方面过于强烈而导致忽略其他方面。譬如我们的视听器官被朋友的侃侃而谈所吸引，或是为了某个技术上的关键问题日思夜想，就不关心其他方面所发生的事情。

6．简化与完形

很多研究说明人们会把复杂的实质环境看成是相对简单的形式：一个椭圆形的铁路体系人们会把它看成是正圆形的体系（Canter 和 Tagg，1975）；两条斜交道路交成的十字路口，人们会把它看成是由两条正交道路交成的（Pocock，1973）；像泰晤士河和塞纳河这样蜿蜒缠绕于城市中心的河流，市民们会把它们看成仅仅是一条流经市区的平滑曲线（Milgram&Jodelet，1976；Canter，1977）。维也纳建筑师 Sitte（1956）说，人们认为耳布广场是规则的和直线的形状，但实际上它是不规则的。玛丽亚·诺维那广场明明是五边形的而且有四个钝角，但人们往往认为它是四边形的，并且对各边的角度是钝角还是直角也不清楚。

著名的圣马可广场是梯形的，长宽大约成 2:1 的比例，长 175m，东边宽 90m，西边宽 56m。这种封闭式梯形广场在透视上有很好的视觉艺术效果。使人们从西面入口进入广场时，增加开阔宏伟的印象，从教堂向西面入口观看时，增加更深远的感觉。在圣马可广场较宽的一端，有广场钟塔、圣马可教堂、总督府等高大建筑物。广场北侧和南侧都是三层的建筑，分别是旧市政大厅和新政府大厅，广场西侧则用两层建筑将南北三层建筑连在一起，由于该广场较宽的东端有高大建筑，较狭的西端建筑较低，人们在广场上并不能清楚地感觉到这是一个梯形广场，而认为它接近于长方形。

夏祖华和黄伟康对太原市五一广场也做了类似的调查，他们发现多数人的“实际感受”不同于平面图上的客观形象，也不同于地面上的客观实物形象，在不同程度上都有变形和修改。其中儿童的与成人的不同，广场上的交通警又与其他人不同，其共同的倾向是忽略空间中微小的差别。两个明显的简化是一条斜交 75°的路被简化成垂直的，一个不完全对称的广场被完整化为完全对称的。

7．个体差异

同样的环境不同的人会有不同的知觉和反应。知觉活动离不开人的经验和习得，否则将无法辨别所看到的东西，或是无法理解其中的含义。感知环境的是人而不是视网膜，因而意匠作用的结果也因人而异。环境知觉不仅与感知对象不能分离，也不能和感知的主体分开，显然不同的知觉能力导致不同的环境知觉。如果一个人的听力或视力受到损害的话，那么他的环境知觉是不太清晰的或是受到限制的，有研究发现摇滚乐手和年老的工人比其他人在环境中所听到的信息少。一般来说老年人的知觉能力与其年轻时相比会下降，老年人的个人空间相对比较小也与此有关。

8．运动方式

人在环境中的运动方式也是很重要的影响方式。图 5-1 表明运动方式对环境知觉的影响。骑自行车的人对交通标志、行道树等更为敏感，而步行者更关心色彩、城市空间、建筑材料、形态和质感。这个研究说明，人们在城市中的运动速度，对人们的城市意象有重要影响，运动速度越慢，越关注城市环境中的美学要素，如空间形态、色彩等；而移动速度越快，则目的性和功利性越强，更关注与移动有关的标识。

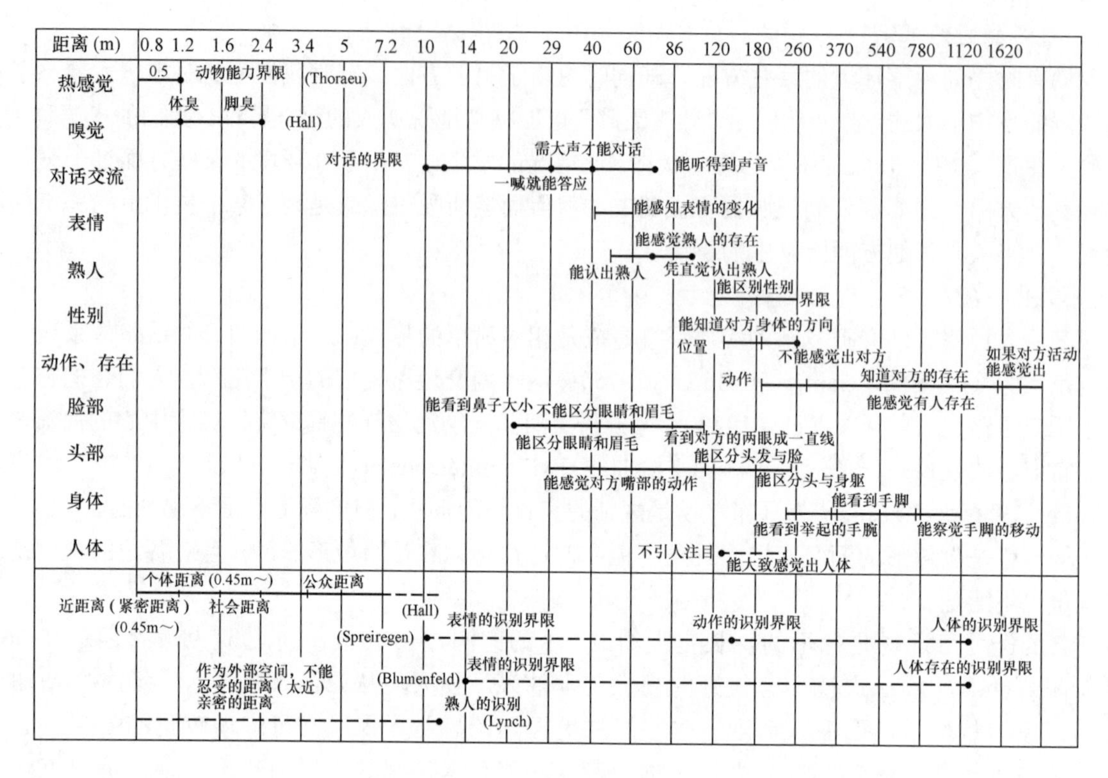

图 5-1　人的知觉与距离

第三节　人的环境行为心理

一、外部空间中人的行为习性

行为（活动）习性迄今没有严格的定义。它是人的生物、社会和文化属性（单独或综合）与特定的物质和社会环境长期、持续和稳定地交互作用的结果。较普遍存在的主要行为习性可归纳如下。

（一）动作性行为习性

有些行为习性的动作倾向明显，几乎是动作者不假思索作出的反应，因此可以在现场对这类现象进行简单的观察、统计和了解。但正因为简单，有时反而无法就其原因作出合理的解释，也难以推测其心理过程，只能归因于先天直觉、生态知觉或者后天习惯的行为反应。

1．抄近路

世上本无路，走的人多了，也就成了路。只要观察一下人穿过草地或平地时的步行轨迹，就可明了，在目标明确或有目的移动时，只要不存在障碍，人总是倾向于选择最短路径行进，即大致成直线向目标前进。只有在伴有其他目的，如散步、闲逛、观赏时，才会信步任其所至。抄近路习性可说是一种泛文化的行为现象，放之四海而皆准。对于草地上的这类穿行捷径，有两种解决办法：一是设置障碍（如围栏、土山、矮墙、绿篱、假山和标志等），使抄近路者迂回绕行，从而阻碍或减少这种不希望发生的行为；第二种办法是在设计和营建中尽量满足人的这一习性，并借以创造更为丰富和复杂的建筑环境，例如，国外许多外部空间设计经常采用三角形作为道路规划设计的母题。条件允许时，应基于行为对穿行过于频繁的捷径进行改建，对人的这一行为习性予以肯定（正强化）或否定（负强化）。否则，捷径将越来越乱，污损和破坏活动也随之增加；或者，使用者将视草地如平地，认为是无人管理的、可任人践踏和嬉戏的一方乐土。

2．靠右（左）侧通行

道路上既然有车辆和人流来回，就存在靠哪一侧通行的问题。对此，不同国家有不同的规定。在中国，靠右侧通行沿用已久。明确这一习惯并尽量减少车流和人流的交叉，对于外部空间的安全疏散设计具有重要意义。

3．逆时针转向

追踪人在公园、游园场所和博览会中的流线轨迹，会发现大多数人的转弯方向具有一定的倾向性。日本学者户川喜久二（1963）考察过电影院、美术馆中观众的流线轨迹，渡边仁史（1971）研究过游园时游客的转弯方向，都证实观众或游人具有沿“逆时针方向”转弯的倾向。其中，后一项研究中，逆时针转向的游人高达 74%（69 例中有 51 例）。显然，这一习性对室内外环境中人流流线分析具有重要的影响。

在理论上区别两种转弯倾向：一是处在特定情境之中，受到社会和物质因素影响所产生的转弯倾向；二是无情境的，或者适用于各种情境的、先天具有的转弯倾向（如果存在的话）。为了回答这些问题，还需进行大量的实验室和现场研究。在实际应用时，可对类似的现场进行观察研究，以便作为设计参考。

4．依靠性

观察表明，人总是偏爱逗留在柱子、树木、旗杆、墙壁、门廊和建筑小品的周围和附近。用环境心理学的术语来说，这些依靠物具有对人的吸引半径，在日本纸野火车站进行的观察也得出类似的结果。研究者认为，旅客想要使自己置身于视野良好、不为人注视或不受人流干扰的地方，在没有座椅的情况下，柱子就可能成为可供依靠的依靠物。在室内空间（如餐厅中）也可观察到类似的情况，即首批顾客倾向于占据周边视野良好、较少受到人流干扰并有所依靠的座位。

从空间角度考察，“依靠性”表明，人偏爱有所凭靠地从一个小空间去观察更大的空间。这样的小空间既具有一定的私密性，又可观察到外部空间中更富有公共性的活动。人在其中感到舒适隐蔽，但决不幽闭恐怖。如果人在占有空间位置时找不到这一类边界较为明确的小空间，那么一般就会寻找柱子、树木等依靠物，使之与个人空间相结合，形成一个自身占有和控制的领域，从而能有所凭靠地从这一较小空间去观察周围更大的环境。在实际的自然和建筑环境中，这类有所凭靠同时又能看到更大空间的小空间深受人们的喜爱。

（二）体验性行为习性

体验性行为习性涉及感觉与知觉、认知与情感、社会交往与社会认同以及其他内省的心理状态。这些习性虽然最后也表现为某种活动模式或倾向，但一般通过简单的观察只能了解其表面现象，必须通过体验者的自我报告（包括各种文章的评说）才能对习性有较深入的理解。

1．看人也为人所看

“看人也为人所看”在一定程度上反映了人对于信息交流、社会交往和社会认同的需要。亚历山大等（1977）对此分析道：“每一种亚文化都需要公共生活中心，在其中，人们可以看人也为人所看”，其主要目的在于“希望共享相互接触带来的、有价值的益处”、而“观察行为的本身就是对行为的鼓励”。通过看人，了解到流行款式、社会时尚和大众潮流，满足人对于信息交流和了解他人的需求；通过为人所看，则希望自身为他人和社会所认同；也正是通过视线的相互接触，加深了相互间的表面了解，为寻求进一步交往提供了机会，从而加强了共享的体验。

2．围观

这类看热闹现象遍及四海，既反映了围观者对于相互进行信息交流和公共交往的需要，也反映了人们对于复杂和刺激，尤其是新奇刺激的偏爱。正是出于上述需要和偏爱，人们在相对自由的外部空间中易于引发各种广泛和特殊的探索行为。

3．安静与凝思

在城市中生活，必然会受到各种应激物的消极影响。因此，在体验到丰富、复杂和生气感的同时，有时也非常需要在安静状态中休息和养神。可以说，寻求安静是对繁忙生活的必要补充，也是人的基本行为习性之一。传统城市中存在着许多安静的区域，供人休息、散步、交谈或凝思。许多城市虽然在城区缺少这类区域，但仍可以在社区、街坊和街巷等不同层次上有意识地形成有助于“静心”的地段、小巷和院落。

在环境设计中（不仅仅在公园里），运用各种自然和人工素材隔绝尘嚣，创造有助于安静和凝思的场景，会在一定程度上缓解城市应激，并能与富有生气的场景整合，起到相辅相成的作用。

二、个人空间

在人与人的交往中，彼此间的距离、言语、表情、身姿等各种线索起着微妙的调节作用。无论陌生人之间、熟人之间还是群体成员之间都保持适当的距离和采用恰当的交往方式十分重要。每个人都有自己的个人空间，这是直接在每个人的周围的空间，通常具有看不见的边界，在边界以内不允许“闯入者”进来，它可以随着人移动，它还具有灵活的收缩性，如图5-2所示。

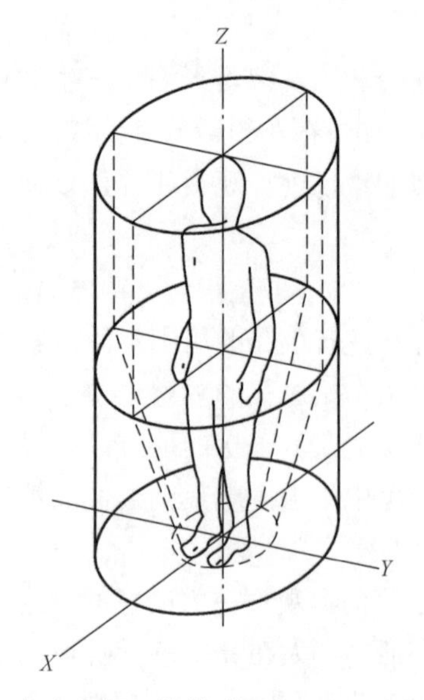

图5-2　个人空间三维模型（L.A.Hayduk，1978）

研究者们普遍认为，个人空间像一个围绕着人体的看不见的气泡，腰以上部分为圆柱形，自腰以下逐渐变细，呈圆锥形，这一气泡跟随人体的移动而移动，依据个人所意识到的不同情境而伸缩，是个人心理上所需要的最小的空间范围，他人对这一空间的侵犯与干扰会引起个人的焦虑和不安。

（一）个人空间的功能

个人空间起着自我保护的作用，是一个针对来自情绪和身体两方面潜在危险的缓冲圈，以避免过多的刺激，导致应激的过度唤醒，私密性不足，或身体受到他人攻击。

一项在精神病院所进行的研究中，萨默（R.Sommer）选择了一个独坐在凳子上的男性精神病患者为被试者，萨默走过去坐在他旁边，一句话也未说。若患者稍微移动一下，他也跟着移动，始终与患者保持15cm的距离。为系统了解病人对侵犯个人空间的反应，萨默还选择了一些病人作为对照组，他们也在类似的环境中一人独坐，但没有人进入他们的个人空间。结果是两分钟内受侵犯的患者中有1/3逃离了他们的座位，而对照组中没有人离开。9分钟后半数受侵犯的患者离开，而对照组中只有8%的人离开座位。

在另一项研究中，研究者（Nancy Felipe）闯入正在图书馆阅览室看书或学习的女学生的个人空间，并选择一些在这里学习的女生作为对照组。实验者坐到被试者旁边的椅子上，并挪动椅子尽量靠近被试者，但保持身体不接触。30分钟后，70%受侵犯的被试者离开了座位，而对照组中只有13%的人离开座位。然而在侵犯不严重的情境中，如在实验者和被试者之间有一张桌子或一把空椅子，被试者则几乎没有反应。

事实上，当个人感到有人闯入自己的空间时，逃离之前常常在行为上做出一些复杂的反应，如改变脸的朝向或调节椅子的角度。有些被试者还做出防卫姿态，如收肩缩肘，手托下巴，还有人用书或其他物品将自己与来犯者隔开。如果这些防卫措施都无济于事，被试者就可能逃走，正如常言所说“惹不起，躲得起”。

（二）对侵犯个人空间的反应

1．被入侵者的反应

研究显示，入侵者的个人特征，如年龄、性别、社会地位等都影响着被侵犯者的反应。对一伙人来说，男性入侵者比女性入侵者会引起更多的动作反应。而且，当个人空间被入侵时，男性所受到的干扰比女性更强。为了解入侵者年龄所引起的反应，研究者（Anna Fry and Frank Willis，1971）在剧院中让儿童站在成人后面 15cm 以内，结果发现，五岁儿童讨人喜欢，对八岁儿童不介意，十岁儿童则引起同成人入侵者同样的反应。入侵者所显示的地位也影响图书馆中校试者的反应。如果入侵者是一位衣冠楚楚、才气外露的男士，学生则会更急于逃走。

2．入侵者的反应

一个人在侵犯别人个人空间的同时，他（她）自己的个人空间也同时被别人侵犯，因此侵犯别人的人自己也感到不自在。例如，在大学教学楼饮水器前 1.5m 以内有人（助试）时，人们就不愿在这里饮水；但如果饮水器被遮挡（安装在两侧有墙的凹空间内），即使附近有其他人存在，也不影响被试者在这里饮水。然而在社会高密度拥挤的情境中，人们到饮水器前饮水几乎不受影响，因为这时人们对社会线索不太注意，因而对侵犯个人空间也不会感到那么不安。

群体的大小也影响个人入侵的倾向。一般来说，人们更不愿入侵正在交谈的群体的个人空间，四人群体比两人群体的影响更甚。看来正在交谈的群体的社会密度显示了群体本身的凝聚力，自然要受到别人的尊重。人们也更不愿侵犯社会地位高的群体空间，这可以从群体成员的年龄和衣着显示出来。所以，步行者距群体成员一般比距单独的个人更远。

（三）影响个人空间的因素

个人空间受到多种复杂因素的影响，这里只对一些最重要的因素进行讨论。

1．情绪

由于个人空间从情绪和身体两方面对个人起着保护作用，因而它也随个人情绪的变化而变化。研究显示，焦虑的或感到社会情境对自己有威胁的人需要比一般人有更大的个人空间。

2．人格

人格反映了个人看待世界和事件因果关系的方式。影响个人空间的一个人格变量是内在性—外在性（internality-externality）。内在人格认为，事件的因果在自身的控制之下；而外在人格认为事件结果受外围的控制，与陌生人处在近距离时感觉安全受到威胁，比内在人格者需要与陌生人保持更大的距离。自尊心强的人所需要的个人空间比自尊心弱的人要小，因为自尊心强的人对自己采取肯定和信任的态度，对别人也容易采取同样的态度；对自己不肯定，不信任，对别人也不易信任。合群的人比不合群的人与人保持更近的距离，显示暴力倾向的囚犯的个人空间差不多是正常人的 3 倍。

3．年龄

儿童从多大开始显示对个人空间的偏爱，这一问题至今没有得出明确的结论，但个人空间随着年龄的改变而改变是肯定的。有关研究认为，儿童越小，在相互接触的多种情境中偏爱的人际距离越小，这一结论适用于不同文化的儿童。大约在青春期开始时显示类似于成年人的空间行为标准。到了老年，人际距离又显示缩小的倾向。

4．性别

男性和女性对所喜欢和不喜欢的人显示出不同的空间行为，见图 5-3。女性以放近距离接触所喜欢的人；而男性的空间行为不随吸引而改变。在与吸引无关时，就性别相同的人所保持的人际距离而论，有人发现，一般两位女性保持着比两位男性更近的距离，这一现象在多种情境中得到证明，从儿童在游戏场中的接触到事先安排好的访谈。这反映了女性具有合群的社会倾向，对非言语的亲密感觉形态有更多的经验；同时也反映了男性更注意与同性别的人保持非亲密状态。两人性别不同时所保持的距离一般比性别相同时更近，目前东方年轻人比较容易接受西方文化的影响，而上了年纪的人往往还保留着传统的习惯。

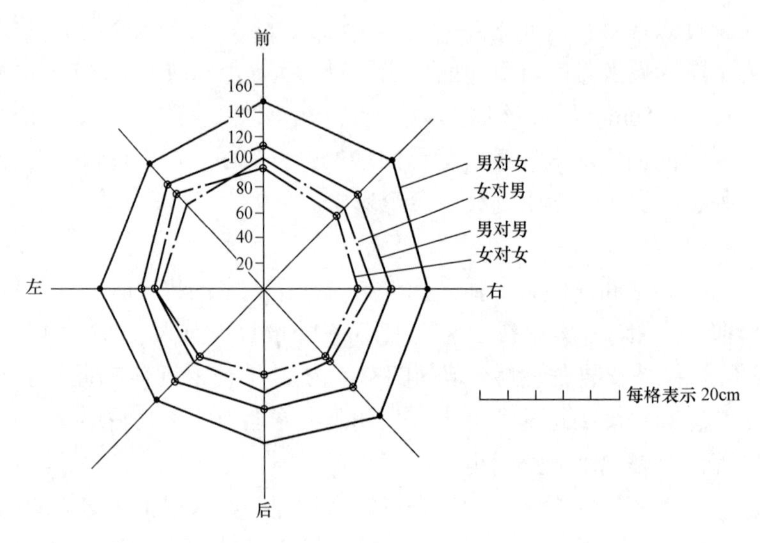

图 5-3　男女个人空间区别

5．文化

人类的空间行为具有某些共性，也存在跨文化的差异。霍尔（E.T.hall）指出，在地中海文化中（包括法国、阿拉伯、南欧和拉丁美洲人等），习惯使用嗅觉、触觉以及其他感觉形态进行人际交往，使用极近的交往距离甚至频繁的身体与目光接触，显示出极大的密切性；而在北美和北欧文化中（如德国、英国和美国白种人等），则喜欢较大的交往距离和个人空间，一般很少对他人使用非言语的密切行为，这一观点已得到霍尔本人和其他研究者的证实。当两个文化不同而又互不了解的人相互交往时，尴尬的局面就会出现：一方总感到彼此距离太远而不断向前靠拢，另一方则总感到距离太近而不断后退。美国在空间行为方面的亚文化差异也相当复杂。有人认为，社会经济地位对空间行为的影响可能比亚文化的影响更重要。但霍尔强调指出，以上研究主要针对地中海和北欧文化，而且都是粗浅模糊的分类，对其他文化，尤其是亚洲文化不一定完全适用，文化差异对行为的影响应引起我们的关注。

6．相似性

从 20 世纪 50 年代到 70 年代，唐纳德·伯思及其同事（Donald Byrne et a1.）的一系列研究发现，友谊和人际吸引的程度会使人们保持更小的人际距离。尤其值得注意的是，人们所感觉到的彼此间的相似性会促使他们的身体相互靠近。例如，随便对学校男生和女生进行几天观察不难发现，那些人格相似的个人之间比人格不同的个人之间更加靠近。也就是说，相似性增加了人际吸引，人际吸引缩小了人际距离。感到别人与自己相似之处越多，对别人就越容易产生好感，这实际上反映了“人以群分”的行为倾向。年龄相近、人格相近、兴趣相同、共同的利害关系、同乡、同行、同学、同事，都会促使人们具有共同的兴趣和话题而彼此接近。

7．环境因素

研究发现，当实验者接近男性被试者时，被试者在顶棚较低的房间时比在顶棚较高的房间时需要更大的个人空间；个人空间随房间尺寸的减小而增大，随房间增大而减小；当人多时，在房间中设置隔断可减少空间侵犯感；在边界开放的环境中个人空间相对较小，这说明，人们感到便于疏散时有较强的控制感，因而满足了较小的个人空间。

三、领域性与领域

领域性是从对动物的研究中借用过来的。阿尔托曼（Altman）对领域性和领域作了以下定义：领域性（Territoriality）是个人和群体为满足某种需要，拥有或占用一个场所或一个领域，并对其加以人格化和防卫的行为模式。该场所或区域就是拥有或占有它的人或群体的领域（Territory）。

领域性是所有高等动物的天性，人的领域性不仅包含生物性的一面，还包含社会性的一面。正如 Rene Dubos 所说："要求占有一定的领域，且与其他人保持一定的空间距离，恐怕是人真正的如同其他动物一样的生物性本能，但其具体表现出来的是受到不同文化调节的"。因此，人类的领域行为有其生物性基础，但很大程度上受文化因素的影响与调节。

（一）领域性的作用

人类领域行为有四点作用，即安全、相互刺激、自我认同与管辖范围。

1．安全

不少动物（包括人在内）对于自己的"领域"都有一种自然的趋向性，觉得身处其中能够得到很大的"安全感"。记得自己很小的时候和小伙伴做游戏时，就喜欢在家中用凳子、床单、竹席等东西搭起一个小小的"窝棚"作为自己的"房子"，待在这个既狭小又黑暗的"房子"里面就特别有安全感，这也许就是人的领域行为所起的作用之一。领域还说明每一"个体"的地位与权力，协调某种统治秩序。

2．相互刺激

刺激是机体生存的基本元素，一般常从其同类中寻找刺激。个体如果完全失去刺激，就会出现心理与行为失常，无论是动物还是人类均如此，一般在领域中心有安全感，领域的边界是提供袭击的场所。

3．自我认同

自我认同即维持各自具有的特色，表现他在群体中的角色地位。人类或是动物都有一种强烈的表现自己特色的感情。中国不少地区或是民族都有自己独特的装扮、服饰、生活习惯以及宗教信仰，因此形成了十分丰富的地方文化特色。现在的年轻人号称是"新新人类"，也是尽量地张扬自己的"个性"，这也是自我认同的一种表现。在进行景观设计的时候，景观设计师也常常是尽力挖掘当地独特的地方文化和地域文脉，希望从中找到区别于其他地域的"特色"，这样才会避免设计的千篇一律，实际上这也是在自我认同道路上的一种探索。

4．管辖范围

既然有领域，那就必然有一个管辖范围的问题。大到国家，小到个人，都是在不同层次上的管辖范围。同一层次的不同管辖范围的边界上，会产生矛盾、刺激和竞争。

（二）领域的类型

1．主要领域（primary territories）

包括由个人或小群体所有，相对永久性，为日常生活的中心，可限制别人的进入，是用户使用时间最多、控制感最强的场所，包括家、办公室等对用户来说最重要的场所。

2．次要领域（secondary territories）

次要领域比起主要领域而言不那么具有中心感和排他性，对用户的生活不如主要领域那么重要，不归用户专门占有，属于半公共性质，是主要领域和公共领域之间的桥梁。

3．公共领域（public territories）

个人与小群体对公共领域没有任何管辖权，只是暂时占有，属社会共有的空间。比如说公园、图书馆、步行商业街等。但是当一个公共领域长期被某个群体占有时，那么这个公共领域对于这个群体来说就成为他们的次要领域。

（三）领域行为的层次

1．Ross 的领域行为模式

Ross 提出领域行为可分解为四个层次，如图 5-4 所示。

（1）最大行程（range）：动物活动的最大行程范围；

（2）领域（territory）：被防卫的区域；

（3）中心（core area）：要占有的空间；

（4）家（home）：睡觉的地方。

2．Lyman 与 Scott 的领域行为模式

Lyman 与 Scott 的观点反映所谓高度流动性社会的领域观，家已不是主要的中心，而只是睡觉的地方，如图 5-5 所示。

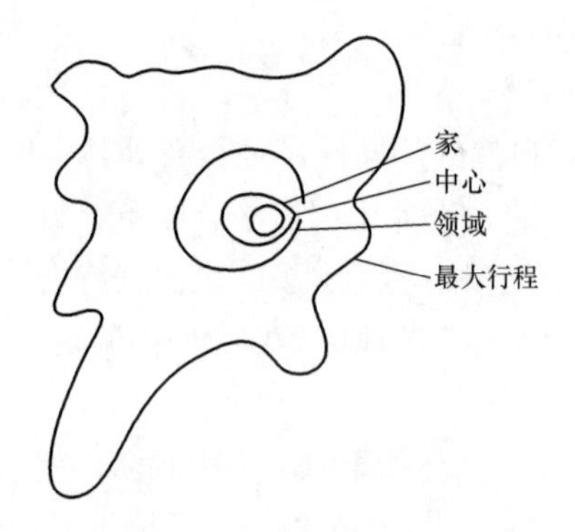

图 5-4　Ross 的领域行为模式

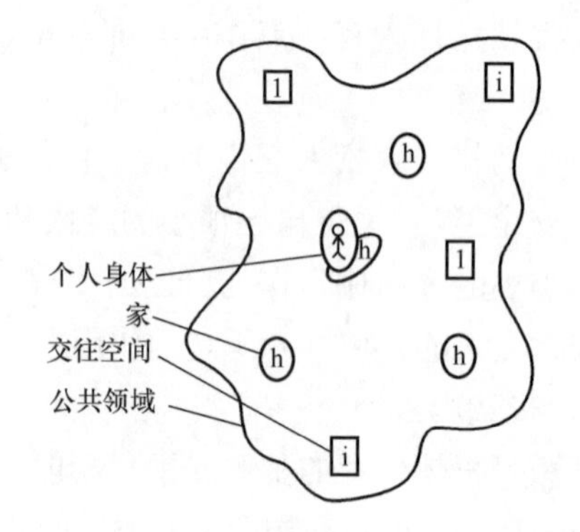

图 5-5　Lyman 与 Scott 的领域行为模式

（四）领域空间的空间层次

1．微观环境（microspace）

微观环境也就是人的个人空间，它就像是一个围绕在人体周围的一个气泡，随身体的移动而移动，是一个无形的空间，当微观空间受到别人的干扰时，就会让人作出下意识的积极防范。微观空间有时也可以扩展到一张桌子、一把凳子甚至是一个房间的周围。

微观环境（个人空间）的大小并不是固定不变的，有许多因素都影响着它。比如说不同的文化背景和种族、年龄的差别和性别差异、与他人的亲近关系、社会地位的不同、个人的个性、周围的环境以及个人的情绪等因素都会影响一个人的个人空间。

研究者们普遍认为个人空间的形状和大小，腰以上部分为圆柱形，自腰以下逐渐变细，呈圆锥形。有的学者通过观察和试验，还绘出了一张个人空间大小的示意图，由图形中可见，个人空间的前部较大，后部小些，两侧最小，同时男性和女性之间也存在着差别。

人与人之间的距离决定了在相互交往时何种渠道成为最主要的交往方式。人类学家霍尔在以美国西部中产阶级为对象进行研究的基础上，将人际距离概括为四种，即密切距离、个人距离、社会距离和公共距离。

（1）密切距离（Intimate Distance）：0～0.45m。小于个人空间，可以互相体验到对方的辐射热、气

味；由于敏锐的中央凹视觉在近距离时难以调整焦距，因此眼睛因常呈内斜视（斗鸡眼）而引起视觉失真；在近距离时发音易受呼吸干扰，触觉成为主要交往方式，适合抚爱和安慰，或者摔跤格斗；距离稍远则表现为亲切的耳语。在公共场所与陌生人处于这一距离时会感到严重不安，人们用避免谈话、避免微笑和注视来取得平衡。

（2）个人距离（Personal Distance）：0.45～1.20m。与个人空间基本一致，眼睛很容易调整焦距，观察细部质感不会有明显的视觉失真，但即使在远距离也不可能一眼就看清对方的整个脸部，必须把中央凹视觉集中在对方脸部的某些特征，如眼睛上；超过这一距离的上限（1.2m），就很难用手触及对方，因此可用“一臂长”来形容这一距离。处于该距离范围内，能提供详细的信息反馈，谈话声音适中，言语交往多于触觉，适用于亲属、师生、密友握手言欢，促膝谈心，如图 5-6 所示。

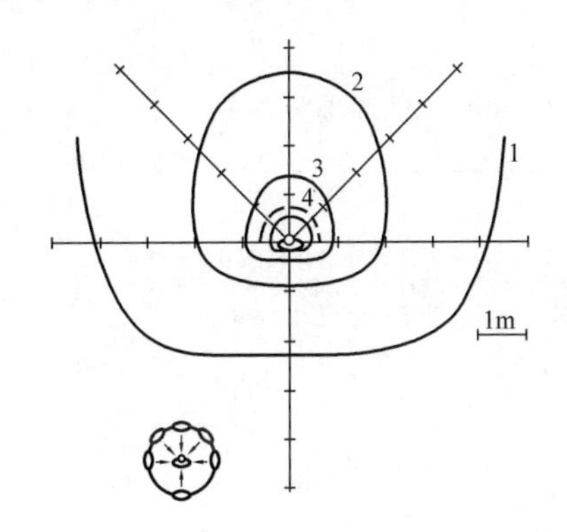

被测试者对面向其站立者间的距离所产生的感觉
4: 想马上离开
3
2: 短时间内还可接受的距离
1
0: 可以接受的距离
---- 站着聊天的位置关系

面对被测试者站立时，被测试者对与站立者双方之间的距离所产生的感觉
（男性 . 站立）

图 5-6　人际距离

（3）社会距离（Social Distance）：1.20～3.60m。随着距离的增大，中央凹视觉在远距离可以看到整个脸部，在眼睛垂直视角 60°的视野范围内可看到对方全身及其周围环境，这就是试衣时常说的“站远点，让我看看”的距离。相互接触已不可能，由视觉提供的信息没有个人距离时详细；其他感觉输入信息也较少，彼此保持正常的声音水平。这一距离常用于非个人的事务性接触，如同事之间商量工作；远距离还起着互不干扰的作用，观察发现，即使熟人在这一距离出现，坐着工作的人不打招呼继续工作也不为失礼；反之，若小于这一距离，即使陌生人出现，坐着工作的人也不得不招呼问询，这一点对于室内设计和家具布置很有参考价值。

（4）公共距离（Public Distance）：3.6～7.6m 或更远的距离。这是演员或政治家与公众正规接触所用的距离。此时无细微的感觉信息输入，无视觉细部可见，为表达意义差别，需要提高声音、语法正规、语调郑重、遣词造句多加斟酌，甚至采用夸大的非言语行为（如动作）辅助言语表达。

2．中观环境（meso space）

中观环境是指比微观空间范围更大的空间，属半永久性，由占有者防卫。可能是个人的，也可能是群组的、小集体的，属于家庭基地与邻里。中观空间行为包括家与邻里两个层次。家是大多数人心目中最温暖最安全的地方，中国有句俗语“金窝银窝，都不如自己的狗窝”，所以“家”对于每个人都是一种无法替代的心灵安慰，对于远离家乡的人来说更是如此，已经超出了简单的一栋建筑或一间房间的范畴。

家对于一个人来说是不可侵犯的，人们总是对自己的家要求个性化并进行必要的防范。现代人流行家庭装修体现主人的个性，厌倦了家庭陈设的千篇一律。很多人都十分向往居住在独门独院的别墅之中，因为院墙之内都是自己家的范围，界线十分明确，而且给人更强的安全感和私密性。

邻里（the neighborhood）指的是带有集体性的家庭基地，是一种地理上的空间。有时进入邻里也会给人带来家的感觉。融洽的邻里关系会增强邻里之间的凝聚力，特别是在共同面临困难和危机时，会体现得更加明显，所以好的邻里关系会增强人的安全感。邻居之间经常是抬头不见低头见，交流的机会也十分得多，所以就有了“远亲不如近邻”的说法（见图 5-7）。

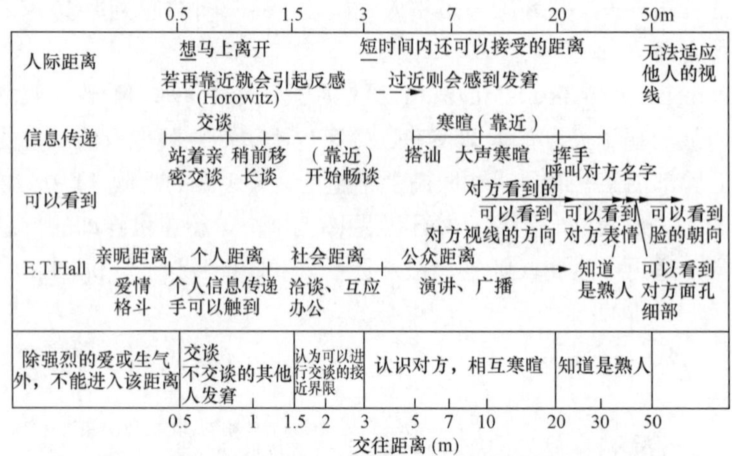

人际交往的距离大致如上表中所示（人体的中心距离）。人际距离在身体接触 0.5m 时一般不会靠近。当在 0.5～1.5m 的距离时双方可以进行交谈，但若不交谈时就不会靠近。认为可以进行交谈的界限约为 3m 左右。可以看到对方表情，并相互寒暄的距离在 20m 以内，而无法判断出对方是谁的距离在 50m 以内。

图 5-7 人际距离的分类与含义

3．宏观环境（macro space）

宏观环境指机体离家外出活动的最大范围，属公共空间，交通越方便，这个范围就越大。

第四节 环境行为心理与环境艺术设计

一、基于行为心理的外部空间设计

（一）设置有利于公众接触和交往的外部空间

城市步行街和广场是讨论得最多的外部空间。有史以来，步行街一直具有独特的社会和文化价值，它像街头剧场，吸引人经常前往散步、逗留和浏览。设置这类社区级步行街的根本目的，并不是单纯为了让行人或顾客安全而又快速通过，而是试图为“行人”提供一个有利于公共接触的线性散步场所，让人们在安全（没有车辆威胁）的环境中体验到富有公共性的城市生活和社会交往的乐趣，借以加深其社会认同以及他人对自身的认同。这类步行街应该安全、易于到达和通过，同时设有供人逗留的空间和相应的设施（座椅、餐饮、书报摊和杂货店等）。在城市中心设置商业步行街是目前国内流行的做法，其主要目的在于方便顾客通行和购物，因而与上述社区级步行街具有完全不同的氛围。

在城市中，还有必要设置小型的公共广场和其他活动中心，以便就近容纳公众的公共活动。一般可在主要道路的结合处集中设置社区的公共设施，并围合成对公众开放的、到达和进入安全方便的小型外部空间。中心设施应具有在生态方面互相配合、补充和支持的多种功能，以便为不同群体提供公共生活方面的良好服务。例如，幼儿园、老人福利院和小游园且位置接近，以便形成老少同乐的和谐和温馨的生活氛围。但是，如果教堂、电影院、幼儿园和派出所挤在一起，就起不到互补作用。这类中心必须注意尺度，大而无中显得空旷和荒凉，不利于人际的相互接触和交往。《建筑模式语言》一书中指出“一座城市需要公共广场，这些广场是该城所具有的最大和最为公共的空地，但当它们太大时看上去就会感觉到荒凉而又枯燥无味”。研究者建议，基于人在进行公共交往时的视听要求，小型公共广场两端之间的距离不宜大于 70 英尺（约合 21.34m，±10%），长度则可以略长一些。因为，在距离约 70 英尺时，刚好能辨认一个人的脸部。同时，处在典型的城市背景噪声中，距离 70 英尺也刚好能听到对方的高声喊叫，这是在城市广场中感到人与人之间存在部分联系的临界值，大于这一临界值时应该做进一步的划分；日本建筑师芦原义信为此提出了“外部模数理论”。

（二）加强外部空间的生气感

近年来，城市用地日趋紧张，但不少城市外部空间却规划和设计不当，改作他用。甚至成为废弃的不毛之地。针对这一现象，研究者提出了加强外部空间的生气感问题，即如何吸引居民合理使用外部空间，并参与其中的公共活动，以便形成生机蓬勃和舒适宜人的环境。影响生气感的主要因素有活动人数、活动模式、行为特点、空间与建筑特征以及自然要素等。

活动人数可以粗略地反映出外部空间的活跃程度。根据霍尔的“人际距离”可以估算出空间活动面积与活动人数比值的上限。当人际距离与身高之比大于 4 时，除了旁观和招呼等，人与人之间几乎没有什么相互影响；这一比值小于 2 时，相互间有了更多的感觉、表情、语言和动作方向的联系，气氛就转向活跃；比值小于 1 时，熟人会产生密切感，陌生人却可能产生逼仄感，甚至拥挤感。由此推论，以中国男子平均身高 1.67m 计算，要使一个外部空间具有生气感，空间活动面积与活动人数比值的上限不宜大于 $40m^2$/人；比值小于 $10m^2$/人时空间气氛转向活跃；小于 $3m^2$/人是否有可能产生拥挤感，取决于活动群体的性质、活动内容和强度以及当时当地的情境等多种因素。

单一活动模式的影响力和多种活动模式的相互支持是影响外部空间生气的另一重要因素。有的活动会起到带动作用，附带派生出其他活动。例如，最简单的运动技巧练习（如踢毽子、玩滑板等）也会引起围观，较复杂的打拳、跳舞、演出、传播和推销活动不仅引起围观，还连带产生其他社交活动，甚至引发儿童游戏（如儿童利用围观人群作为防止被捉的躲避屏障）。私密性较强或较简单的活动模式则缺乏这类影响力，如阅读、恋爱、散步和老人分散就座“看街”，就很难引发其他活动。有些活动，如老人下棋、聊天、看报、喝茶和儿童游戏等相互关联并相互支持，增加与之相应的公共设施就会强化这些活动，从而有助于进一步活跃空间气氛。另一些活动，如打太极拳和跳劲舞、幼儿游戏和少年聚集就很难相容，甚至会相互干扰，因此必须在活动领域或活动时间上另作安排。

逗留时的行为特点也会影响空间的生气感。观察表明，人在广场中逗留时多半自然集中于广场周围，没有特殊需要，不会逗留在广场中央无所依靠的地方。同时，许多人的逗留是一个逐步形成的过程，多数人只是偶尔经过，逐步卷入，其本意并非一定要逗留在外部空间中不可。因此，开敞的外部空间应该在其周围设有袋状的活动场所，设置相关的公共设施（如商车、摊点、座椅、展览、报栏和各类小空间），逐渐吸引过往行人逗留，使人既可以随着人流参与活动，也可以在一瞥后离开。一旦外部空间周围形成许多小的活动群组，它们很可能开始相互交流，并把人群及其活动引向外部空间的中心。如果周围缺乏供人自然逗留的地方，就难以形成富有生气的公共生活，即使人流来往不绝，也只能成为嘈杂和拥挤的过道。

另外，外部空间中公众使用的建筑应该以开敞为主，敞廊、花架和亭子等是符合这一行为特点的合适设施。再者，向阳也是使外部空间获得生气感的必要条件之一，绿化、水景、动物等自然和生物要素也对空间的生机感起着重要的作用。人虽然已适应自己所创造的人工环境，但在遗传上仍保留了渴望接近自然、接近阳光和绿色的习惯。接触自然是人的基本生物性需要之一，无视这一需要，就不可能形成富有生气的环境。

（三）兼顾私密性活动

私密性如今已成为人们所熟悉的名词，总的来说，可以概括为行为倾向和心理状态两个方面，即退缩（withdrawal）和信息控制（control of information）。退缩包括个人独处，与其他人亲密相处，或隔绝来自环境的视觉和听觉干扰。私密性的关键在于为用户提供控制感和选择性，这就需要物质环境从空间的大小、边界的封闭与开放等方面，为人们的离合聚散提供不同的层次和多种灵活机动的特性。

1．形成隔绝

与室内空间一样，形成视听隔绝是获得外部空间私密性的主要手段。视觉方面，在大尺度的外部空间中，较多采用小乔木、整形树、假山、石壁、土山等作障景处理，不仅可造成先抑后扬的景观效果，而且有助于保持区域的私密和安静。较小尺度的外部空间可用绿篱、树丛、土坡、岩石等自然元素以及矮墙、小品等人工元素造成视觉遮挡。不完全和可穿透是这类视听屏蔽的特点，如透过树丛可看到对方，站起身来或移动头部（身体位置并未挪动）即可环顾周围等。听觉方面，土山、石壁、围墙、建筑等实体可用于隔绝噪声。同时，自然水体（瀑布、溪流）、人工水景（喷泉、叠水）和广播音乐所产生的掩蔽噪声也有助于形成相对私密的空间环境。

但是，外部空间中往往无法过多设置屏障等实体。较好的解决方法是，沿着较大的主要开敞空间的周边，设置一系列大小不等的、穿行人流相对较少的小空间，为用户作出选择提供方便。

2．提供控制

个人和群体希望不仅能控制自身向外输出的信息，空间设计可通过以下途径控制这类信息交换。

（1）保持视听单向联系。一般，用户需要在隔绝外界视听干扰的前提下，仍保持与外界的联系，即视听屏障应尽可能具有单向的可穿透性。用通俗的话来说，就是需要看人而不为别人所看。山石、树丛、绿篱、矮墙、花格和漏窗等外部空间组成元素能较好满足这一要求。

（2）设置过渡空间。过渡空间能对外来干扰或闯入起到一定的缓冲作用，可称为半公共或半私密的空间。

（3）设置物质或象征性提示。在可能成为私密性与公共性空间交界的地方，设置掩蔽、屏障、标记、符号或其他提示。一切外部空间的组成元素都可创造性地加以运用，如采用不同的树种和种植方式、显著不同的高差和铺地、内外有别的灯具和座椅等。但在一定范围内，象征性提示应尽量统一，同时必须经过时间的考验和筛选，得到社会和文化的认同。

（4）留有退路或余地。

由于外部空间具有“外”与“公”两大特点，其中的私密性活动较易受到外来干扰。因此，建议用于私密活动的空间应留有退路或余地，以便避免干扰和及时转移。

3．形成私密性—公共性层次

私密性和公共性活动系相对而言的，并无截然的划分标准。相对于很私密的活动，较私密的活动处于半私密的状态；相对于很公共的活动，较公共的活动处于半公共的状态。出于需要，人们会在外部空间从事私密性—公共性程度不同的活动，并形成相应的行为场景。外部空间中，私密性—半私密性—半公共性—公共性的活动层次和相应的空间层次是客观存在的事实。

（四）合理满足人的行为习性

从分析可以了解，行为习性因情境、群体和文化而异，没有一个外部空间可以满足各种行为习性，成为全能冠军。即使针对幼儿这样的特定群体，也没有一个游戏场可以做到十全十美，兼顾幼儿的各种习性需求。更何况，有的行为习性还互相冲突，如围观和凝思就难以共处。同时，大多数行为习性只是约定俗成的，仅适用于同一文化中的若干群体，是其中大多数成员在同一情境中的共同活动倾向而已。现实中，总有一部分群体成员逆习性而动。即使右侧通行已作为交通法规予以颁布，也还有人违规行事；即使大多数人以逆时针转向为主，也还有人偏偏要顺时针行动。鉴于上述情况，外部空间设计只能在一定程度上满足某些行为习性，做到合情合理，适可而止。即便如此，也必须充分考虑特定习性对其他人群以及对周围环境所产生的不利影响。因此，有必要进行设计前的调研和使用后的评估，以便为建设和改建提供基于行为的资料，同时设计应尽可能留有余地（如空间大小搭配，形成层次、部分设施可移动性等），即具有一定的机动性。

二、室外环境人性化设计的基本途径

（一）满足用户安全感

在人的步行活动中，地面的安全性是首先应该考虑的问题。用于行走的地面可采用多种材料来铺装，但基本原则都是相同的，即首先保证人们在其上行走的安全性，不安全的或潜在的危险都会造成人们心理上的不舒适，从而影响行走质量。在某些步行街的设计中，却经常在材料的选择上发生一些错误。比如为追求美观，将大理石用作室外地面的铺装，常常因为过于光滑，使人们在其上行走时不得不处处小心。此外，也有不少步行街选用了透水性较差的地面材料，造成雨过之后，地面上的积水难以消退，既显得难看又给人行走时潜在的危险。同样，卵石、沙子、碎石以及凹凸不平的地面在大多数情况下是不合适的，对于那些行走困难的人更是如此。比如，在进行盲人通道的设计时，不应该将任何阻碍性因素如垃圾桶、座凳、广告牌等置于通道上；在有明显落差变化的地方尽量使用坡道等。

行走区域的微落差处理不当也会给人的行走造成潜在的危险。在地面材质、场地特征变化不明显的情况下，微落差处理易给人心理上造成突然的感觉，设计时应有意识地强化处理，如变换地面铺装材料，从色彩上进行区分，加设座凳、广告牌等都是可行的方法。

（二）满足用户空间感

满足用户空间感的人性化设计可通过以下途径实现。

1．建立清晰的边界

空间感来自空间的完整性，因为完整的空间均具有较强的向心性，而空间的向心性是由其周围具有较明显的边界造成的。边界可分为实体性边界和象征性边界。实体性边界一般利用建筑、围墙、院门、绿篱等有形物体对空间进行划分、界定，以获得明确的空间形态与范围。用这种手法围合而成的空间领域性很强。象征性边界是利用台阶、灯柱、小品、铺地纹理的改变等象征性障碍来获得心理上的空间划分，虽然在空间的形态和范围限定上不如物质屏障明确，却从实质上区分出不同的空间，具有良好的心理暗示作用。这两种手法可以根据空间功能的要求交替使用。

2．明确的场所含义

对一个特定空间来说，如果功能定位不够明确，必然导致场所含义的模糊，那么人在其中的领域性要求就得不到满足。因此，在进行外部空间的人性化设计时，需要先对场所的功能有较为细致的把握。比如，某空间是主要用来满足人们购物之余驻足停留的，那么就不应该作为交通性空间或娱乐性空间等使用。具体到设计层次来说，可以通过树木的种植、景墙等构筑物的形式与交通性干道隔离开来，在空间上有意识地进行分隔；将入口区域弱化处理，或设置路障，或在其他视觉观赏面设计显著的引导性标志，从而不至于造成人流拥挤、声音嘈杂的局面；场地除布置一些简单实用的必要设施外，尽量不设置大众型活动设施或儿童游乐实施，以免多种活动同时在该区域发生。如此，位于其中的人们便能全身心地休息，而不用担心其他的干扰性因素，达到了对场地的空间感的要求。

（三）满足用户社会交往

社会交往活动的产生依赖于以下几个物质因素。

1．明确的领域划分

领域感是实现社区群体间有效交往的重要条件。在公共性的城市空间中，人们对陌生人都有一种天然的防范意识，不容易交流。而在明确的领域空间内，可以消除心理上的隔膜，加强安全感。在同一领域空间内，哪怕是互不相识的人在心理上也会有一种接近感，有利于自然交往。

2．适当的交往空间尺度

亲切、宜人的尺度是交往空间必备的重要条件，社会学家的研究表明，人们之间的交往与空间距离有着直接的关系。如果活动场所的尺度太大，那么，人行其中犹如匆匆过客，心里很不踏实，四面八方遭到他人视线的侵袭，人们不能在这里休息，就更谈不上交往了。在交往空间中，应该动静兼备，大小空间并存，而且应该塑造更多的小空间及主题内容不同的空间，以满足不同类型、不同年龄用户的需求。

3．多样化的活动设施

交往行为往往是必要行为和自发行为的连锁反应的结果。有研究表明，人们往往不是抱着出门去和邻里交往的明确目的进行户外活动，或者说是自觉、不自觉地隐藏了希望和外界接触的动机，而是以一些必要行为或自发行为，如买些日用品、散步等，作为显现的动机进行户外活动。

4．适宜停留的空间

人们在户外空间中停留的时间越长，产生交往的可能性就越大，所以在户外活动空间的设计中，我们需要认真推敲场地的形状、位置、尺度等因素，充分考虑人的场所心理，营造出符合人心理需求的空间环境，使人愿意驻足其间，从而在轻松、愉快、自然的氛围中相互交流，实现交往。

例如，满足人们在步行街中社会交往的设计策略主要有：①通过边界的确定、“家园标志”的体现、地域性符号的重复使用等途径，加强人们对交往的领域性和场所精神的眷顾。②确定适宜的交往空间尺度。对于单人来说，2～3m 的空间尺度范围是较适宜的，这样的尺度既具有安全感又便于交流。从这一尺度进行推理，可以得出 5～10 人的空间组合尺度。③提供为多种人群服务的大小空间和不同活动设施。④加强交流空间的舒适性，使人乐意停留。

参 考 文 献

[1] 张月．室内人体工程学［M］．北京：中国建筑工业出版社，1999．

[2] 苏丹．住宅室内设计［M］．北京：中国建筑工业出版社，2005．

[3] 刘玉楼．家具设计［M］．北京：中国建筑工业出版社，1999．

[4] 汪建松．商业展示与设施设计［M］．北京：中国建筑工业出版社，1999．

[5] 杨玮娣．人体工程与室内设计［M］．北京：中国水利水电出版社，2005．

[6] 张绮满，郑曙阳．室内设计资料集 1［M］．北京：中国建筑工业出版社，1991．

[7] 尼古拉斯，凯尔．景观设计师便携手册［M］．刘玉杰，吉庆萍，俞孔坚，译．北京：中国建筑工业出版社，2002．

[8] 郝洛西．城市照明设计［M］．沈阳：辽宁科学技术出版社，2005．

[9] 王昀，王菁菁．城市环境设施设计［M］．上海：上海人民美术出版社，2014．

[10] 钱健，宋雷．建筑外环境设计［M］．上海：同济大学出版社，2002．

[11] 文国玮．城市交通与道路系统规划［M］．2013 版．北京：清华大学出版社，2013．

[12] 林玉莲，胡正凡．环境心理学［M］．4 版．北京：中国建筑工业出版社，2018．

[13] 王庭蕙．园林设计资料集（第 1 集）［M］．北京：中国建筑工业出版社，2003．

[14] 高桥鹰志+EBS 组．环境行为与空间设计［M］．陶新中，译．北京：中国建筑工业出版社，2006．

[15] 中国建筑设计标准研究院．老年人居住建筑［M］．北京：中国规划出版社，2004．

[16] 中国国家标准化管理委员会，中华人民共和国国家质量监督检验检疫总局．家具桌、椅、凳主要尺寸（GB/T 3326—2016）［S］．北京：中国标准出版社，2016．

[17]中国国家标准化管理委员会，中华人民共和国国家质量监督检验检疫总局．家具 柜类主要尺寸（GB/T 3327—2016）［S］．北京：中国标准出版社，2016．

[18] 中国国家标准化管理委员会，中华人民共和国国家质量监督检验检疫总局．家具 床类主要尺寸（GB/T 3328—2016）［S］．北京：中国标准出版社，2016．

[19] 中华人民共和国住房和城乡建设部，中华人民共和国国家质量监督检验检疫总局．老年人居住建筑设计规范（GB 50340—2016）［S］．北京：中国建筑工业出版社，2016．

[20] 梁励韵．城市环境设施设计［M］．上海：上海人民美术出版社，2017．

[21] 钟蕾，罗京艳．城市公共环境设施设计［M］．北京：中国建筑工业出版社，2011．

[22] 中华人民共和国住房和城乡建设部，中华人民共和国国家质量监督检验检疫总局．公园设计规范（GB 51192—2016）［S］．北京：中国建筑工业出版社，2016．

[23] 中华人民共和国住房和城乡建设部．无障碍设计规范（GB 50763—2012）［S］．北京：中国建筑工业出版社，2012．

[24] 衢州市住房和城乡建设局，衢州市残疾人联合会．衢州市城市环境无障碍设计导则——交通枢纽分册［DB/OL］．http://gui-hua.com/post/659.html．

[25]杭州市城乡建设委员会．关于印发《杭州市无障碍环境融合设计指南（试行）》的通知［EB/OL］．http://cxjw.hangzhou.gov.cn/art/2020/12/4/art_1692623_58914503.html．